专用于国家职业技能鉴定

国家职业资格培训教程

核燃料元件性能测试工

（零部件及组件检测中级技能　高级技能
技师技能　高级技师技能）

中国核工业集团有限公司人力资源部
中国原子能工业有限公司　组织编写

中国原子能出版社

图书在版编目(CIP)数据

核燃料元件性能测试工 ：零部件及组件检测中级技能　高级技能　技师技能　高级技师技能 / 中国核工业集团有限公司人力资源部，中国原子能工业有限公司组织编写．—北京：中国原子能出版社，2019.12

国家职业资格培训教程

ISBN 978-7-5022-7018-6

Ⅰ．①核…　Ⅱ．①中…　②中…　Ⅲ．①燃料元件—测试—技术培训—教材　Ⅳ．①TL352

中国版本图书馆 CIP 数据核字(2016)第 002154 号

核燃料元件性能测试工(零部件及组件检测中级技能　高级技能　技师技能　高级技师技能)

出版发行　中国原子能出版社(北京市海淀区阜成路 43 号　100048)

责任编辑　侯茸方

装帧设计　赵　杰

责任校对　冯莲凤

责任印制　潘玉玲

印　　刷　保定市中画美凯印刷有限公司

经　　销　全国新华书店

开　　本　787 mm×1092 mm　1/16

印　　张　17.75

字　　数　440 千字

版　　次　2019 年 12 月第 1 版　2019 年 12 月第 1 次印刷

书　　号　ISBN 978-7-5022-7018-6　　**定　价　80.00 元**

网址：http://www.aep.com.cn　　**E-mail：atomep123@126.com**

发行电话：010-68452845

国家职业资格培训教程

核燃料元件性能测试工
（零部件及组件检测中级技能　高级技能 技师技能　高级技师技能）

编审委员会

主　任　余剑锋

副主任　祖　斌

委　员　王安民　赵积柱　刘春胜　辛　锋
霍颖颖　陈璐璐　周　伟　金　玲
牛　宁　任宇洪　彭海青　李卫东
郧勤武　黎斌光　邱黎明　任菊燕
郑绪华　张　涵　张士军　刘玉山
何　石

主　编　郑家国

编　者　汪建红　王　丹　宋　磊

主　审　廖　琪

审　者　汪建红　王　丹　高玉娟

前　　言

为推动核行业特有职业技能培训和职业技能鉴定工作的开展，在核行业特有职业从业人员中推行国家职业资格证书制度，在人力资源和社会保障部的指导下，中国核工业集团有限公司组织有关专家编写了《国家职业资格培训教程——核燃料元件性能测试工》(以下简称《教程》)。

《教程》以国家职业标准为依据，内容上力求体现"以职业活动为导向，以职业技能为核心"的指导思想，紧密结合实际工作需要，注重突出职业培训特色；结构上针对本职业活动的领域，按照模块化的方式，分为中级、高级、技师和高级技师四个等级进行编写。本《教程》按职业标准的"职业功能"："化学成分分析""物理性能测试""零部件及组件检测"分册编写。每章对应于职业标准的"工作内容"；每节包括"学习目标""检验准备""样品制备""分析检测""数据处理""测后工作"等单元，涵盖了职业标准中的"技能要求"和"相关知识"的基本内容。此外，针对职业标准中的"基本要求"，还专门编写了《核燃料元件性能测试工(基础知识)》一书，内容涉及：职业道德；相关法律法规知识；安全及辐射防护知识；测试项目及测试基本原理；计算机应用基本知识。

本《教程》适用于核燃料元件性能测试工(零部件及组件检测)的中级、高级、技师和高级技师的培训，是核燃料元件性能测试工(零部件及组件检测)职业技能鉴定的指定辅导用书。

本《教程》由郑家国、汪建红、王丹、宋磊等编写，由廖琪、汪建红、王丹、高玉娟审核。中核建中核燃料元件有限公司承担了本《教程》的组织编写工作。

由于编者水平有限，时间仓促，加之科学技术的发展，教材中不足与错误之处在所难免，欢迎提出宝贵意见和建议。

中国核工业集团有限公司人力资源部
中国原子能工业有限公司

目　录

第一部分　核燃料元件性能测试工中级技能

第二部分　核燃料元件性能测试工高级技能

第三部分　核燃料元件性能测试工技师技能

第四部分　核燃料元件性能测试工高级技师技能

第一部分　核燃料元件性能测试工中级技能

第一章　检验准备

学习目标：通过本章的学习，应了解和掌握核燃料元件组件及零部件检验的一般管理要求；了解和掌握核燃料元件组件及零部件检验的一些特殊要求；熟悉和掌握核燃料元件组件及零部件检验所涉及的常用基础知识，如公差、形位公差、粗糙度等。

第一节　待检工件的技术要求

学习目标：通过学习，能了解和掌握核燃料元件组件及零部件待检工件的包装、标识、外观、文件、计量器具等应具备的条件。

一、待检工件的接收

1. 检查待检工件的包装、标识及外观质量

必要时，待检工件应具备相应的包装。包装的材料应为不能含有卤族元素等禁用化学元素的材料或其他技术条件规定的禁用材料。应满足产品对防护和清洁度的要求。

包装或容器上应贴有反映其来源和状态的标识，用于表明待检工件名称、批件号、数量、质量状态等信息。检验前需要对待检工件的这些信息一一核对。

同时，待检工件应具备制造检验流通卡或送检委托书、图纸、检验要求或相应的检验操作规程等随带文件。

核查送检工件的外观质量：由于工件表面的油污、毛刺、凸起、凹陷等会影响检测结果和损坏检测设备，所以，送入检验岗位的待检工件应无油污、无毛刺，无影响体现测量基准的表面凸起或凹陷。

当待检工件的形状特性会影响其进一步检验时，还应对其形状误差进行预先检验，如送入 γ 扫描的待检燃料棒应预先符合直线度的要求，否则不能通过 γ 扫描的检测设备。

对没有达到以上要求的且对检验、测量及判定有影响的工件，不应接收。

2. 核查待检工件随带的文件

随工件转入检验岗位的文件，通常有以下几种：

（1）制造检验流通卡；

(2) 不符合项报告或超差品检验报告;

(3) 工序质量检验报告;

(4) 送检委托书;

(5) 图纸、技术条件或检验要求;

(6) 检验操作规程。

核查随带文件中填写的内容:填写的内容应与送检工件相一致,通常要核查以下内容:

(1) 制造检验流通卡上的工件名称、批号或件号与工件包装上粘贴(或工件上刻写的)标识号一致;

(2) 制造检验流通卡上的工件数量(重量)应与上下工序交接记录上送检的工件数量(重量)一致;

(3) 制造检验流通卡上填写的操作者姓名、日期等内容的完整性及正确性。

二、读懂检测零部件所需文件

检测零部件所需的文件包括:图纸、技术条件、制造检验流通卡、制造检验操作卡、检验规程等。

根据送检工件的制造检验流通卡或送检委托书提供的文件信息,准备好图纸、技术条件、制造检验操作卡、检验规程。特别注意核实图纸和技术条件版本与制造检验流通卡上注明的相应版本的正确性和一致性。

对照制造检验操作卡、检验规程,认真阅读图纸、技术条件,读懂送检工件的测量项目的含意,掌握检测方法。

三、选择量器具

当送检工件有图纸、制造检验操作卡或检验规程时,就不需要检验员对测量方法和量器具进行选择确定。检验员应按制造检验操作卡或检验规程上规定的量具准备好所需量具。

当送检工件只有图纸,没有制造检验操作卡或检验规程时,需要检验员对测量方法和量器具进行选择确定。

测量方法的选择原则主要是根据目的,生产批量,被测件的结构、尺寸、精度特征,以及现有计量器具的条件等来选择测量方法,其选择原则是:保证测量准确、高效、经济、适用。

计量器具的选择主要是根据图纸和技术条件的要求、测量项目的特征、计量器具的技术指标和经济指标等因素,具体可以从以下几点综合考虑:

(1) 根据工件加工批量考虑计量器具的选择。批量小选择通用的计量器具;批量大选用专用量具、检验夹具,以提高测量效率。

(2) 根据工件尺寸的结构和重量选择计量器具的形式。轻小简单的工件,可放到计量仪器上测量;重大复杂的工件,则要将计量器具放到工件上测量。

(3) 根据工件尺寸的大小和要求确定计量器具的规格。使所选择的计量器具的测量范围、示值范围、分度值能够满足测量要求。

(4) 根据尺寸的公差来选择计量器具。选择检验光滑工件尺寸的测量器具应遵守国家标准(GB 3177—82)的规定。这个标准制定了检验不同公差范围的工件的安全裕度及部分测量器具不确定度允许值。对于没有标准可循的其余工件的检测,则应使所选用的计量器具的极限误差占被测工件公差的1/10～1/3,对低精度的工件采用1/10,对高精度的工件采用1/3甚至1/2。

(5) 根据计量器具不确定度允许值选择计量器具。在生产车间选用计量器具时主要是按计量器具的不确定度允许值来选择。

四、选择夹具

在零部件的检验中,还应注意选用合适的辅助夹具,如:V形铁、方箱、表架、压板、垫板等。所选择的夹具不能用可能沾污工件的材料,如让工件沾污油、铜、铝、卤族元素等技术条件规定的禁用或未获得许可的限用材料。

五、核实量具的有效性

在进行检验前,检验员要对量具进行零点检查。常用游标类量具和螺旋测微类量具(卡尺、千分尺等)零点必须准确。对坐标测量仪器或自动测量仪器,必须首先回零点,必要时先测量标准件对量器具进行校核。核实量器具的检定周期的有效性。核实量器具是否有明显影响功能的变化。

第二节　工件检验的管理要求

学习目标:通过学习,能了解和掌握核燃料元件组件及零部件质量检验的一般管理要求、基本概念及检验员的基本职责。

一、质量检验的一般管理要求

质量检验是对产品的质量特性进行观察、测量、试验,并将结果和规定的质量要求进行比较,以确定质量特性合格情况的技术性检查活动。

核燃料元件组件、零部件的检验应按照检验规程实施检验,并依据图纸、技术条件等质量要求进行符合性判断。所以,又称为符合性检验。

组件、零部件的检验人员要经过质量管理和专业理论技术培训,通过考核或考试,具备一定的专业理论和实际操作经验,持证上岗。

用于产品检验的所有测量设备均应纳入计量管理。

所有组件、零部件的检验均应编制检验规程。

组件、零部件的检验现场、检验环境应符合相关要求(温度、湿度、清洁度、光照强度等)。

二、定义

零件:系指直接用于构成单元件、部件或组件的最基本的单体件。

单元件:系指由两种或两种以上的零件经组装焊接(含点焊)而成的,不可拆卸的组焊件。如定位格架内条带组装件、未装配的上管座等。

部件:系指由零件、单元件装配(有时需要局部实施焊接)而成的,直接用于组件(或骨架)组装的组合件。如定位格架、上管座部件等。

组件:系指由部件(或单元件)及零件组装(有时需要局部实施焊接)而成的,可直接用于反应堆安装的组合件。如燃料组件、一次中子源组件、二次中子源组件、可燃毒物棒组件、控制棒组件等。

首件产品:系指当班的第一件产品或成批生产工序,在每个生产批的产品开始生产时或生产过程中工艺系统作较大调整后的第一件产品。

首件检验:凡成批进行生产的重要工序,在生产开始时或工艺系统作较大调整后,均必须对制造出的第一件产品进行检验。

自检:由车间各制造工序的操作者,按照操作规程等规定的检验项目和频数进行的检验。

巡检:由检验人员按照操作规程等,到生产现场对规定的工序产品,按规定的时间间隔或产品数量间隔进行抽检。

工序产品质量检验:由检验人员按照操作规程等文件中规定的检验项目及检验频数,对未制造完成的中间产品实施检验。

最终产品(成品)质量检验:由检验人员按照零部件检验规程和图纸、技术条件等的规定对制造完成的成品进行的检验。

三、检验人员的质量责任

检验人员的质量责任的基本质量职责包括:

(1) 学习和了解并执行相关的质量管理程序。

(2) 熟悉本职范围内的有关图纸、技术条件、操作规程、检验规程,并熟练掌握相应的检测试验原理和方法。承担本岗位检测程序及测量设备操作规程等的编制工作。

(3) 熟练掌握有关零部件检验记录、报告及流通卡等原始记录和测试报告表式栏目填写方法、要求和规定。

(4) 熟悉本职范围内所有的测量设备的构造、原理、操作方法及维护保养方法和规定,并认真对其实施日常维护和保养。

(5) 负责依据操作规程和检验规程,认真做好工序控制检验(首件检验、巡检)、工序产品质量检验和最终产品质量检验工作。确保检验结果正确,并按规定做好各种检验记录和检验过程中的物项管理(如包装、标识、存放等)。

(6) 负责做好进岗和出岗产品的交接,对进岗产品随带记录的填写质量和管理质量进行检查,对不符合规定和要求的及时退岗处理,对出岗产品要带齐应带的记录,做好包装和标识,并按规定的路线实施转移。

(7) 按规定做好产品不符合项报告及超差单的填写工作。

(8) 检验中发现问题应及时向有关管理人员和领导报告,以便查明原因,及时采取措施。

(9) 了解影响主要零部件质量特性的支配性因素,检查判断这些因素是否处于受控状态。

(10) 努力学习全面质量管理知识,了解并掌握抽样检查的原理和方法及必要的技能。

(11) 参与在用测量设备、量具的可靠性工作，确保使用的测量设备正常、稳定可靠。

(12) 搞好安全生产和文明生产，保证岗位环境及设备、量具清洁整齐，温湿度符合要求并按规定做好温湿度记录。

(13) 积极参与工艺改进、技术进步、合理化建议及 QC 小组活动。

第三节　零件图的画法、标准件和常用件的规定画法

学习目标：通过学习，能了解零件图的图线、尺寸注法、内外螺纹的画法。

一、零件图的画法

1. 图线的画法

图线宽度的推荐系列为：0.18，0.25，0.35，0.5，0.7，1，1.42 mm。0.18 mm 尽量避免采用。常用图线及应用见表 1-1。

同一图样中，同类图线的宽度应基本一致。虚线、点划线及双点划线的线段长短和间隔应各自大致相等。

两平行线（包括剖面线）之间的距离应不小于粗实线的两倍宽度，其最小距离不得小于 0.7 mm。

绘制圆的对称中心线时，应超出圆外 2～5 mm；首末两端应是线段而不是短划；圆心应是线段的交点。在较小的图形上绘制点划线或双点划线有困难时，可用细实线代替。

建议虚线与虚线（或其他图线）相交时，应线段相交；虚线是实线的延长处时，在连接处要离开。

2. 尺寸注法

零件的真实大小应以图样上所注的尺寸数值为依据，与图形的大小及绘图的准确度无关。

图样中的尺寸以毫米为单位时，不需标注计量单位的代号或名称，如采用其他单位，则必须注明相应的计量单位的代号或名称，如 30°（度）、cm（厘米）、m（米）等。

图样中所标注的尺寸，为该图样所示零件的最后完工尺寸，否则应另加说明。

零件的每一尺寸，一般只标注一次，并应标注在反映该结构最清晰的图形上。

一个完整的尺寸由尺寸数字、尺寸线、尺寸界线、箭头及符号等组成；尺寸线与尺寸界线一律用细实线绘制；尺寸数字按标准字体书写；同一张图上字高要一致；数字不能被任何图线所通过，否则须将图线断开；尺寸线必须单独画出，不能用其他图线代替，一般也不得与其他图线重合或画在其延长线上；尺寸线两端画箭头（或斜线），同一张图上箭头大小要一致，不随尺寸数值大小变化，箭头尖端应与尺寸界线接触；尺寸界线应自图形的轮廓线、轴线、对称中心线引出；轮廓线、轴线或对称中心线也可用作尺寸界线。表 1-1 列举了各类图线的特征。

表 1-1　常用图线及应用一览表

图线名称	图线型式	代号	图线宽度	图线应用
粗实线	——— b	A	b=0.5～2 mm	可见轮廓线；可见过渡线

续表

图线名称	图线型式	代号	图线宽度	图线应用
细实线		B	约 $b/3$	尺寸线和尺寸界线；剖面线；重合剖面轮廓线；螺纹的牙底线及齿轮的齿根线；引出线；分界线的连线；弯折线；辅助线；不连续的同一表面的连线；成规律分布的相同要素的连线
波浪线		C	约 $b/3$	断裂处的边界线；视图与剖视的分界线
双折线		D	约 $b/3$	断裂处的边界线
虚线 *	4~6　l	F	约 $b/3$	不可见轮廓线；不可见过渡线
细点画线 *	15~20　2~3	G	约 $b/3$	轴线；对称中心线；轨迹线；节圆及节线
粗点画线		J	b	有特殊要求的线或表面的表示线
双点画线 *	15~20　4~5	K	约 $b/3$	相邻辅助零件的轮廓线；极限位置的轮廓线；坯料轮廓线或毛坯图中制成品的轮廓线；假想投影轮廓线；试验或工艺用结构(成品上不存在)的轮廓线

注：带“ * ”的图线在国家标准中无线段长短和间隔大小的建议。图示数据仅供参考。

二、标准件和常用件的规定画法

在机器中广泛应用的螺栓、螺母、键、销、滚动轴承、齿轮、弹簧等零件称为常用件。其中有些常用件的整体结构和尺寸已标准化，称为标准件。下面讲述螺纹的画法，其他标准件和常用件的规定画法可参考机械制图的相关书籍。

螺纹的规定画法如下：

(1) 外螺纹

外螺纹的牙顶(大径)及螺纹终止线用粗实线表示，牙底(小径)用细实线表示，并画到螺杆的倒角或倒圆部分。在垂直于螺纹轴线方向的视图中，表示牙底的细实线圆只画约 3/4 圈，此时不画螺杆端面倒角圆，如图 1-1 所示。

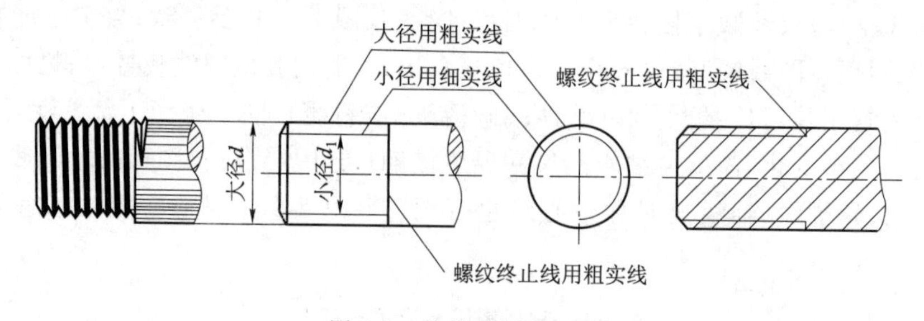

图 1-1 外螺纹规定画法

(2) 内螺纹

如图 1-2 所示，在螺孔作剖视时，牙底(大径)为细实线，牙顶(小径)及螺纹终止线为粗实线。不作剖视时牙底、牙顶和螺纹终止线皆为虚线。在垂直于螺纹轴线方向的视图中，牙底画成约 3/4 圈的细实线圆，不画螺纹孔口的倒角圆。

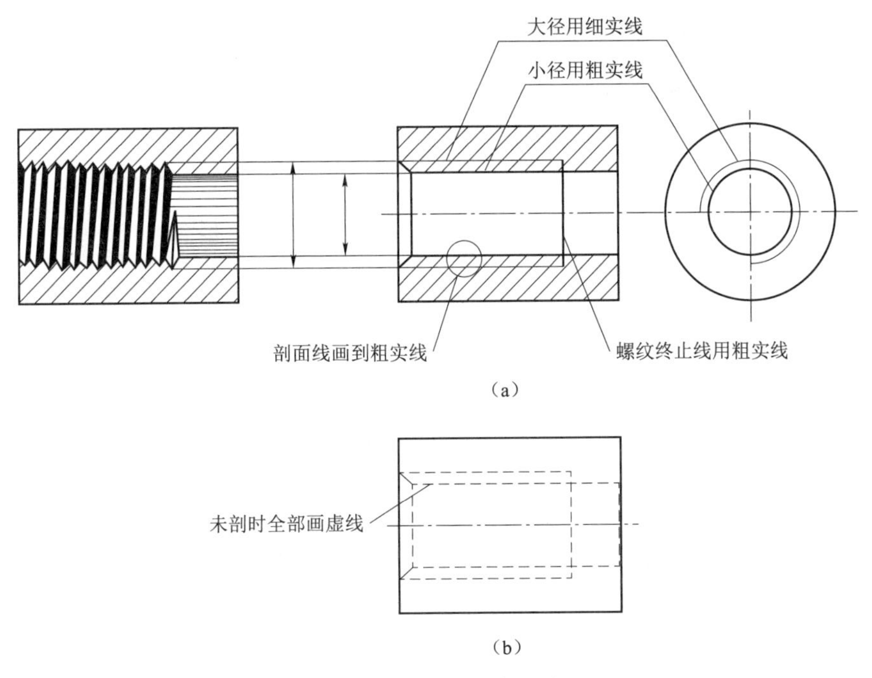

图 1-2　内螺纹规定画法

(3) 内、外螺纹连接

国标规定，在剖视图中表示螺纹连接时，其旋合部分应按外螺纹的画法表示，其余部分仍按各自的画法表示。

第四节　尺寸、形位公差的基本概念

学习目标：通过学习，能了解公差与配合、公差带代号、形位公差的基本概念。

一、公差与配合

1. 基本概念

尺寸公差——尺寸公差是指允许尺寸的变动量，简称公差。

基本偏差——指确定公差带相对于零线位置的上偏差或下偏差，一般为靠近零件的那个偏差。国家标准中，对孔和轴的每一基本尺寸段规定了 28 个基本偏差，并规定分别用大、小写拉丁字母作为孔和轴的基本偏差代号，如图 1-3 所示。

标准公差——指用以确定公差带大小的任一公差。国标规定，对于一定的基本尺寸，其标准公差共有 20 个公差等级，即：IT01、IT0、IT1、IT2 至 IT18。“IT”表示标准公差，后面的数字是公差等级代号。IT01 为最高一级（即精度最高，公差值最小），IT18 为最低一级（即精度最低，公差值最大）。

尺寸和形位公差的未注值——指在图纸和相关技术条件中，对尺寸和形位公差都未做

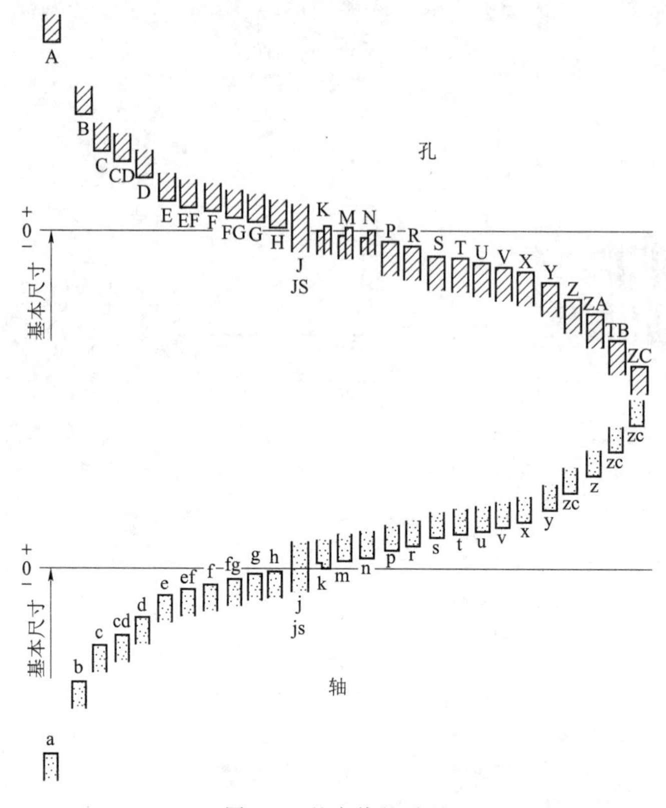

图 1-3 基本偏差系列

出具体规定时,线性和角度尺寸公差的未注值按国标(GB/T 1804)分为精密 f、中等 m、粗糙 c、最粗 v 四个等级。通常在产品的设计图中或技术条件中由设计方给出。一般采用中等级加工和检验,在图纸和技术条件上表示为"GB/T 1804—m"。形位公差的未注值按 GB/T 1184 的相关要求执行。

配合——基本尺寸相同、相互结合的孔和轴公差之间的关系称为配合。配合有三种类型,即间隙配合、过盈配合和过渡配合。

基准制——国标对孔与轴公差带之间的相互关系,规定了两种制度,即基孔制与基轴制。

(1) 基孔制配合 基孔制中的孔称为基准孔,其基本偏差规定为 H,下偏差为零。轴的基本偏差在 a～h 之间为间隙配合;在 j～n 之间基本上为过渡配合,在 p～zc 之间基本上为过盈配合。

(2) 基轴制配合 基轴制中的轴称为基准轴,其基本偏差规定为 h,上偏差为零。孔的基本偏差在 A～H 之间为间隙配合;在 J～N 之间基本上为过渡配合:在 P～ZC 之间基本上为过盈配合。

2. 公差带代号识读

(1) 孔、轴公差带代号

孔、轴公差带代号均由基本偏差代号与标准公差等级代号组成,如 ϕ2H8 表示基本尺寸为 ϕ2 mm,公差等级为 8 级的基准孔。也可简读成:基本尺寸 ϕ2,H8 孔;ϕ12f7 表示基本尺寸为 ϕ12 mm,公差等级为 7 级,基本偏差为 f 的轴。也可简读成:基本尺寸 ϕ12,f7 轴。

(2) 配合代号

配合代号由孔与轴的公差带代号组合而成，并写成分数形式，分子代表孔的公差代号，分母代表轴的公差带代号。$\phi 2\,\frac{H8}{f7}$表示孔、轴的基本尺寸为ϕ2 mm，孔公差等级为 8 级的基准孔；轴公差等级为 7 级，基本偏差为 f 的轴。属于基孔制间隙配合。也可简读成：基本尺寸ϕ2，基孔制 H8 孔与 f7 轴的配合。

二、形位公差

1. 基本概念

形状误差——指被测实际要素对其理想要素的变动量。

形状公差——指单一实际要素的形状所允许的变动全量。

位置误差——指关联实际要素对其理想要素的变动量。

位置公差——指关联实际要素的位置对基准所允许的变动全量。

形状误差、公差和位置误差、公差如图 1-4 所示。

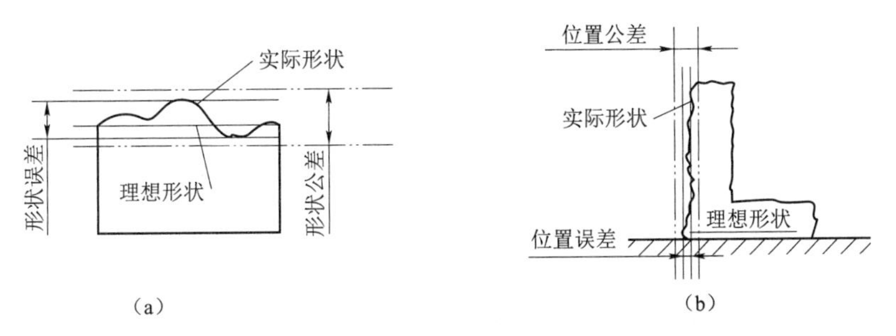

图 1-4 形位误差、公差
(a)直线度误差；(b)垂直度误差

2. 形位公差种类

形位公差共分两大类：一类是形状公差，有 6 项；另一类是位置公差，有 8 项。其符号见表 1-2。

表 1-2 形位公差的项目和符号

分类	项目	符号	分类		项目	符号
形状公差	直线度		位置公差	定向	平行度	//
	平面度	▱			垂直度	⊥
	圆度	○			倾斜度	∠
	圆柱度	⌭		定位	同轴度	◎
	线轮廓度	⌒			对称度	⌯
	面轮廓度	⌓			位置度	⌖
				跳动	圆跳动	↗
					全跳动	⌰

第五节　粗糙度的基本概念

学习目标：通过学习，能了解和掌握粗糙度的基本概念，粗糙度与形状误差、表面波度的区别，粗糙度的常用评定参数，粗糙度符号的意义。

表面粗糙度是指加工表面上具有较小间距和微小峰谷所组成的微观几何形状特性。它与形状误差和表面波度都是指表面本身的几何形状误差。它们三者之间通常可按相邻两波峰或波谷之间的距离(即波距)加以区分，波距在 1 mm 以下，大致呈周期性变化的属于表面粗糙度范围；波距在 1～10 mm 之间，并呈周期性变化的属于表面波度范围；波距在 10 mm 以上，而无明显周期性变化的属于形状误差的范围。

一、评定参数

国家标准中规定常用高度方向的表面粗糙度评定参数有：轮廓算术平均偏差(R_a)、微观不平度十点高度(R_z)和轮廓最大高度(R_y)。一般情况下，优先选用 R_a 评定参数。

如图 1-5 所示，在取样长度 l 内，被测轮廓上各点至轮廓中线偏移距离绝对值的平均值，称为轮廓算术平均偏差。被测轮廓一般需包括 5 个以上的轮廓峰和轮廓谷。多点的偏移距离为 $y_1, y_2, \cdots, y_n$，则：

$$R_a = \frac{y_1 + y_2 + \cdots + y_n}{n} \tag{1-1}$$

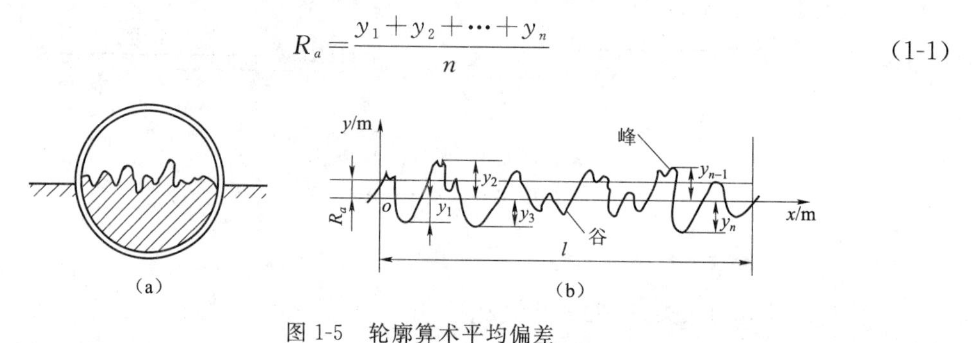

图 1-5　轮廓算术平均偏差

二、表面粗糙度代(符)号

1. 表面粗糙度符号

若仅需要表示加工而对表面特征的其他规定没有要求，在图样上可只标注表面粗糙度符号。即：

基本符号√；去除材料符号▽/；不去除材料符号○/。

2. 表面粗糙度代号

在表面粗糙度符号的基础上，注上必要项目的表面特征和其他规定后组成了表面粗糙度代号。表面特征各项规定在符号注写的位置如图 1-6 所示。表面粗糙度高度参数注写示例及其意义见表 1-3。从代号中可以看出：R_a 在代号中只要标出数值，R_a 本身可以省略；R_z 和 R_y 除标出数值外，在数值前还必须标出相应的 R_z 和 R_y。

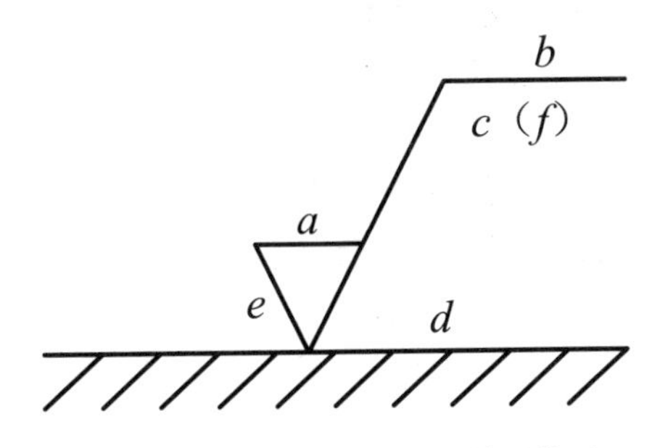

图 1-6　表面特征在符号中填写位置

a—粗糙度高度参数的允许值(μm);b—加工方法,镀涂或其他表面处理;c—取样长度(mm);d—加工纹理方向符号;e—加工余量(mm);f—粗糙度间距参数值或轮廓支承长度率,应加括号表示

表 1-3　表面粗糙度高度参数值的标注示例及其意义

代号	意　义
3.2	用任何方法获得的表面,R_a 的最大允许值为 3.2 μm
R_y3.2	用去除材料的方法获得的表面,R_y 的最大允许值为 3.2 μm
R_z200	用不去除材料的方法获得的表面,R_z 的最大允许值为 200 μm
3.2 1.6	用去除材料的方法获得的表面,R_a 的最大允许值为 3.2 μm,最小允许值为 1.6 μm
R_y3.2 12.5	用去除材料的方法获得的表面,R_y 的最大允许值为 3.2 μm,R_a 的最大允许值为 12.5 μm

第六节　常用和专用量具使用基本知识

学习目标:通过学习,能了解常用量具的分类及其使用的注意事项。

一、常用量具的分类

组件、零部件检验常用量具多为几何量(长度、角度、形位误差、表面粗糙度等)量具,还有部分力学量具和燃料棒丰度检测设备。按其用途和结构特征可分为:

(1) 标准量具——用来传递量值以及校对和调整其他量具的,如量块、角度块等。

(2) 通用量具——按其工作原理可分为:

1) 游标量具:游标卡尺,游标深度尺,游标高度尺,游标角度尺等。

2) 螺旋测微量具:外径千分尺、内测千分尺、深度千分尺和特殊结构的千分尺等。

3) 其他通用量具:平板、方箱、直角尺、刀口尺、水平仪等。

(3) 通用量仪——按其工作原理可分为:

1) 机械式量仪:百分表、千分表、杠杆百分表、杠杆千分表、杠杆千分尺等。

2) 光学机械式量仪:投影仪、万能工具显微镜等。

3) 电动量仪:粗糙度测量仪、电感测微仪、高度仪等。

(4) 大型综合性测量设备:轮廓仪、接触式或非接触式三坐标测量机、组件检查仪、抽插力装置、燃料棒丰度测量装置等。

(5) 量规:光滑量规、螺纹量规、位置量规等。

(6) 测力器具,如压力应变测力器、扭簧测力器等。

(7) 其他:表面粗糙度样块、专用外观标样等。

二、使用基本知识

在对组件、零部件进行几何量测量时,应注意:

(1) 检验员在使用量具之前,必须确认量具是否在有效期内,各功能部位是否正常。只有在有效期内且功能正常的量具才允许用于测量。

(2) 在进行几何量精密测量时,被测工件与量具应在一定的等温时间后才能进行测量。

(3) 测量前进行必要的对零或校准。

(4) 测量前应确保量具和被测工件表面无影响测量精度的毛刺、灰尘和油污等。

(5) 测量时确保测量方向与被测工件表面的法线一致。

(6) 测量力大小应符合相关量具的要求,避免测量误差和损坏量具及工件。

(7) 对有刻线的量具读数时,光照适宜,视线尽可能地和所读刻线垂直,以免由于视线的歪斜而引起读数误差(即视差)。

(8) 不测量运动中的工件,否则容易磨损量具,也容易发生事故。

(9) 对有数显功能的量具,应按具体量具的使用环境使用,注意防水,防电、防磁等。

(10) 完成测量任务后,应按具体量具的使用要求存放好量具。

第七节 检验环境、量具、夹具的清洁度要求

学习目标:通过学习,能了解和掌握核燃料元件组件及零部件检验环境、量具、夹具的清洁度要求。

各种组件、零部件成品的最终检验,均对检验环境、测量设备、工装夹具等的清洁度有严格的要求,以防产品被不洁净的环境及与产品接触的测量设备、工装夹具、包装等污染。

1. 检验环境的清洁度

检验现场要干净、明亮,温湿度符合要求。检验现场应防尘、防油污、防振动、防腐蚀性气体等的影响。

检验现场不要存放卤族元素等禁用材料。

检验环境的照明条件应符合相应检验技术条件的要求,比如零部件外观缺陷检验的照明条件应符合目视检查的相关条件。

检验环境的温度应符合相应检验技术条件的要求,一般要求满足 20 ℃±2 ℃。

检验环境的相对湿度应符合相应检验技术条件的要求,一般要求满足≤75%。

2. 测量设备的清洁度

与清洁的组件、燃料棒和清洗后的零部件接触的测量设备,如:测量平台(工作台)、测量

设备与产品接触的测头等，均要保持清洁，不给产品带来污染。

3. 工装夹具的清洁度

所有与清洁产品接触的工装、夹具均应保持清洁，且不属于禁用材料，如：产品包装、周转产品的小车、存放产品的货架、支架、吊具、手套等。

工装夹具在使用前必须按要求进行清理清洗，去除油污、飞尘等异物。经过清理清洗的工装夹具的清洁度应满足相应要求，并按相关规定进行检验验收。

第八节　螺纹的基本概念

学习目标：通过学习，能了解螺纹的分类及用途，螺纹要素的基本概念、螺纹标记、螺纹的公差与配合知识。

螺纹在核燃料元件中得到广泛运用，起着十分重要的作用。

一、螺纹分类及使用要求

螺纹结合是机械制造和仪器制造中应用很广泛的结合形式。按其用途可分为三类：

(1) 紧固螺纹　用于紧固或连接零件，如公制普通螺纹等。这是使用最广泛的螺纹结合。对这种螺纹结合的主要要求是可旋合性和连接的可靠性。紧固螺纹是核燃料元件零部件中最多的螺纹形式。

(2) 传动螺纹　用于传递动力或精确的位移，如丝杆等。对这种螺纹结合的主要要求是传递动力的可靠性，或传动比的稳定性（保持恒定）。这种螺纹结合要求有一定的保证间隙，以便传动及贮存润滑油。

(3) 紧密螺纹　用于密封的螺纹结合，对这种螺纹结合的主要要求是结合紧密，不漏水、漏气和漏油。

二、螺纹基本牙型及螺纹要素

公制普通螺纹的基本牙型如图 1-7 所示。

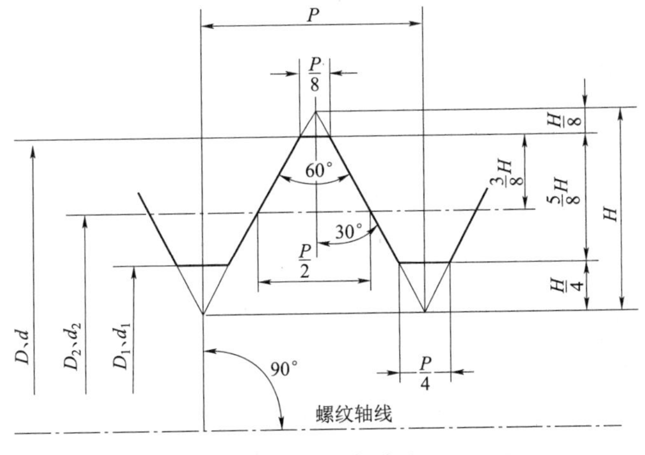

图 1-7　基本牙型

螺纹的基本几何要素为:

大径(d 或 D)国家标准规定,公制普通螺纹大径的基本尺寸为螺纹公称直径。

小径(d_1 或 D_1)与外螺纹牙底或内螺纹牙顶相重合的假想圆柱面的直径,称为小径。

中径(d_2 或 D_2)母线通过牙型上沟槽和凸起宽度相等的假想圆柱面的直径。

内螺纹:

$$D_2 = D - 2 \times \frac{3}{8} H \tag{1-2}$$

外螺纹:

$$d_2 = d - 2 \times \frac{3}{8} H \tag{1-3}$$

式中:H 为原始三角形高度,$H = \frac{\sqrt{3}}{2} P$,P 为基本螺距。

单一中径(见图 1-8)是假想圆柱面的直径,该圆柱的母线通过牙型上沟槽宽度等于螺距 $P/2$ 的地方。当螺距无误差时,螺纹的中径就是螺纹的单一中径。当螺距有误差时,单一中径与中径不相等。单一中径是按三针法定义的。

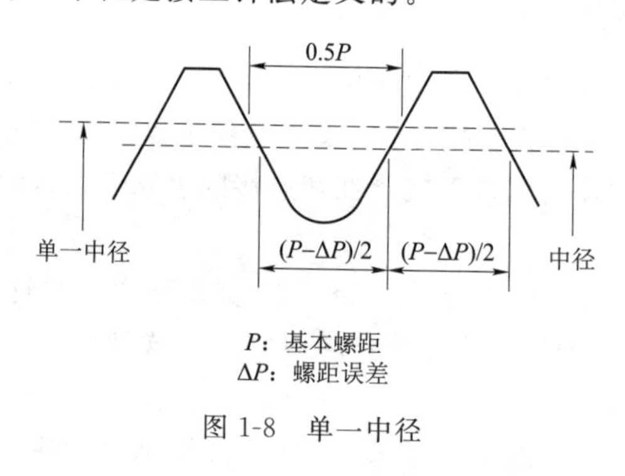

图 1-8 单一中径

三、螺距(P)与导程

螺距(P)是指相邻两牙在中径线上对应两点之间的轴向距离。对于多线螺纹,应分清“螺距”与“导程”的区别。导程是指在同一条螺旋线上,相邻两牙在中径线上对应两点间的轴向距离。亦即当螺母不动时,螺栓转一整周,螺栓沿轴线方向移动的距离,所以对多线螺纹,导程等于螺距和螺纹线数的乘积,而对单线螺纹,导程就等于螺距。

四、牙型角(α)和牙型半角($\alpha/2$)

牙型角是指在通过螺纹轴线剖面内的螺纹牙型上,相邻两牙侧间的夹角(α)。对于公制普通螺纹,其牙型角 $\alpha = 60°$。牙型半角是指在螺纹牙型上,牙侧与螺纹轴线的垂线间的夹角($\alpha/2$)。

五、螺纹旋合长度

螺纹旋合长度是指两相配合螺纹,沿螺纹轴线方向相互旋合部分的长度。标准规定有三种螺纹旋合长度,分别称为短旋合长度、中等旋合长度和长旋合长度,相应的代号为 S、

M、L。一般情况下应采用中等旋合长度。

六、普通螺纹的标记

螺纹的标记规定由相应的螺纹标准给出。GB/T 197—2003 给出了普通螺纹的标记规定，GB/T 5796.4—1986 给出了梯形螺纹的标记规定等。现根据 GB/T 197—2003 的规定，将普通螺纹的标记方法介绍如下。

普通螺纹标记示例：

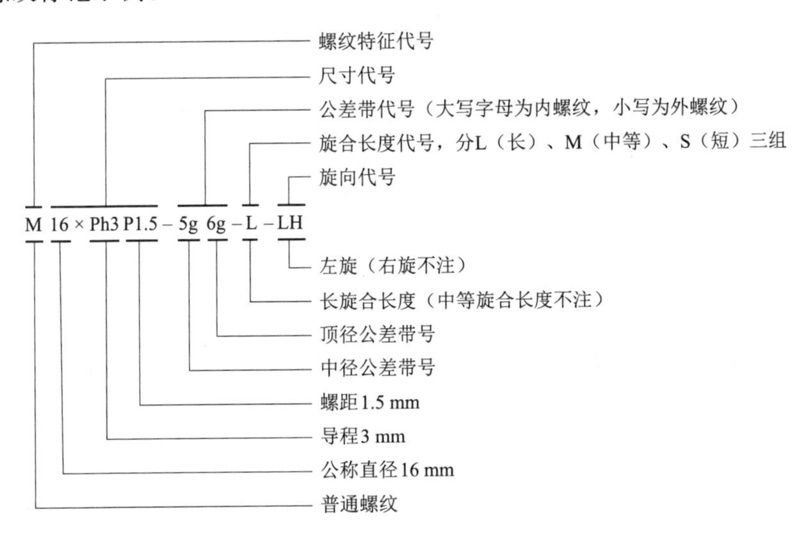

上述示例是普通螺纹的完整标记，当遇到有以下情况时，其标记可以简化：

（1）单线螺纹的代号为“公称直径×螺距”，此时不必注写“Ph”和“P”字样；当为粗牙螺纹时不注螺距。

（2）中径与顶径公差代号相同时，只注写一个公差带代号。

（3）最常用的中等公差精度螺纹（公称直径≤1.4 mm 的 5 H、6 h 和公称直径≥1.6 mm 的 6 H 和 6 g）不标注公差代号。

例如，公称直径为 8 mm，细牙，螺距为 1 mm，中径和顶径公差带均为 6 H 的单线右旋普通螺纹，其标记为 M8×1；当该螺纹为粗牙（P＝1.25 mm）时，则标记为 8 M。

七、螺纹的公差与配合

国家标准 GB/T 197《普通螺纹 公差》中规定，螺纹的公差带位置由基本偏差确定。外螺纹的上偏差（es）和内螺纹的下偏差（EI）为基本偏差。对内螺纹规定了 G 和 H 两种位置。对外螺纹规定了 e、f、g 和 h 四种位置。H、h 的基本偏差为零，G 的基本偏差为正值，e、f、g 的基本偏差为负值。不同公称直径和螺距的螺纹，其基本偏差的数值可从 GB/T 197《普通螺纹 公差》中查阅。

螺纹公差带的大小由公差值 T 确定，并按其大小分为若干个等级。内、外螺纹各直径的公差等级规定如下：

螺纹直径	公差等级
内螺纹小径 D_1	4、5、6、7、8

内螺纹中径 D_2　　　　4、5、6、7、8

外螺纹大径 d　　　　4、6、8

外螺纹中径 d_2　　　　3、4、5、6、7、8、9

各公差等级的公差值可从 GB/T 197《普通螺纹 公差》中查阅。

根据螺纹配合的要求，将公差等级和公差位置组合，可得到各种公差带，但为了减少量刃具的规格，普通螺纹公差带一般应按 GB/T 197《普通螺纹 公差》的相关要求选用，其极限偏差规定于 GB/T 2516《普通螺纹 极限偏差》。螺纹公差带按短、中、长三组旋合长度给出了精密、中等、粗糙三种精度，选用时可按下述原则考虑：

精密：用于精密螺纹，当要求配合性质变动较小时采用；

中等：用于一般用途螺纹；

粗糙：对精度要求不高或制造比较困难时采用。

内、外螺纹的选用公差带可任意组合，为了保证足够的螺纹接触长度，完工后的零件最好组合成 H/g、H/h 或 G/h 的配合。对于直径小于和等于 1.4 mm 的螺纹，应采用 5H/6h、4H/6h 或更精密的配合。

对需要涂镀保护层的螺纹，如无特殊需要，镀前一般应按 GB/T 197《普通螺纹 公差》的规定选择螺纹公差带。镀后螺纹的实际轮廓上的任何点均不超越按 H、h 确定的最大实体牙型。

第二章　分析检测

学习目标：通过本章的学习，应进一步了解和掌握核燃料元件组件及零部件检验常用测量设备的使用及外观、粗糙度、螺纹等的检验方法；了解和掌握核燃料元件组件及零部件检验后处置的管理要求。

第一节　常用量具、光滑极限量规的测量原理及使用方法

学习目标：通过学习，能了解游标卡尺、千分尺、百分表、杠杆表、杠杆千分尺、水平仪、塞尺、光滑量规、螺纹量规等常用量器具的测量原理。

一、游标量具

游标量具是机械制造业中应用十分广泛的量具，可测量内、外尺寸、高度、深度以及角度等。游标量具按用途一般有游标卡尺、游标深度尺，游标高度尺和游标角度尺等。

游标卡尺主要用于机械加工中测量工件内外尺寸、宽度、厚度和孔距等。其外形结构种类较多，常用的类型结构见表 2-1，游标刻线原理见图 2-1。

表 2-1　常用游标卡尺

种类	结构图	用　　途	测量范围/mm	游标读数值/mm
Ⅰ型卡尺	刀口内测量爪、尺身、尺框、紧固螺钉、游标、深度尺、外测量爪	可测内、外尺寸深度孔距环形壁厚沟槽	0～150	0.02 0.05

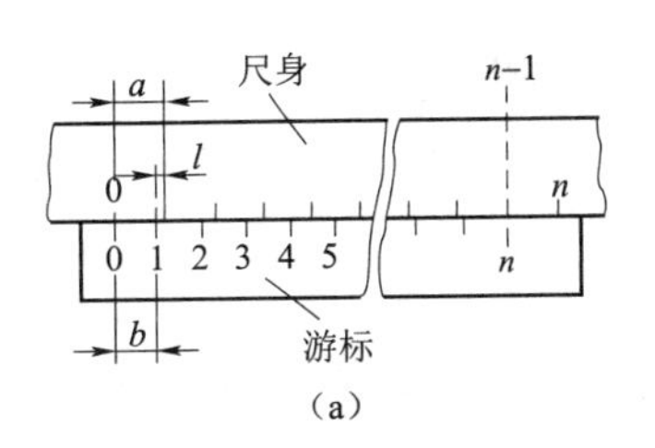

(a)

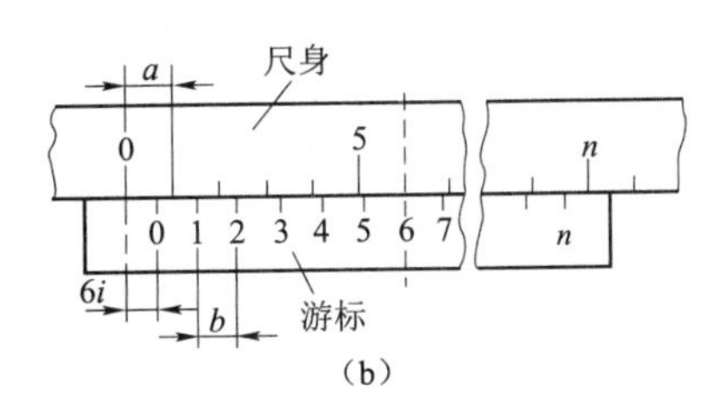

(b)

图 2-1　游标刻线原理

游标量具的读数部分由尺身与游标组成,其原理是利用尺身刻线间距与游标刻线间距差来进行小数的读数。通常尺身刻线间距 a 为 1 mm,尺身刻线($n-1$)格的宽度等于游标刻线 n 格的宽度,常用 $n=10$、$n=20$ 和 $n=50$ 三种。而游标的刻线间距 $b=(n-1)/n\times a$,b 分别为 0.90 mm、0.95 mm、0.98 mm 三种。此时量具分辨率分别为 1/10 mm＝0.10 mm、1/20 mm＝0.05 mm、1/50 mm＝0.02 mm。根据这个道理,游标沿尺身移动,即可使尺身和游标上的某一刻线对齐,得出被测长度尺寸的整数和小数部分,如图 2-1 所示。

其他游标量具游标深度尺,游标高度尺和游标角度尺等,其刻线原理和使用与注意事项基本上同游标卡尺。近来有的游标卡尺装有百分表和数显装置,成为带表卡尺和数显卡尺,这更便于读数。

二、螺旋测微量具

螺旋测微量具种类很多,用途广泛,按其用途分类,有外径千分尺、内径千分尺、内测千分尺、深度千分尺、螺纹千分尺、板厚千分尺、壁厚千分尺等,还有各种特殊形状的千分尺,如尖头千分尺、圆头千分尺、三爪内径千分尺等。

外径千分尺主要用于测量各种外尺寸,外径、外长度等。内径千分尺主要用于测量内径、槽宽和两内圆弧面之间的距离。三爪内径千分尺是近些年出现的测内径的量具,既方便又准确。螺旋测微量具在核燃料元件零部件的检测中,应用极为广泛。

螺旋测微量具是借助测微螺杆与螺纹轴套作为一对精密螺纹偶合件,将回转运动变为直线运动的量具。

图 2-2 所示是测量范围为 0～25 mm 的千分尺,它由尺架、测微螺杆、测力装置等组成。

刻线原理:千分尺测微螺杆上的螺纹,其螺距为 0.5 mm,当微分筒 6 转一周时,测微螺杆 3 沿轴向移进 0.5 mm。固定套筒 5 上刻有间隔为 0.5 mm 的刻线,微分筒圆周上均匀刻有 50 格。因此,当微分筒每转一格时,测微螺杆就移进:0.5÷50＝0.01 mm。

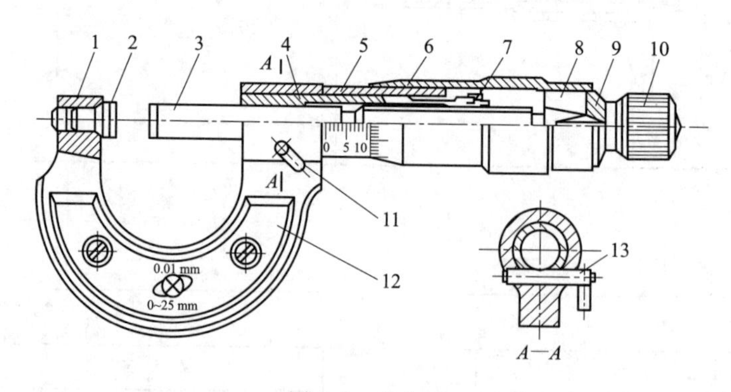

图 2-2　千分尺

1—尺架;2—测砧;3—测微螺杆;4—螺纹轴套;5—固定套筒;6—微分筒;7—调节螺母;8—接头;9—垫片;10—测力装置;11—锁紧机构;12—绝热片;13—锁紧轴

三、齿轮传动式测微表

1. 钟表式百分表

百分表通常用于比较测量中测量工件的形位误差，也用于检查机床精度和调整工件装夹位置等。在燃料元件零部件、组件生产中应用广泛。

结构与传动原理：如图 2-3 所示，百分表的传动系统是由齿轮、齿条等组成的。测量时，当带有齿条的测量杆上升时，带动小齿轮 Z_2 转动，与 Z_2 同轴的大齿轮 Z_3 及小指针也跟着转动，而 Z_3 又带动小齿轮 Z_1 及其轴上的大指针偏转。游丝的作用是迫使所有齿轮作单向啮合，以消除由于齿侧间隙而引起的测量误差。弹簧是用来控制测量力的。

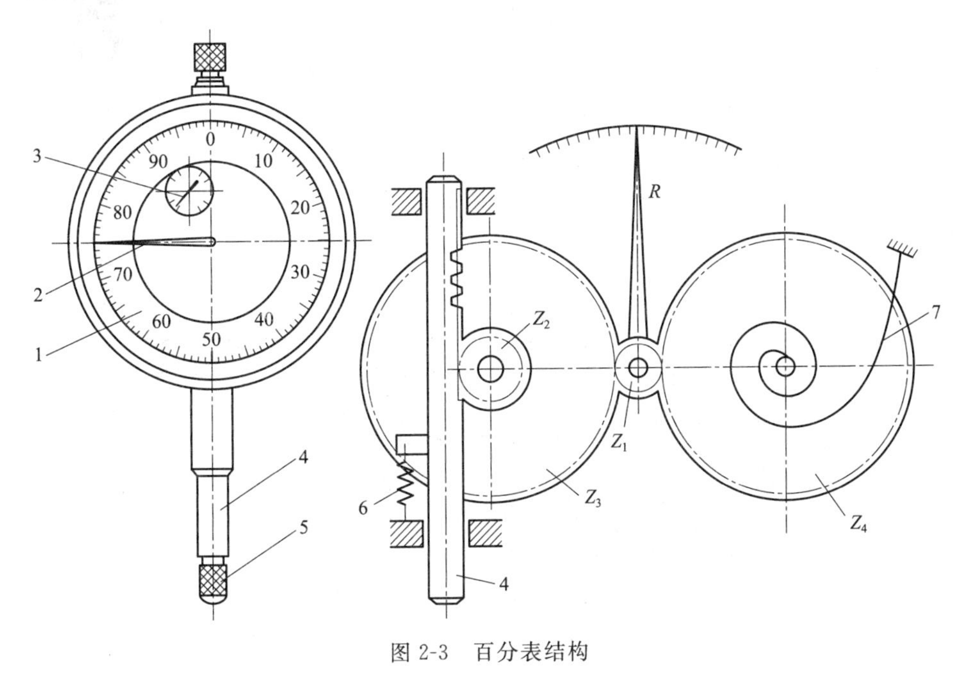

图 2-3　百分表结构

1—表盘；2—大指针；3—大指针；4—测量杆；5—测量头；6—弹簧；7—游丝

刻线原理：测量杆移动 1 mm 时，大指针正好回转一圈。而在百分表的表盘上沿圆周刻有 100 等分格，其刻度值为 1/100＝0.01 mm。测量时，当大指针转过 1 格刻度时，表示零件尺寸变化 0.01 mm。

2. 钟表式千分表

钟表式千分表的外形和工作原理与百分表相似。但千分表比百分表的传动比大，所以千分表比百分表的精度高。千分表的分度值一般为 0.001 mm，也有 0.002 mm 的；示值范围一般为 0～1 mm 和 0～2 mm。使用千分表时，应将测量范围尽量控制在一圈以内。

四、杠杆齿轮传动式测微表

杠杆齿轮传动式测微表是利用杠杆系统作为传动链的始端部分，而将齿轮系统作为传动链的末端部分。由于它综合了杠杆传动和齿轮传动的优点，因此在很大程度上减少了仪器的传动误差，扩大了仪器的示值范围。

1. 杠杆百分表

杠杆百分表的分度值为 0.01 mm，示值范围一般为 0～0.8 mm 和 0～1 mm。图 2-4 是杠杆百分表的外形图。它的优点是外形小，测杆可以转动，齿轮端的方向可以按被测对象的需要进行调整。因此适用于测量其他测微表难以测量的小孔、凹槽、孔距坐标尺寸等。

杠杆千分表的外形和结构类似于杠杆百分表，工作原理和用法也和杠杆百分表相同，不同的是杠杆千分表的分度值为 0.002 mm，示值范围一般为 0～0.2 mm。

图 2-4　杠杆百分表的外形图

2. 杠杆千分尺

杠杆千分尺是一种精密测量的通用量具，它具有高精度、高效率、使用方便等优良性能，可用于直接测量和比较测量。杠杆千分尺是精密机械加工检验中不可缺少的量具之一。可用杠杆千分尺作绝对测量，也可作相对测量。它的分度值有 0.001 mm 和 0.002 mm 两种，测量范围有 0～25 mm、25～50 mm 等多种。结构如图 2-5 所示。

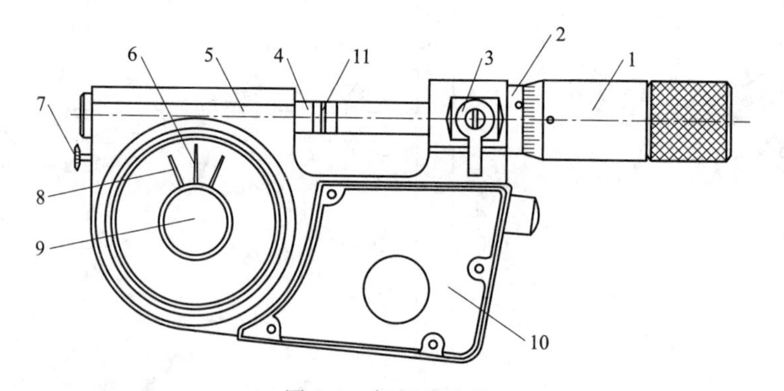

图 2-5　杠杆千分尺

1—微分筒；2—固定套管；3—锁紧旋钮；4—活动测砧；5—尺架；6—指示表；7—按钮；8—公差指示器；9—调零机构；10—护板；11—测量面

杠杆千分尺微分筒上的刻线原理与千分尺微分筒的相同。指示表的刻线每一小格代表 0.001 mm。

五、万能角度尺

万能角度尺又称游标角度尺，常见的是游标原理的角度尺，也有电子数显的角度尺。它是用来测量工件角度的一种量具。

图 2-6 所示是读数值为 2′的万能角度尺。在它的扇形板 2 上刻有间隔 1°的刻度，游标 1 固定在底板 5 上，它可以沿着扇形板转动。用夹紧块 8 可以把角尺 6 和直尺 7 固定在底板 5 上，从而使可测量角度的范围在 0°～320°。

扇形板上刻有 120 格刻线，间隔为 1°，游标上刻有 30 格刻线，对应扇形板上的度数为 29°，则：

游标上每格度数：$\frac{29^\circ}{30}=58'$

扇形板与游标每格相差：$1^\circ-58'=2'$

使用角度尺时，应先对零位，然后根据所测角度的大小对角度尺进行组装。

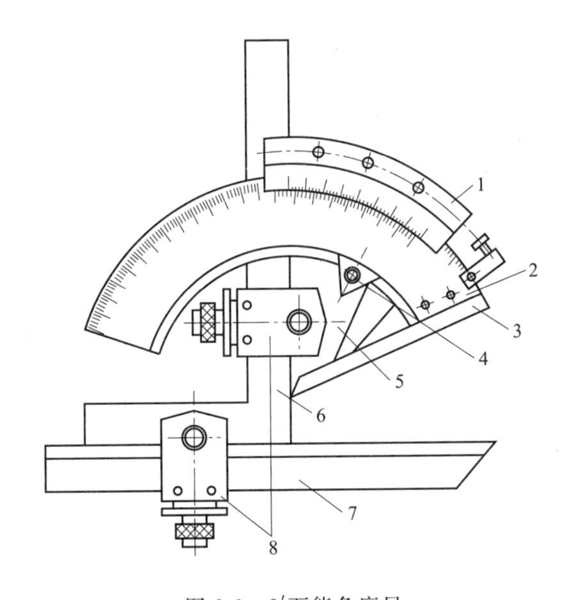

图 2-6　2′万能角度尺

1—游标；2—扇形板；3—基尺；4—制动器；5—底板；6—角尺；7—直尺；8—夹紧块

六、水平仪

水平仪是以水准器作为测量和读数元件的一种量具。普通水平仪分为条式水平仪和框式水平仪，其外形如图 2-7 与图 2-8 所示。

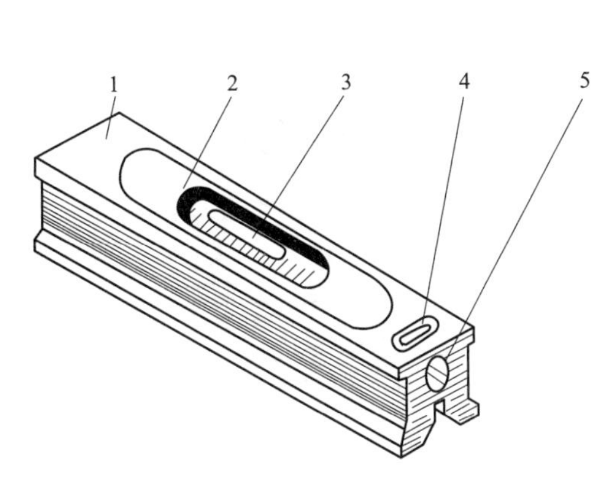

图 2-7　条式水平仪

1—主体；2—盖板；3—主水准器；
4—横水准器；5—调零装置

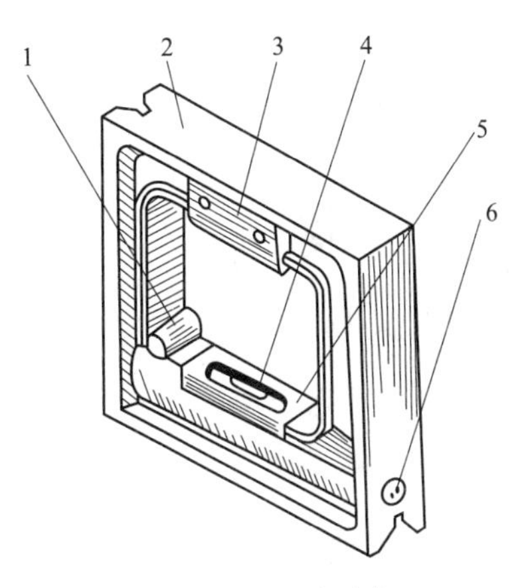

图 2-8　框式水平仪

1—横水准器；2—主体；3—把手；4—主水准器；
5—盖板；6—调零装置

条式水平仪主要用于检验各种机床及其他类型设备导轨的直线度和平面度,零部件相互位置的平行度,以及设备安装相对位置的倾斜度。此外,还可以用于测量微小的倾角,框式水平仪主要用于检验零件表面的直线度、平面度,部件相互之间的平行度、倾斜度,机器的装配精度和设备的安装精度以及部件相互之间垂直度等。

七、样板直尺和直角尺

1. 样板直尺

样板直尺的形状有双斜面样板直尺(刀口尺)、三棱样板直尺和四棱样板直尺,规格也有(50～500 mm)多种。样板直尺常用的是刀口尺,其测量基准是一条直线度符合一定要求的棱边(刀口)。刀口尺主要用于检验工件表面的直线度和平面度,测量时多运用光隙法,也可采用塞尺测量缝隙的大小。

2. 直角尺

直角尺的长边和短边相互垂直,利用长边和短边之间符合一定要求的垂直度关系作为测量标准,主要用于检验工件的垂直度或检定仪器、机床纵横向导轨及部件相对位置的垂直度。直角尺有整体形、组合形和精密圆柱形等机构,其规格也多种多样。以刀形角尺为例,其结构如图 2-9 所示。

八、塞尺

塞尺又称厚薄规,由不同厚度的金属片组成,分别以 13 片、17 片或 20 片等为一组。每片都有两个相互平行的工作面,有较准确的厚度尺寸(标注其上),塞尺厚度一般为 0.02～1 mm。其结构如图 2-10 所示。主要用于检验两个平面之间或配合件两表面间的间隙大小,是片状定值量具。

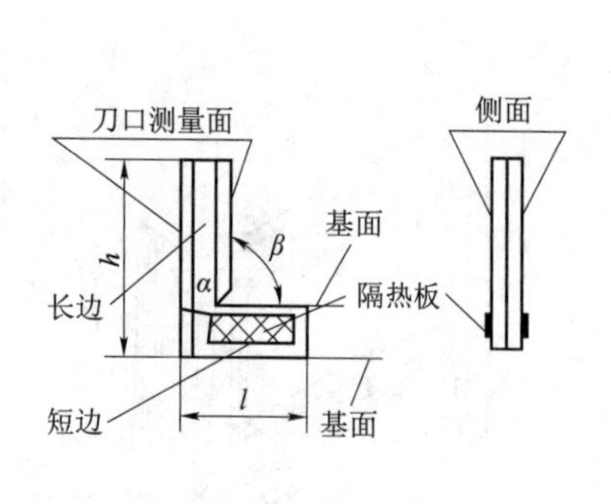

图 2-9 刀形角尺结构图

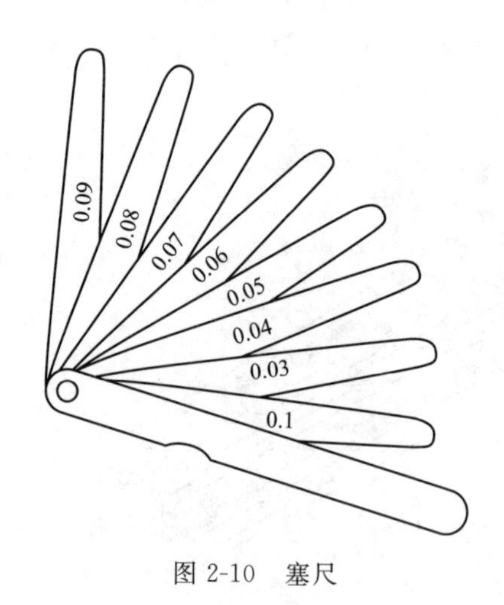

图 2-10 塞尺

九、光滑量规

测量光滑的孔或轴用的量规叫光滑量规。它是一种专用量具,结构简单使用方便,测量可靠。有专门的工厂生产，因此在工厂大批生产时广泛采用。光滑量规根据用于测量内外尺寸的不同，分卡规和塞规两种。

1. 卡规

用来测量圆柱形、长方形、多边形等工件的尺寸。卡规应用最多的形式，如图 2-11 所示。卡规的“通规”是用来控制轴的最大极限尺寸，其基本尺寸应按轴的最大极限尺寸制造；“止规”则是用来控制轴的最小极限尺寸，其基本尺寸应按轴的最小极限尺寸制造。测量时的三种结果如图 2-12 所示。

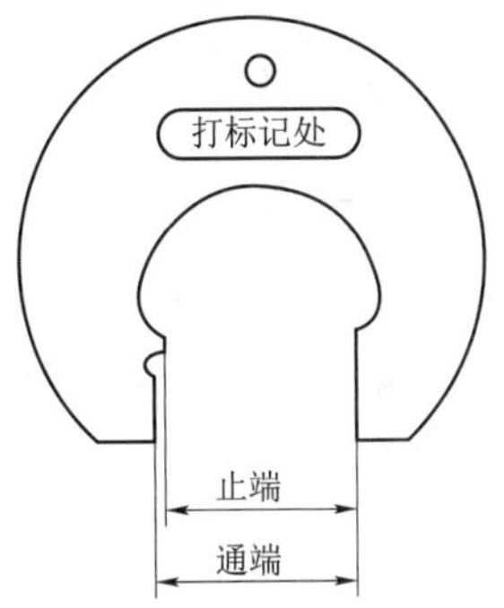

图 2-11 卡规

2. 塞规

用来测量工件的孔、槽等尺寸。常用的塞规形式如图 2-13 所示。

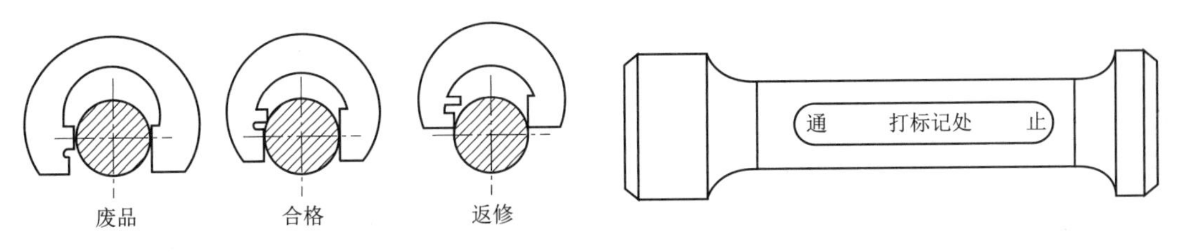

图 2-12 卡规测量工件

图 2-13 塞规

塞规的“通规”，是指用来控制孔的最小极限尺寸，其基本尺寸应按孔的最小极限尺寸制造；“止规”则是用来控制孔的最大极限尺寸，其基本尺寸应按孔的最大极限尺寸制造。

十、表面粗糙度样块

表面粗糙度样块是用于比较测量工件表面粗糙度的检测标准。检测时将工件与粗糙度样块靠在一起，通过目测、触觉或其他方式进行比较而对被测表面的粗糙度作出评定。比较时还可借助放大镜或显微镜来提高评定效果。

粗糙度样块通常是按不同的加工方法和不同的表面粗糙度等级进行制作的。一般按金属切削、手工研磨、抛丸处理、手工锉等加工方法分类，较常用的是金属切削类的粗糙度样块。金属切削样块中通常包括刨削、车削、铣削、平磨、圆磨、电火花加工等。通常粗糙度样块的形状为平面的。

不同的加工方法所形成的表面，其表面的特征不一定相同。例如，经过研磨的表面，一般是暗光泽面；而精磨的表面，则是光亮表面。这样，即使两种加工方法形成的表面粗糙度参数值相同或近似，但由于表面特征不同，在视觉或触觉上的反映往往不一样，就有可能把研磨的表面质量评低，而把精磨的表面评高。为了避免这方面因素引起的评定误差，通常是将表面粗糙度样块分别按不同的加工方法（如车、铣、刨、磨等）所形成的表面特征制成。在使用时，根据被检表面的加工工艺选用相应的粗糙度样块进行评定。另外，由于零件的材料或表面形式（如平面、内孔、外圆等）不同，视觉或触觉对表面粗糙度的反映也往往不一样，有时甚至差异较大，这样也可能引起评定误差。所以，生产中可直接从加工的零件中挑选样品,经过粗糙度检测评定后,作为“样块”使用。

采用粗糙度样块比较检验产品粗糙度的方法,方便易行,经常用来对中等或粗糙的表面质量进行检验。

十一、螺纹量规

螺纹量规分螺纹塞规和螺纹环规(见图 2-14),是用来综合检验螺纹几何参数的综合性量具,测量方便、准确。检验内螺纹用螺纹塞规,检验外螺纹用螺纹环规。螺纹量规有通规和止规。

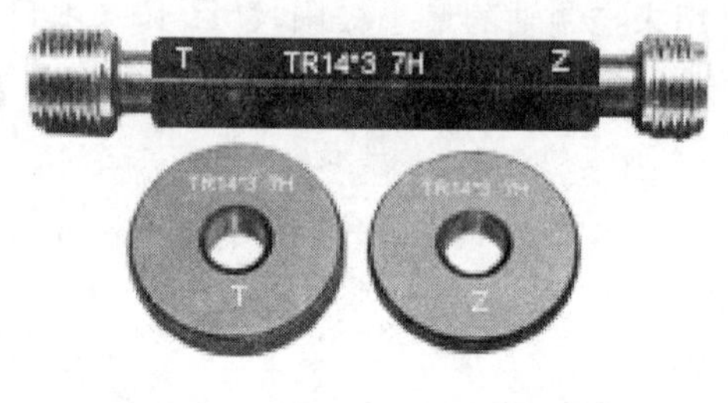

图 2-14 螺纹塞规与螺纹环规

螺纹量规的通规用来检验螺纹的作用中径,兼带控制螺纹底径。通规螺纹按工件螺纹的最大实体牙型的尺寸制造,具有完整牙侧,长度等于旋合长度。

螺纹量规的止规只用来检验螺纹的实际中径。为了消除螺距误差和牙型半角误差的影响,止规的螺纹长度只有 2～3.5 圈,并且牙侧截短。因此,只有牙侧一段中径按工件螺纹的最小实体尺寸制造。

用螺纹量规检验工件螺纹时,若量规的“通规”能通过或旋合被测螺纹,而“止规”拧入工件螺纹不超过 2 圈时,就评定工件合格。对于 3 个或少于 3 个螺距的工件螺纹,“止规”不应完全旋合通过。

第二节 零部件表面缺陷的识别方法

学习目标:通过学习,能了解零部件表面缺陷的一般术语与定义。

一、一般术语与定义

1. 基准面

用以评定表面缺陷参数的一个几何表面。

基准面通过除缺陷之外的实际表面的最高点,且与由最小二乘法确定的表面等距。

基准面是在一定的表面区域或表面区域的某有限部分上确定的,这个区域和单个缺陷的尺寸大小有关。该区域的大小须足够用来评定缺陷,同时在评定时能控制表面形状误差的影响。

注:基准面具有几何表面形状,它的方位和实际表面在空间与总的走向相一致。

2. 缺陷评定区域

工件实际表面的局部或全部,在该区域上,检验和确定表面缺陷。

3. 表面特征

出自几何表面的重复或偶然的偏差,这些偏差形成该表面的三维形貌。

表面特征包括粗糙度、波纹度、缺陷和在有限表面区域上的形状误差。

4. 表面缺陷

在加工、储存或使用期间，非故意或偶然生成的实际表面的单元体、不规则体或成组的单元体、不规则体。这些单元体或不规则体的类型，明显区别于构成一个粗糙表面的那些单元体或不规则体。

二、表面缺陷大小特性的术语与定义

1. 缺陷长度

平行于基准面量得的缺陷最大尺寸。

2. 缺陷的宽度

平行于基准面量得的缺陷最小尺寸。

3. 缺陷的深度

对单个缺陷，是从垂直于基准面切平面量得的缺陷最大深度。

对多个缺陷，是从垂直于基准面切平面量得的该基准面和缺陷中最低点之间的距离。

4. 缺陷的高度

对单个缺陷，是从垂直于基准面切平面量得的缺陷最大高度。

对多个缺陷，是从垂直于基准面切平面量得的该基准面和缺陷中最高点之间的距离。

5. 缺陷的面积

缺陷总面积：各个单个缺陷之和。

三、缺陷参数的术语与定义

1. 在全部区域上允许的缺陷最大数；表面缺陷数（SDN）。

在商定的判别极限内的全部实际表面上允许的缺陷最大数。

例如：$SDN=60$

注：商定判别极限时，用下列两个独立准则：

（1）任一缺陷的最大尺寸要素，超过该值的零件即拒收。

（2）在确定 SDN 值时，最小的尺寸特性小于该值的缺陷不计入。

2. 单位面积上缺陷最大数

在给定的评定区域面积 A 内，允许的缺陷最大数。

例如：$SDN/A=60/\mathrm{m}^2$　$SDN/A=10/50\ \mathrm{mm}^2$

四、表面缺陷类型的术语与定义

1. 凹缺陷

向内的缺陷。

（1）沟槽

如图 2-15 所示，横向或纵向的凹缺陷，具有圆弧形的或平的底部。

（2）擦痕

如图 2-16 所示，形状不规则和没有确定方向的凹缺陷。

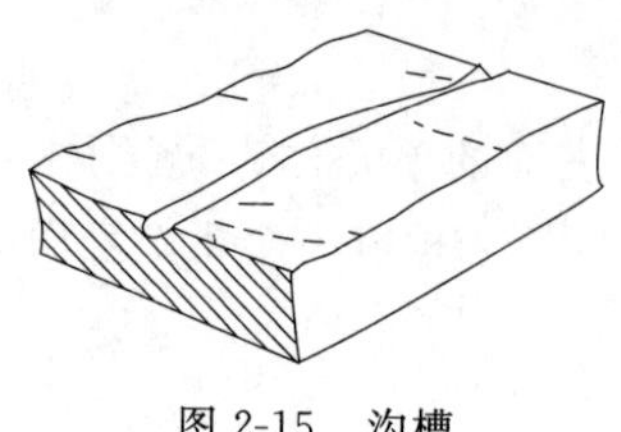

图 2-15　沟槽

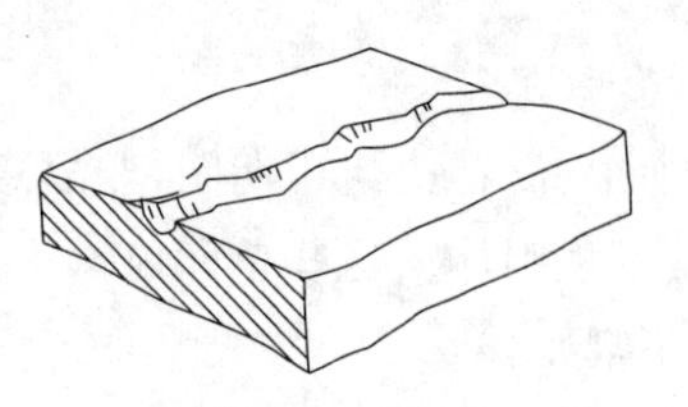

图 2-16　擦痕

(3) 破裂

如图 2-17 所示，由于表面完整性的破损造成的条状缺陷。

(4) 毛孔

如图 2-18 所示，尺寸很小、斜壁很陡的孔穴，通常带锐边，孔穴的上边缘不高过基准面的切平面。

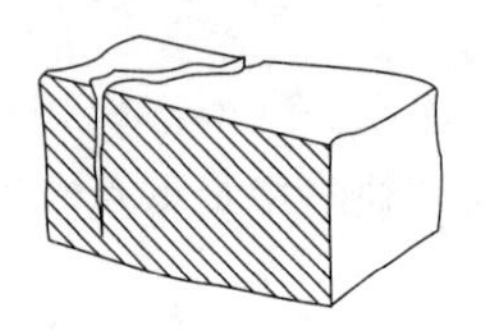

图 2-17　破裂

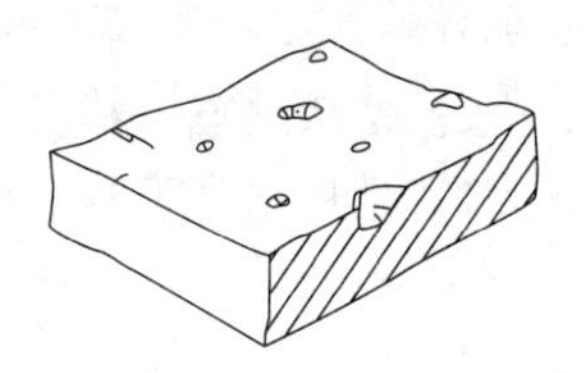

图 2-18　毛孔

(5) 砂眼

如图 2-19 所示，由于杂粒失落或侵蚀而形成的以单个凹缺陷形式出现的表面缺陷。

(6) 缩孔

铸件、焊缝等在凝固时，由于不均匀收缩所引起的凹缺陷。

(7) 裂缝(缝隙、裂隙)

如图 2-20 所示，条状凹缺陷，呈尖角形，有很浅的不规则开口。

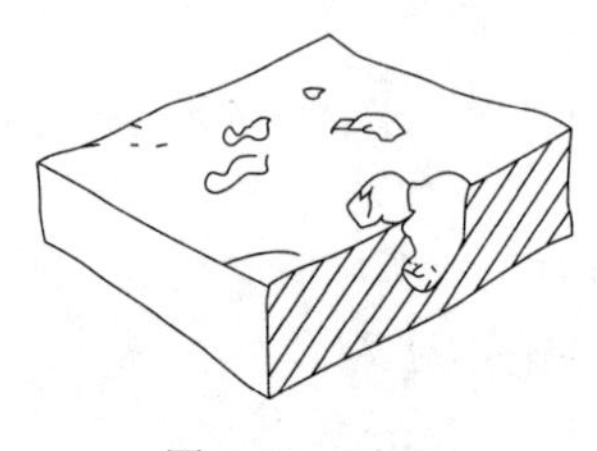

图 2-19　砂眼

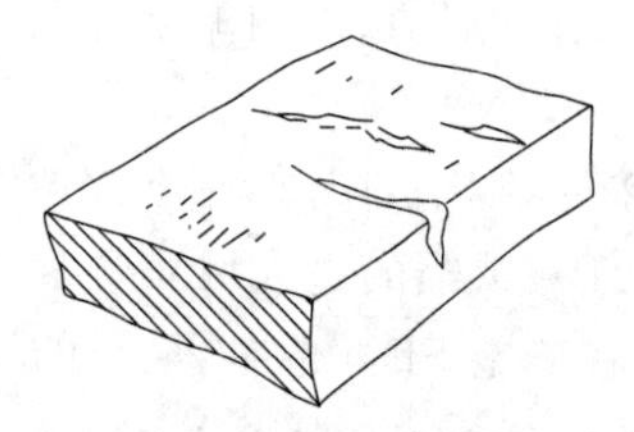

图 2-20　裂缝(缝隙、裂隙)

(8) 缺损

如图 2-21 所示，在工件两个表面的相交处呈圆弧状的缺陷。

(9) 窝陷

如图 2-22 所示，无隆起的凹坑，通常由于压印或打击产生塑性变形而引起的凹缺陷。

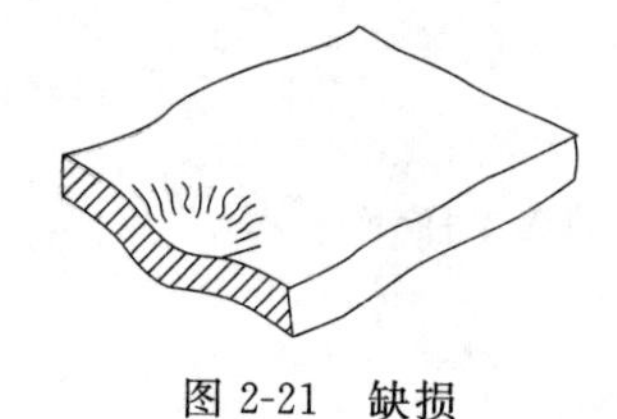

图 2-21　缺损

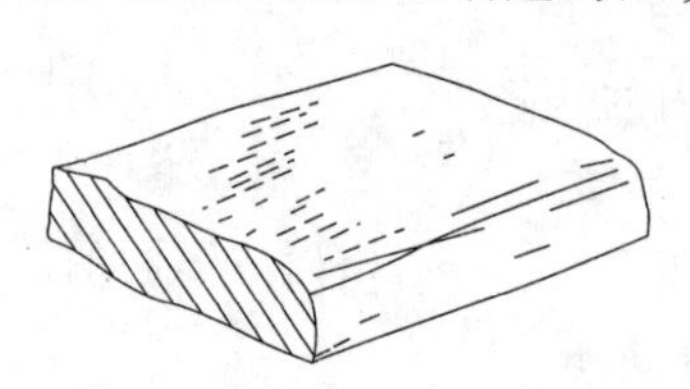

图 2-22　窝陷

2. 凸缺陷

向外的缺陷。

(1) 夹杂物

如图 2-23 所示，嵌进工件材料里的杂物。

(2) 飞边

如图 2-24 所示，表面周边上尖锐状的凸起，通常在对应的一边出现缺损。

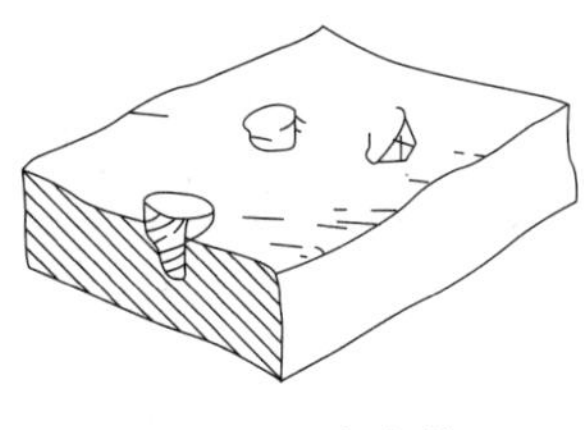

图 2-23　夹杂物

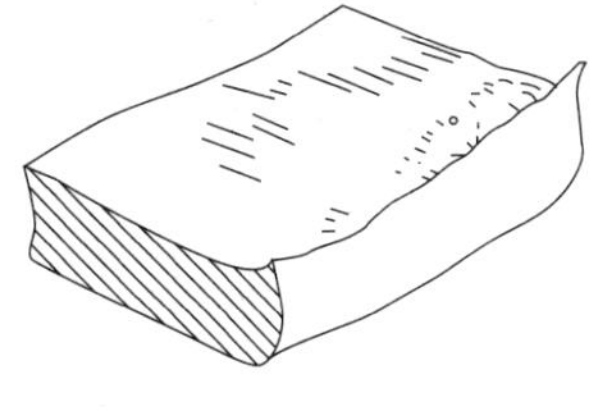

图 2-24　飞边

3. 混合缺陷

部分向内和部分向外凸起的缺陷。

(1) 划痕

如图 2-25 所示，由于外来物移动，划掉或积压工件表层材料而形成的连续凹凸状缺陷。

(2) 切削残余

如图 2-26 所示，由于切削去除不良引起的带状隆起。

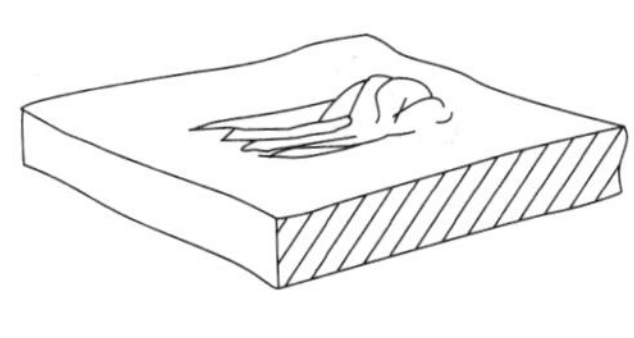

图 2-25　划痕

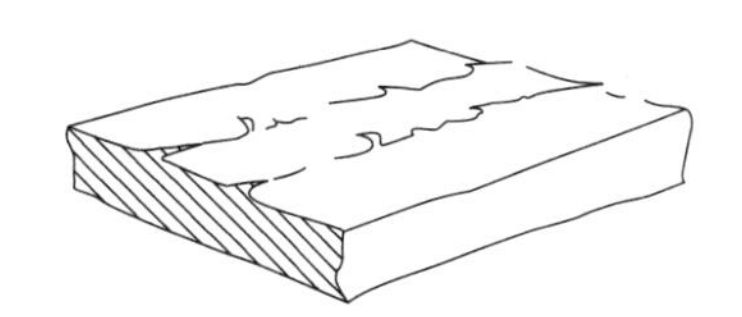

图 2-26　切削残余

4. 区域缺陷和外观缺陷

这些缺陷的几何尺寸很难测量。

(1) 滑痕

如图 2-27 所示，由于间断性过载在表面上个别区域出现，所形成的银雾状表面损伤。

(2) 裂纹

如图 2-28 所示，表面呈网状细小裂纹的缺陷。

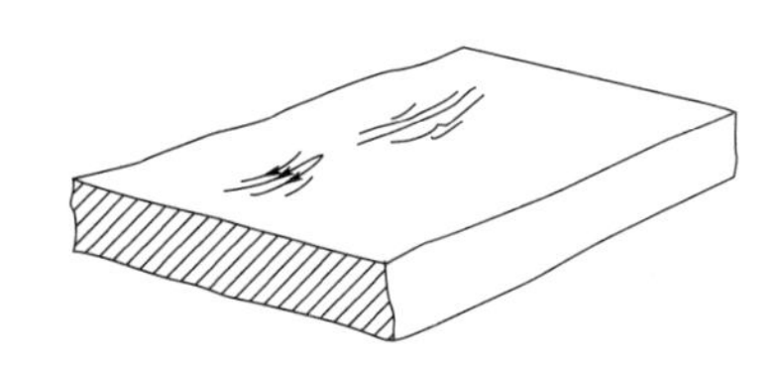

图 2-27　滑痕

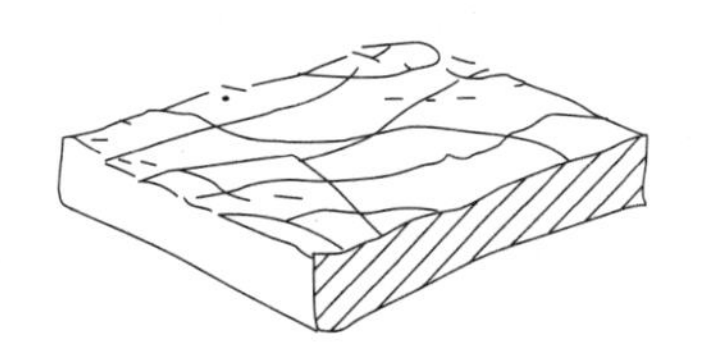

图 2-28　裂纹

第三节 外观缺陷的检验及图纸或技术条件的要求

学习目标:通过学习,能了解和掌握核燃料元件组件及零部件图纸、技术条件对表面缺陷的常见的描述和要求,外观标样的概念及使用和管理,外观缺陷的常用检验方法。

一、外观标准样品检验工件外观缺陷

外观检验标样是指用于判定零部件外观缺陷是否可接受的对比样品。外观检验标样分为可接受标样和不可接受标样。可接受标样是指零部件上的外观缺陷与标样外观相当或更好时是可以接受的;不可接受标样是指零部件上的外观缺陷与标样外观相当或更差时是不可以接受的。

外观标样包括机械加工外观标样(如划伤、划痕、压伤、刀伤、毛刺、位置误差等);颜色外观标样(如氧化色、焦痕等);焊接外观标样(如焊点大小、未熔合焊缝、咬边焊缝、夹杂焊缝、焊缝形状、焊接飞溅等。)

外观检验标样须经相关管理部门,必要时由设计和(或)用户认可。建立标样要按一定方法(模拟生产条件)专门制作,或在生产过程中收集。外观标样的建立有严格的管理程序,包括标样制造方法的确认,制造过程的监督,标样的选取,标样的确定(必要的测量),标样认可证书的申报和获批。只有当外观标样和认可证书获批后,才能用于产品质量的检验。

如何使用外观标样呢? 首先根据相应产品的检验规程,确定需要使用外观标样的检验项目及其使用的外观标样的编号,根据外观标样编号查看其认可证书,确认是准用的及其使用目的,取用外观标样按检验规程上的要求进行比较检验。有些标样在使用时需用放大镜、轮廓仪等辅助设备。使用专用标样时,应防锈、防污和防止尖硬物件划伤样块的表面,以保证其标准值不变。

使用外观标样应该注意以下几点:

(1) 外观标样必须有获批的认可证书;

(2) 外观标样应与获批的认可证书存放在一起;

(3) 外观标样上或其包装上应有明确的编号标识;

(4) 外观标样的编号应与检验规程要求的外观标样的编号一致;

(5) 要将外观标样取出包装使用时,应戴干净的白手套;

(6) 通过认可证书或检验规程,明确外观标样的类型(可接受或不可接受)。

二、外观缺陷的检验方法

现场应具备符合检验相应外观缺陷所要求的光照条件。

根据外观缺陷不同类别,其检验方法相应不同,常用检验方法如表 2-2 所示。

表 2-2 外观缺陷的检验方法

外观缺陷不同类别	检验方法
裂纹	放大镜下目测、着色渗透检测等

续表

外观缺陷不同类别	检验方法
毛刺	直接目测、与外观标样比较目测等
压痕、划伤、刀伤	直接目测、与外观标样比较目测、轮廓仪、卡尺等
砂眼、气孔	与外观标样比较目测、无损检测等
色斑、痕迹、擦痕	直接目测、与外观标样比较目测等

三、图纸或技术条件对外观缺陷的要求

核燃料元件零部件外观缺陷一般在设计规格书、技术条件或图纸中有明确规定。对外观缺陷技术要求的常见说法如表 2-3 所示。

表 2-3 外观缺陷技术要求的常见说法

观缺陷不同类别	常见说法
裂纹	无裂纹；裂纹长度不超过×××，裂纹宽度小于×××等
毛刺	无毛刺；毛刺不超过×××等
压痕、划伤	无压痕、划伤；压痕、划伤的深度不超过×××；机械加工的缺陷（刀伤）深度不超过×××等
砂眼、气孔	无砂眼、气孔；砂眼、气孔的直径不超过×××等
色斑、痕迹、擦痕	无色斑、痕迹、擦痕；无色斑、痕迹、擦痕不超过设计允许的外观标样等

第四节 表面粗糙度的测量

学习目标：通过学习，能了解和掌握表面粗糙度的目视测量及仪器测量的基本要求。

一、比较法测量

比较法是把零件上被检表面与标有一定评定参数值的表面粗糙度标准样块靠在一起，通过目测、触觉或其他方式进行比较而对被测表面的粗糙度作出评定。比较时还可借助于放大镜或比较显微镜来提高评定的效果。

不同的加工方法所形成的表面，其表面的特征不一定相同。例如：研磨的表面一般是暗光泽面；而精磨的表面则是光亮表面。这样，即使两种加工方法形成的表面粗糙度参数值相同或接近，但由于表面特征不同，在视觉或触感上的反映往往不同，就有可能把研磨的表面质量评低，而把精磨的表面质量评高。为了避免评定误差，通常是将表面粗糙度标准样块分别按不同的加工方法（如车、铣、刨、磨等）所形成的表面特征制成。比较时，则根据被检表面的加工工艺选用相应的标准样块进行评定。

零件材料的不同或零件表面形状（如平面、内孔、外圆等）不同，视觉或触觉对表面粗糙度的反映也往往不同，有时甚至差异较大，这样也可引起评定误差。因此，在选择粗糙度标准样块时应注意，所选样块表面形式尽可能与被测表面的形式相同或类似，材料也要近似。

当加工方法特殊的工件表面粗糙度(如线切割加工表面)在检验特殊的工件表面粗糙度时,可用建立特殊粗糙度对比样块进行比较法测量。

在零部件加工生产中,采用比较法检验零部件表面粗糙度时,为避免上述评定误差的影响,最好直接从产品中挑选样品,或按相同的工艺、材料、形状自制“样块”。例如:线切割加工表面没有标准的粗糙度样块进行比较法测量,同时由于工件表面形状复杂,无法用表面粗糙度检查仪进行测量时,应按与工件相同工艺制备粗糙度对比样块,经评定后建立自制的粗糙度对比样块。

比较法一般只用于粗糙度参数值较大的近似评定,应用范围一般在 R_a50～R_a0.2。比较法是车间大批量生产常用的方法。

二、表面粗糙度检查仪测量

当要求测量表面粗糙度的具体值时,可用表面粗糙度检查仪测量表面粗糙度。根据表面粗糙度评定参数的种类和公差,选用表面粗糙度检查仪的取样长度 l 和评定长度 l_n,并在表面粗糙度检查仪上设置好相应的取样长度 l 和评定长度 l_n。测量时,表面粗糙度检查仪测针的走向应与表面波纹的方向垂直,测针轴应与被测表面平行。

关于取样长度 l 和评定长度 l_n 的选用,首先应按图纸或技术条件上规定的取样长度 l 和评定长度 l_n 执行,当图纸或技术条件上无取样长度 l 和评定长度 l_n 的规定时,可参考 GB 1031 中的相关要求执行(参考表 2-4 和表 2-5)。

表 2-4　R_a 的取样长度 l 与评定长度 l_n 的选用值

R_a/μm	l/mm	l_n(l_n=5l)/mm
≥0.008～0.02	0.08	0.4
>0.02～0.1	0.25	1.25
>0.01～2.0	0.8	4.0
>2.0～10.0	2.5	12.5
>10.0～80.0	8.0	40.0

表 2-5　R_z、R_y 的取样长度 l 与评定长度 l_n 的选用值

R_z、R_y/μm	l/mm	l_n(l_n=5l)/mm
≥0.025～0.10	0.08	0.4
>0.10～0.50	0.25	1.25
>0.50～10.0	0.8	4.0
>10.0～50.0	2.5	12.5
>50.0～320	8.0	40.0

对于微观不平度间距较大的端铣,滚铣及其他大进给走刀量的加工表面,应按标准规定的取样长度系列选取较大的取样长度值。

由于加工表面的不均匀性,在评定表面粗糙度时其评定长度应根据不同的加工方法和相应的取样长度来确定。一般情况下,当测量 R_a、R_z、R_y 时按表中推荐的评定长度测量,如

被测表面均匀性较好，测量时可选用小于 $5l$ 的评定长度值，被测表面均匀性较差时，测量时可选用大于 $5l$ 的评定长度值。

第五节　螺纹的综合检验

学习目标：通过学习，能了解用螺纹量规检验产品的方法，以及校验螺纹量规的方法。

一、普通螺纹量规

在《普通螺纹量规　技术条件》GB/T 3934 中，对普通螺纹量规的术语和定义、分类、符号、牙型、公差、要求、检验、标志与包装进行了规定。

普通螺纹量规：

具有标准普通螺纹牙型，能反映被检内、外螺纹边界条件的测量器具。按使用性能分为：工作螺纹量规和校对螺纹量规。

工作螺纹量规：

操作者在制造工件螺纹过程中所用的螺纹量规。

校对螺纹量规：

校对在制造工作螺纹规或检验使用中的工作螺纹规是否已磨损所用的螺纹量规。

二、螺纹的综合检验

用螺纹量规检验螺纹属于综合检验。在成批生产中，普通螺纹均采用综合检验法。

螺纹极限量规分为“通规”和“止规”。检验时，“通规”能顺利与工件旋合，“止规”不能旋合或不完全旋合，则螺纹为合格。反之，“通规”不能旋合，则说明螺母过小，螺栓过大，螺纹应予退修。当“止规”与工件能旋合，则表示螺母过大，螺栓过小，螺纹是废品。

图 2-29 表示用量规检验螺栓的情况：光滑极限卡规用来检验螺栓大径 d 的极限尺寸，与用卡规检验光滑圆柱体直径一样，通端螺纹环规用来控制螺栓作用中径 d_2（包括中径自身的偏差，螺距误差及牙型半角误差的中径补偿值）及小径最大尺寸 d_{1max}；止端螺纹环规用来控制螺栓实际中径。

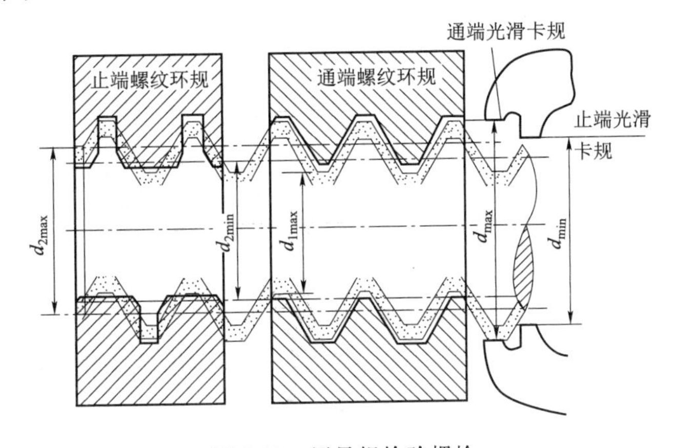

图 2-29　用量规检验螺栓

图 2-30 表示用量规检验螺母的情形，光滑极限塞规用来检验螺母小径 D_1 的极限尺寸，与用塞规检验光滑圆孔内径一样，通端螺纹塞规用来控制螺母的作用中径 D_2 及大径 D 的最小尺寸；止端螺纹塞规用来控制螺母的实际中径。

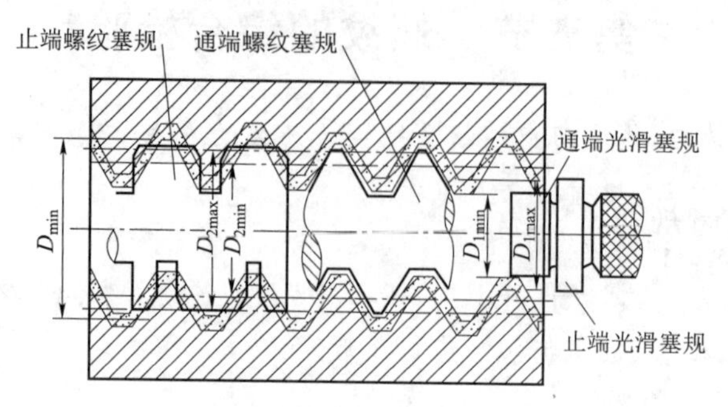

图 2-30　用量规检验螺母

因为通端螺纹量规是用来控制螺纹作用中径的，所以该量规采用完整牙型，并且量规长度与被测螺纹旋合长度相同。而止端螺纹量规则采用截短牙型，其螺纹圈数也减少，原因是为了减少螺距误差及牙型半角误差对检验结果的影响。

需要注意的是在用螺纹量规综合检验螺纹的过程中，包括了同时还要使用光滑极限量规检验工件外螺纹的大径和内螺纹小径。光滑环规或塞规的尺寸公差在《普通螺纹量规技术条件》GB/T 3934 中有相应的规定。通端光滑环规的磨损极限应为工件外螺纹大径的最大极限尺寸。通端光滑塞规的磨损极限应为工件内螺纹小径的最小极限尺寸。表 2-6 和表 2-7 分别列出了螺纹光滑极限量规、螺纹量规的名称、代号、使用规则。

表 2-6　螺纹光滑极限量规名称、代号、使用规则

名称	代号	使用规则
通端光滑塞规	T	应通过工件内螺纹小径
止端光滑塞规	Z	允许进入内螺纹小径的两端，但进入量应不超过一个螺距
通端螺纹环规	T	应通过工件外螺纹大径
止端螺纹环规	Z	不应通过工件外螺纹大径

表 2-7　螺纹量规的名称、代号、使用规则

名称	代号	使用规则
通端螺纹塞规	T	应与工件内螺纹旋合通过
止端螺纹塞规	Z	允许与工件内螺纹两端的螺纹部分旋合，旋合量应不超过二个螺距(退出量规时测定)。若工件内螺纹的螺距少于或等于三个，不应完全旋合通过
通端螺纹环规	T	应与工件外螺纹旋合通过
止端螺纹环规	Z	允许与工件外螺纹两端的螺纹部分旋合，旋合量应不超过二个螺距(退出量规时测定)。若工件外螺纹的螺距少于或等于三个，不应完全旋合通过
“校通-通”螺纹塞规	TT	应与通端螺纹环规旋合通过
“校通-止”螺纹塞规	TZ	允许与通端螺纹环规两端的螺纹部分旋合，旋合量应不超过一个螺距(退出量规时测定)
“校通-损”螺纹塞规	TS	

续表

名称	代号	使用规则
“校止-通”螺纹塞规	ZT	应与止端螺纹环规旋合通过
“校止-止”螺纹塞规	ZZ	允许与止端螺纹环规两端的螺纹部分旋合，旋合量应不超过一个螺距(退出量规时测定)
“校止-损”螺纹塞规	ZS	

第六节　常用量具、量规、外观标准样品检验工件

学习目标：通过学习，能了解和掌握游标卡尺、千分尺、百分表、杠杆表、杠杆千分尺、水平仪、塞尺、刀口尺的使用方法。

一、游标卡尺检验工件

(1) 使用前，应先把量爪和被测工件表面的灰尘和油污等擦干净，以免碰伤量爪面和影响测量精度，同时检查各部件的相互作用，如尺框和微动装置移动是否灵活，紧固螺钉是否能起作用等。

使用前，还应检查游标卡尺零位，使游标卡尺两量爪紧密贴合，用眼睛观察时应无明显的光隙，同时观察游标零刻线与尺身的相应刻线是否对准。最好把量爪闭合 3 次，观察各次读数是否一致。如果 3 次读数虽然不是“零”，但却一样，可把这一数值记下来，在测量时，加以修正。

(2) 使用时，要掌握好量爪面同工件表面接触时的压力，做到即不太大，也不太小，刚好使测量面与工件接触，同时量爪还能沿着工件表面自由滑动。有微动装置的游标卡尺，应使用微动装置。

(3) 读数时，应游标卡尺水平地拿着朝光亮的方向，使视线尽可能地和尺上所读刻线垂直，以免由于视线的歪斜而引起读数误差(即视差)。必要时，可用 3～5 倍的放大镜帮助读数。最好在工件的同一位置上多测量几次，取其平均读数，以减小读数误差。

(4) 测量外尺寸读数后，切不可从被测工件上猛力抽下游标卡尺，否则会使量爪的测量面磨损。测量内尺寸读数后，要使量爪沿着孔的中心线滑出，防歪斜，否则将使量爪扭伤、变形或使尺框走动，影响测量精度。

(5) 不用游标卡尺测量运动中的工件，否则容易使游标卡尺受到严重磨损，也容易发生事故。

(6) 使用游标卡尺时不可用力同工件撞击，以防损坏游标卡尺。

(7) 游标卡尺不要放在强磁场附近(如磨床的工作台上)，以免使游标卡尺感受磁性，影响使用。

(8) 使用后，应当注意把游标卡尺平放，尤其是大尺寸的游标卡尺，否则会使主尺弯曲变形。

(9) 用完毕之后，应安放在专盒内，注意不要使它弄脏或生锈。

二、千分尺检验工件

(1) 测量前,转动千分尺的测力装置,使两测砧面靠合,并检查是否密合,同时看微分筒与固定套筒的零线是否对齐,如有偏差应调固定套筒对零。

(2) 测量时,用手转动测力装置,控制测力,不允许用冲力转动微分筒。千分尺测微螺杆的轴线应与零件表面垂直。

(3) 千分尺的读数原理

读数时,最好不取下千分尺,如需要取下读数,应先锁紧测微螺杆,然后轻轻取下千分尺,防止尺寸变动。读数要细心看清刻度,不要错读成 0.5 mm。

在千分尺的固定套筒上刻有轴向中线,作为微分筒读数的基准线。在中线的两侧,刻的两排刻线,刻线间距均为 1 mm,上下两排相互错开 0.5 mm。测微螺杆的螺距为 0.5 mm,与螺杆固定在一起的微分筒的外圆周上有 50 等分的刻度。当微分筒转一周时,螺杆的轴向位移为 0.5 mm。如微分筒只转一格时,则螺杆的轴向位移为:0.5/50 mm。这样就可以根据微分筒上的刻度,读出螺杆轴向位移的小数部分。

读数时,应做到先读整数,再加上小数,即先在固定套筒的刻线上读出整数,然后把微分筒圆周刻线上读出的小数部分加上去,就是被测零件的尺寸。

图 2-31 中(a)为 8+0.35=8.35 mm,(b)为 14.5+0.18=14.68 mm。

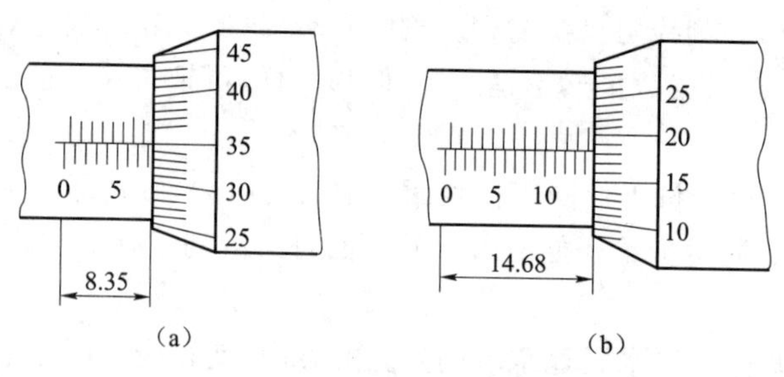

图 2-31 千分尺读数示例

三、百分表检验工件

1. 钟表式百分表

使用钟表式百分表(或类似的测微表)时,要遵守下列事项,才能得到正确的测量结果:

(1) 测量前,检查表盘和指针有无松动现象。检查指针的平稳和稳定性。

(2) 固定方式,百分表应固定在可靠的表架上,根据测量需要,可选择带平台的表架或万能表架等,如图 2-32 所示。百分表应牢固地装夹在表架夹具上,与装夹套筒紧固时,夹紧力不宜过大,以免使夹紧套筒变形卡住测杆,应检查测杆移动是否灵活。夹紧之后,不可再转动百分表。

(3) 测量前,应检查百分表是否夹牢又不影响其灵敏度,为此可检查其重复性,即多次提拉百分表测杆略高于工件高度,放下测杆,使之与工件接触,在重复性较好的情况下,才可进行测量。调整百分表使测量头与被测表面接触时,测量杆应预先有 0.3~1 mm 的压缩量,要保持一定的初始测力,以免负偏差测不出来。

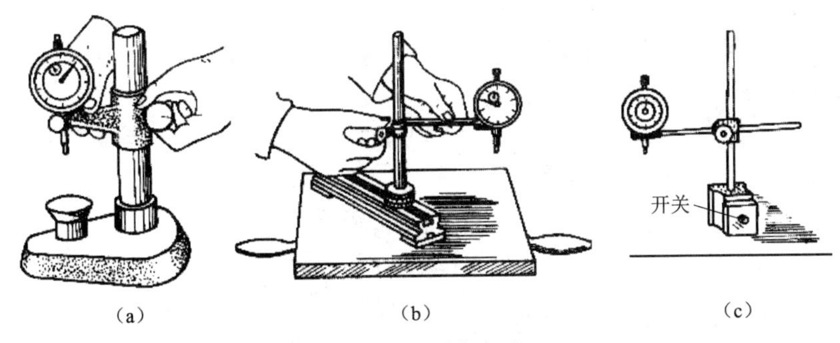

图 2-32 固定方式

(a) 平台式表架固定;(b) 万能式表架固定;(c) 磁力式表架固定

(4) 测量时,杆与被测工件表面必须垂直,如图 2-33(a)所示。否则将产生较大的测量误差。测量圆柱形工件时,测杆轴线应与圆柱形工件直径方向相一致,如图 2-33(b)所示。

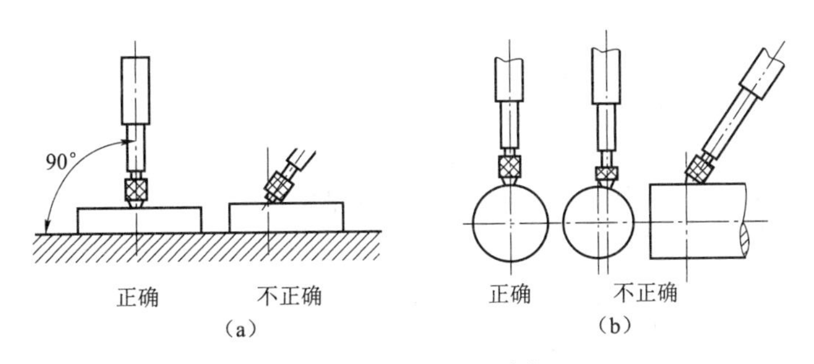

图 2-33 测量头的正确位置

(5) 测量时,应轻轻提起测杆,把工件移至测头下面,缓缓下降测头,使之与工件接触。不准把工件强行推入测头下,也不准急骤下降测头,以免产生瞬时冲击测力,给测量带来误差(如图 2-34 所示)。对工件进行调整时,也应按上述方法操作。

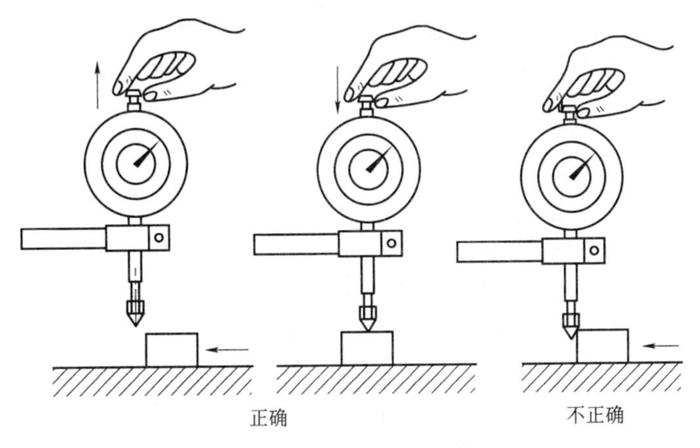

图 2-34 百分表正确使用

(6) 根据工件的不同形状,可用各种形状测头进行测量:如可用平测头测量球形工件;可用球面测头测量圆柱形或平面工件;可用尖测头或曲率半径很小的球面测头测量凹面或形状复杂的表面。

(7) 量杆上不要加油，免得油污进入表内，影响表的传动机构和测杆移动的灵活性。

(8) 测量薄形工件的厚度时，须在正、反两个表面上各测一次，取其最小值，以免由于工件弯曲而不能正确地反映出工件的真实尺寸。

2. 杠杆百分表

用杠杆百分表测量工件时，必须尽量使测杆轴线垂直于工件尺寸线，否则会由于杠杆短臂的改变而带来较大的测量误差，如图 2-35 所示。

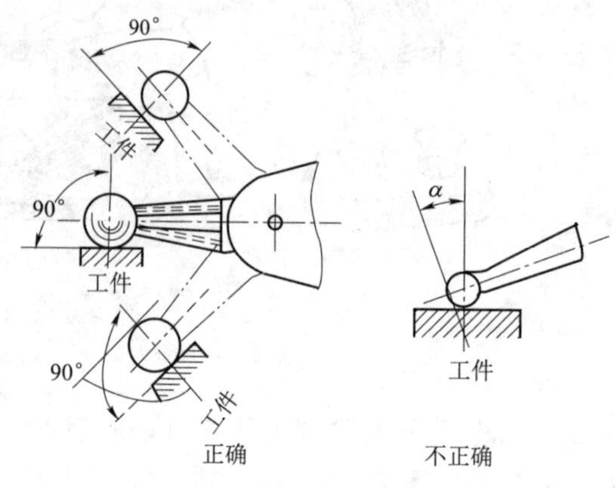

图 2-35　杠杆百分表测量工件

四、万能角度尺检验工件

(1) 使用前检查零位。

(2) 测量时，应使万能角度尺的两个测量面与被测件表面在全长上保持良好接触，然后拧紧制动器上的螺母进行读数。

(3) 测量角度在 0°～50°范围内，应装上角尺和直尺；在 50°～140°范围内，应装上直尺；在 140°～230°范围内，应装上角尺；在 230°～320°范围内不装角尺和直尺。

五、杠杆千分尺检验工件

杠杆千分尺使用时应注意：

(1) 使用前必须擦净测量面。

(2) 检查零位正确性及调整。

转动微分筒到零位(即微分筒上零刻度线与固定套管上的纵刻线重合)，这时指针应转到活动测砧中心线的垂直方向。且与表盘零刻线重合。

如指针不与表盘零线重合时，用螺丝刀旋转调整机构以转动表盘使其重合。表盘零刻度线旋转范围在活动测砧面中心线的垂直方向可旋转正负 10 格刻度线，超过这个范围，示值稳定性将视为超差。

(3) 调整微分筒的零位，可按普通千分尺的调整方法进行。

(4) 用于比较测量时的方法调整

转动微分筒到被测尺寸的公称尺寸，然后锁紧制动旋钮。将量块组(等于公称尺寸)放在两测量面，按几下按钮，当指针稳定后，转动调零机构使表盘零刻度线与指针重合，再按几下按钮使指针与零刻度线重合稳定后，即可进行测量了。

注意，在组合量块组时，应该用数量最少的量块组合，以减少组合间隙误差。同时，将量块组合前应将量块的砧合面用绸布或白纱手套蘸酒精擦拭干净。

在测量过程中应经常注意检查零位的正确性，如发现有误，应重新调整。

六、水平仪检验工件

测量前，应认真清洗测量面并擦干，检查测量表面是否有划伤、锈蚀和毛刺等缺陷。检查零位是否正确。如不准，对可调式水平仪应进行调整，对固定式水平仪应进行修复。应尽量避免温度的影响，水准器内液体对温度影响变化较大，因此，应注意手热、阳光直射、哈气等对水平仪的影响。使用中，应在垂直水准器的位置上进行读数，以减少视差对测量结果的影响。

七、直角尺检验工件

(1) 使用前，应检查直角尺各工作面和边缘是否被碰伤。将工作面和被测表面擦洗干净。

(2) 测量时，应注意直角尺安放位置，不要歪斜。

(3) 使用和存放时，应注意防止长工作边弯曲变形。

八、刀口尺检验工件

用塞尺与刀口尺配合使用。

测量直线度：向被测工件表面某一素线上与刀口尺的刀口之间的间隙中能塞进的最厚塞尺的厚度即为被测工件表面某一素线上的直线度误差。

测量平面度：向被测工件表面的多条素线上与刀口尺的刀口之间的间隙中能塞进的最厚塞尺的厚度即为被测工件表面的平面度误差。

也可用光隙法与其配合使用。测量时，目光应与塞尺与被测表面之间的间隙平行。

九、塞尺检验工件

使用塞尺时应根据被测间隙的大小，可试用一片或数片重叠在一起插入间隙 ΔL 内，如图 2-36 所示，若 0.03 mm 一片能插入，而 0.04 mm 一片不能插入，这就说明间隙 ΔL 在 0.03～0.04 mm 之间，所以塞尺也是一种极限量规。

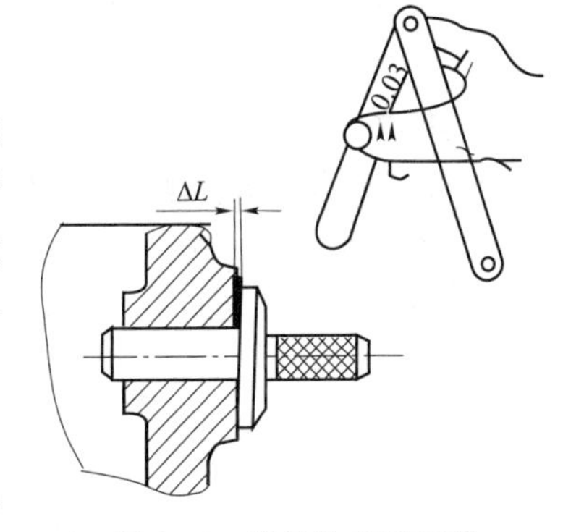

图 2-36　塞尺的应用示范

使用时注意事项：

塞尺可以单片使用，也可以多片叠起来使用，在满足所需尺寸的前提下，片数越少越好。塞尺片很薄，使用时切忌折损。

第七节　光滑量规的使用方法

学习目标：通过学习，能掌握光滑量规在检验核燃料元件组件及零部件过程中的禁忌。

光滑量规在核燃料棒元件零部件的检验在大量应用。

使用光滑量规时应注意：

(1) 尽可能使量规和被测工件的温度一致，不要在工件还未冷却到常温时就去测量。对精密的工件应与量规一起放置在恒温环境中一段时间后再进行检测。

(2) 测量时要轻卡轻塞，不要硬卡硬塞，强行通过。一般靠自重自由通过，见图 2-37、图 2-38。

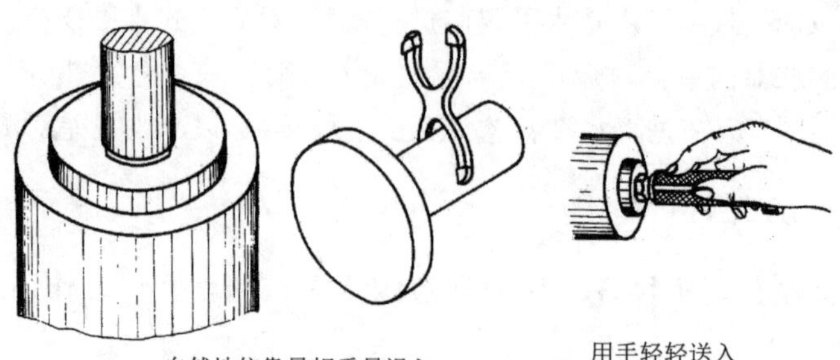

图 2-37　量规的正确使用方法

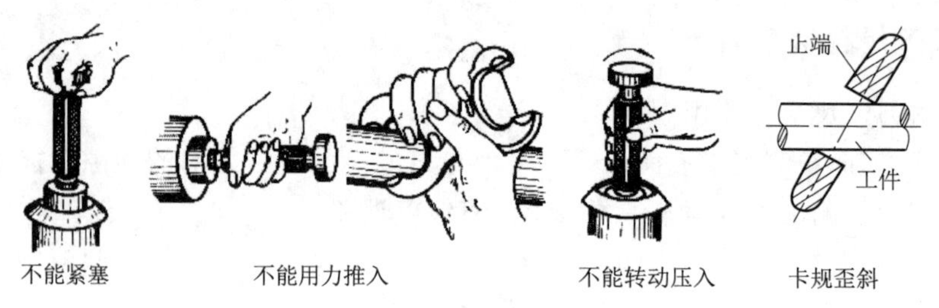

图 2-38　量规的错误使用

(3) 使用卡规时要位置要正确，不能歪斜，对加工面较长的工件应多截面测量，在同一截面上应多测几个方向，以减小形状误差的影响。

(4) 使用塞规测孔或槽宽时，要让通规全程通过，且规的头部要露出，以防孔口的毛刺影响；要用止规从孔的两端分别检验，如果加工的孔径为"喇叭口"时，以防漏检。

(5) 使用量规要注意不能与榔头、锉刀等工具混放。量规使用完毕，用软布擦净，并涂上一层防护油，然后放入干燥的盒内或固定的木架上。

第八节　抽样检查

学习目标：通过学习，能根据检验规程的接受质量限 AQL 要求，按 GB/T 2828.1《计数抽样检验程序》确定和执行抽检方案。

核燃料元件零部件的抽样检查是按 GB/T 2828.1《计数抽样检验程序》中的相关规定执行的。检验员应能根据抽样检查项目的批量 N、检验水平 IL、接受质量限 AQL，在 GB/T 2828.1 中相关表格来查找具体的抽样方案。批量 N 可在制造检验流通卡中获得，接受质量限 AQL 可在制造检验操作卡或检验规程中获得，检验水平 IL 在制造检验操作卡或检验规程中没有特别说明时，按一般检验水平Ⅱ执行。

例 2-1　进行 AFA3G 燃料棒上端塞测量项目 A28(n8.41±0.013)正常检验一次抽样检验。检验过程为：

(1) 获得确定计数抽样方案的信息　从制造检验流通卡中获得批量 N 为 1 000，从检验规程中获得接受质量限 AQL 为 0.4，检验水平在制造检验操作卡和检验规程中都没有特别说明，按一般检验水平Ⅱ执行。

(2) 查 GB/T 2828.1 获得计数抽样方案 从 GB/T 2828.1 表 1 样本量字码中包含批量为 1 000(N=100)的行与一般检验水平为Ⅱ(IL=Ⅱ)所在的列相交处，查出样本量字码为 J；从 GB/T 2828.1 表 2 中样本量字码 J 所在行与接受质量限 AQL 为 0.4 所在的列相交处为向下的箭头，意为使用箭头下面的第一个抽样方案，即样本量栏内查出样本量为 125(n=125)，接收数 Ac=1，拒收数 Re=2。从而获得正常检验一次抽样方案为($n|Ac,Re$)=(125|1,2)。

(3) 执行检验 从送检批的整批 AFA3G 燃料棒上端塞(1 000 件)中随机抽取 125(n=125)件，按检验规程中规定的量具和方法对项目 A28 进行测量。检验后，125 件产品中的不合格产品数为 d，当 $d \leqslant Ac$，即 $d \leqslant 1$ 时，该送检批为合格批，应接收除抽检时不合格的以外的该送检批的产品。当 $d \geqslant Re$，即 $d \geqslant 2$ 时，该送检批为不合格批，应拒收该送检批的产品。

例 2-2 进行 AFA3G 燃料棒上端塞测量项目 A17(25°±1°)正常检验一次抽样检验。

检验过程为：

(1) 获得确定计数抽样方案的信息 从制造检验流通卡中获得批量 N 为 1 000，从检验规程中获得接受质量限 AQL 为 4，检验水平在制造检验操作卡和检验规程中都没有特别说明，按一般检验水平Ⅱ执行。

(2) 查 GB/T 2828.1 获得计数抽样方案 从 GB/T 2828.1 表 1 样本量字码中包含批量为 1 000(N=100)的行与一般检验水平为Ⅱ(IL=Ⅱ)所在的列相交处，查出样本量字码为 J；从 GB/T 2828.1 表 2 中样本量字码 J 所在行与接受质量限 AQL 为 4 所在的列相交处不是向下或向上的箭头，而为数字 7 和 8，意为按本行确定抽样方案，即样本量栏内查出样本量为 80(n=80)，接收数 Ac=7，拒收数 Re=8。从而获得正常检验一次抽样方案为($n|Ac,Re$)=(80|7,8)。

(3) 执行检验 从送检批的整批 AFA3G 燃料棒上端塞(1 000 件)中随机抽取 80(n=80)件，按检验规程中规定的量具和方法对项目 A17 进行测量。检验后，80 件产品中的不合格产品数为 d，当 $d \leqslant Ac$，即 $d \leqslant 7$ 时，该送检批为合格批，应接收除抽检时不合格的以外的该送检批的产品。当 $d \geqslant Re$，即 $d \geqslant 8$ 时，该送检批为不合格批，应拒收该送检批的产品。

第三章　数据处理

学习目标：通过学习，能了解和掌握检验数据记录、处理和填写的要求。

第一节　原始记录的填写要求

学习目标：通过学习，能了解和掌握检验的五个阶段、检验记录的范围、检验记录填写要求。

记录是阐明所取得的结果或提供所完成的过程的证据文件。

核燃料元件零部件、组件检验岗位的原始记录应涵盖检验岗位所有活动产生的原始凭证，一般指检验岗位所有的记录，如：（产品、试样）检验记录、制造检验流通卡、不合格品报告、测量设备运行记录、测量设备维护保养记录、测量设备检修记录、测量设备使用过程中的标定、校准等记录。

一、检验的五个阶段

检验记录是实现质量检验五个阶段之一，检验的五个阶段为：

(1) 熟悉规定要求，选择检验方法，制定检验规程。

(2) 观察、测量或试验。

(3) 记录。

(4) 比较和判定。

(5) 确认和处置：对合格品准予放行，对不合格品作出返修、返工或报废处置；对批量产品作出接收、拒收、复检等处置。

检验的五个阶段，其中的记录不限于纸质，也包括作为客观证据的录像带、磁带、光盘、照片、缩微胶卷、见证件或以其他方式存储的资料。

核燃料元件零部件、组件检验所形成的原始记录多为纸质，亦可储存在测量计算机的磁盘上或光盘上，还有部分见证试样。

二、检验记录的范围

核燃料元件零部件、组件检验记录的范围包括（但不限于）：

(1) 用于过程控制的首件检验记录和巡回检验记录。

(2) 用于证明特殊工艺过程的检验记录（如热处理曲线）。

(3) 用于证明在制品制造过程中的各个阶段（工序）形成的产品质量的检验记录。

(4) 用于证明最终产品（成品）质量的最终检验记录。

三、检验记录的填写要求

质量检验就是对产品的一个或多个质量特性进行观察、试验、测量，并将结果和规定的质量要求进行比较，以确定每项质量特性合格情况的技术性检查活动。质量检验过程中，要对所得到的数据或结果进行记录，以为产品的验证放行提供客观证据。

应根据产品、技术要求、测量方法等情况，编制产品质量检验记录的表式。检验员按检验规程规定的方法对产品进行检验，填写检验原始记录，具体要求如下：

(1) 按照规定的内容填写记录中的相关项，应有日期和具有资质的人员签字(盖章)方能生效。

(2) 记录的书写汉字采用国务院公布推行的《汉字简化方案》，字母与数字参照 GB/T 14691—91 直体字。

(3) 记录的填写应字迹清楚、内容完整、客观真实、准确及时，不允许用铅笔书写，应采用蓝黑墨水或碳素墨水书写。记录发生错误时，只允许原记录人划改(禁止描改或用涂改液等)，即在修改的内容上划一道，在旁边写上正确的，且由划改人签名或盖印章并注明更改日期，其更改应保持记录的正确、清晰、完整。

(4) 对观测数据的记录，应是能反映出测量设备的所有有效数据，不得随便进行修约，计算最终测量结果时，应按国家标准规定执行。

(5) 记录的修正和缩补，需由原产生记录的部门或授权部门实施，但必须保留原始资料。

四、首件检验记录

首件是指成批加工工序，在每个生产批的产品开始生产时或生产过程中工艺系统作较大调整后的第一件或前几件产品。首件检验的目的是为了做好工序质量控制，预防大量或成批产生不合格品。首件检验在零部件加工中应用广泛，通用的首件检验记录的表式见表 3-1。根据生产实际，可在首件检验记录中加入本工序所用工装的名称、编号等内容。

表 3-1 首件产品检验记录表式

<table>
<tr><td>工程号</td><td></td><td>产品名称</td><td></td><td>岗 位</td><td></td><td>批(件)号</td><td></td></tr>
<tr><td>工序号</td><td></td><td>工序名称</td><td></td><td>操作者</td><td></td><td>取样时间</td><td>年 月 日 时 分</td></tr>
<tr><td rowspan="2">首件类别</td><td colspan="3">□生产批开始时首件</td><td colspan="2">自检结果</td><td>交检时间</td><td>年 月 日 时 分</td></tr>
<tr><td colspan="3">□刀具更换或工艺调整后首件</td><td colspan="2"></td><td>检完时间</td><td>年 月 日 时 分</td></tr>
<tr><td colspan="8">操作卡号/ 版本：</td></tr>
<tr><td colspan="8">首 件 专 检 记 录</td></tr>
</table>

<table>
<tr><td colspan="2">检 验 项 目</td><td rowspan="2">技 术 要 求</td><td rowspan="2">检 验 结 果</td><td colspan="2">带“※”项检具记载</td></tr>
<tr><td>代号</td><td>名 称</td><td colspan="2">名称及编号</td></tr>
<tr><td></td><td></td><td></td><td></td><td colspan="2"></td></tr>
<tr><td></td><td></td><td></td><td></td><td colspan="2"></td></tr>
<tr><td></td><td></td><td></td><td></td><td colspan="2"></td></tr>
<tr><td></td><td></td><td></td><td></td><td colspan="2"></td></tr>
<tr><td rowspan="2">结论</td><td colspan="3" rowspan="2"></td><td>检验员</td><td></td></tr>
<tr><td>日期</td><td></td></tr>
</table>

首件检验记录填写要求如下：

(1) 首件检验的项目、技术要求及检验方法一般按照加工的操作规程的规定，检测的结果尽量报出实测值。

(2) 对规定要填写测量器具的，应将名称、编号填全。

(3) 报出不合格的或接近极限值的测量值。

(4) 结论要填写清楚，明确是否可成批生产或需要再送首件检验。

首件检验记录的保存。首件检验记录在一本使用完后，保存在质量管理岗位，并按要求编号、标识、收集存档。

五、工序产品检验记录

工序产品检验是在产品的加工过程中，由检验人员依据加工的操作规程进行的工序产品(半成品)质量检验。工序产品检验的目的主要是为了预防不合格品流到下道工序。工序产品检验多用于工序长、加工难度大、工艺复杂的产品制造中，零部件加工中的连接柄等的检验均安排有工序产品检验。工序检验记录的表式可根据产品进行编制，通常在记录表中要设置不合格品处理情况的栏目。工序产品检验发现不合格品时，要按不合格品处理的相关规定，对不合格品进行处理(报废、返工、回用等)，将记录填写完全后，方可转入下道工序。

工序产品检验记录随产品转移，最后入成品库房。由质量管理岗位按要求与该批(件)产品的制造检验流通卡一起存档。

六、最终产品检验记录

最终产品检验是由检验人员，依据零部件检验规程的规定，来判定零部件最终产品是否合格，确定其可否用于单元件、部件、组件装配而进行的质量检验。最终产品检验原始记录通常为自动测量设备测量并存储或打印输出的测量数据，如零部件中的管座、格架的三坐标测量数据，组件检查仪自动测量出的组件的数据等。最终产品的检验原始记录，按计算机软件的不同，输出的格式也不相同，但通常有测量结果的判定。需要注意的是在键盘输入产品名称和批(件)号等时，不要输错。查看检测结果时，要仔细，不要错看、漏看，以致错下结论。

最终产品检验记录可打印输出，随产品转移入库，上报或存档。也可以暂时存储在计算机内，刻录成光盘，存储在质量管理岗位，按要求存档。

第二节 原始记录的管理规定

学习目标：通过学习，能了解原始记录的产生，记录内容和标识，记录的收集、贮存、借阅、销毁等管理知识。

一、检验记录的产生

记录一般应包括记录名称、记录内容、记录编号、记录人、记录时间等，必要时还应包括审核、批准。记录可以是原件、也可以是复印件。所有记录必须用合适的材料制成，以防在要求的保存时间内损坏。

根据产品、技术要求、测量方法等情况，识别检验过程中所需要的记录，并确定检验记录的格式及记录的形式(纸质或其他),编制产品质量检验记录的格式,必要时经编、审、批对检验记录格式进行确认。

二、检验记录的内容及标识

检验记录要满足产品质量状况可追溯性要求,内容应包括(但不限于):产品名称、被检项目及技术要求、生产批号(或产品编号)、检验的性质、次数、检验依据、检验结果、检验结论,必要时还应有主要的测量设备及其精度、自动测量程序、校准用的标准、测量设备选择的参数、环境的温度、选择的测量基准等。

检验记录必须提供足够的识别信息,以便判别该记录所对应的物项或活动。检验记录在收集、整理、贮存时必须有索引,使在需要时易于检索。

三、检验记录的收集和贮存

检验原始记录一般由记录的产生部门进行收集、整理、分类编目、归档保存。保存时间应按相关规定,通常为产品的寿期。需长期保存的检验记录,应按相关管理要求送交相关部门保存。

检验记录的贮存方式必须保持记录不变质,不得零散地存放,应装订成册或装入文件夹,放置在贮存架(柜)上,最好使用铁皮档案柜。

用特殊方法形成的检验记录,如射线底片、照片、光盘和磁带等以及那些对光、压力、温度敏感的记录,应按规定的要求进行贮存。

检验记录贮存设施和地点必须具备防盗、防火、防水、防虫蛀、防潮和啮齿动物造成的损坏,并配备相应的防火措施。

记录贮存场所应控制人员出入。

四、检验记录的借阅

检验记录的借阅应办理登记手续,并按时归还。

五、检验记录的销毁

每年对检验记录进行清理,已到保存时间的记录,应编制记录销毁清单,由相关负责人审批后销毁。记录销毁后相关人员也应在销毁清单上签字。销毁清单应存档备查。

销毁过程应注意安全,防止丢失及环境污染。

第三节 有效数字处理规则

学习目标:通过学习,能了解有效数字的概念,有效数字的确定方法。

一、有效数字概念

有效数字就是在实际测量工作中能测得的有实际意义量值表示的数字(只作定位用的“0”除外),是通过计量得到的,且由计量器具的精密程度来确定的。例如:用分辨率0.01 mm的千分尺测量燃料棒端塞 $\phi 9.8 \pm 0.03$ mm 外径,甲得到 9.815 mm,乙得到

9.810,丙得到 9.796 mm,丁得到 9.795 mm,这些四位数字中,前三位数字都是准确的,第四位数字因为没有刻度,都是检验人员的肉眼估计出来的。人的视力有差异,因此稍有差别。第四位数字是估计值,不甚准确,称为可疑数字。但绝不是凭空臆造出来的,所以记录时应该保留它,以示所使用的计量器具的精密程度。上述读取的四位数字都是有效数字,因此有效数字是包括全部可靠数字及一位可疑数字在内的有实际意义的数字。

对于可疑数字一般认为它可能有±1 或±0.5 个单位的误差,如 1.1 这个有效数字在 1.0～1.2 或 1.05～1.15 之间。

二、有效数字的确定

确定有效数字的一般原则是:

对没有小数位且以若干零结尾的数值,从非零数字最左一位向右数,得到的位数减去无效零(即仅为定位用的零)的个数即为该数值的有效位数。

对于其他十进位数,从非零数字最左一位向右数,得到的位数即为有效位数。

例 3-1　确定下列数值的有效位数

1.000 8 五位有效数字	1.98×10^{-10}三位有效数字
0.100 0 四位有效数字	10.98%四位有效数字
0.038 2 三位有效数字	0.05 一位有效数字
28 两位有效数字	2×10^{5}一位有效数字
0.004 0 两位有效数字	8.00 三位有效数字

从上述数据有效位数的确定来看,“0”在其中的作用各不相同。数字 1.000 8 中有三个“0”都是有效数字;数字 0.038 2 小数点前面的两个“0”只起定位作用,它只与所取的单位有关,而与测量的精密度无关,比如,0.038 2 g 和 38.2 mg 都是三位有效数字,实际意义是一样的,仅是所取单位不同;对于数字 0.100 0,小数点前一个“0”只起定位作用,“1”后面的三个零是有效数字,与测量的精密度有关,比如用万分之一天平称量 100 mg 样品,称量的结果应是 0.100 0 g,它有四位有效数字,如果用 mg 作单位,应记为 100.0 mg。对于 1.98×10^{-10}、10.98%、2×10^{5},数字中的“10^{-10}”、“%”、“10^{5}”只起定位作用。

类似 36 000 这种写法,若有两个无效零,应写成 360×10^{2},属三位有效数字;若有三个无效零,应写成 36×10^{3}或 3.6×10^{4},属两位有效数字。总之,应根据测量的实际情况来确定有效位数,正确书写记录有效数字。

综上所述:数字之间的“0”和数字末尾的“0”都是有效数字,而数字前面所有的“0”只起定位作用,以“0”为结尾的正整数,有效数字的位数不确定,要根据实际情况书写成以 10 为底的幂的指数形式。

在分析化学中常遇到化学反应中的计量关系,这些计量关系,常带有一些系数,如:$\sqrt{2}$、2/3 等,一些计算式中还可能有一些常数如 π 等,对于这些系数和常数的有效数字位数,可以认为是无限制的,需要几位就写几位。

分析化学中还经常遇到 pH、lgC 等对数值,如 pH=11.20,它们的有效位数应与真数的有效位数相等,也就是说其有效位数仅取决于小数部分(尾数)数字的位数,因整数部分(首数)只与相应真数的 10 的多少次方有关。如 pH=11.20 换算为氢离子浓度时$[H^{+}]=6.3\times10^{-12}$ mol/L,有效位数为两位,而不是四位,因此 pH=11.20 的有效位数是两位。

第四节　数字修约规则

学习目标：通过学习，能了解有效数字的修约的概念和规则，有效数字的计算法则。

在科学技术与生产实践中会通过试验、测量和计量获得各种数据，在数据处理时，涉及各测量值和计算值的有效数字位数各不相同，因此，我们需要确定各测量值和计算值的有效位数或者确定把测量值保留到哪一位数。有效位数或数值保留的位数确定后，就要将其后多余的数字舍弃，这种舍弃多余数字的过程称为“数值修约”。在实验室里常遇到的问题是填写实验报告单时，检验结果应取多少有效位数为宜，这时就涉及“数值修约”。质量保证部门往往要求一般数字修约应与技术条件和图纸中的要求一致，特殊情况下，应多报一位数字。

数值修约遵循的规则称为“数值修约规则”，关于数值修约规则，我国已颁布了 GB 8170—2008《数值修约规则》国家标准，现就该标准有关内容择要介绍如下。

一、修约间隔的概念

所谓修约间隔是确定修约保留位数的一种方式，修约间隔数值一经确定，修约值应为该数值的整数倍。例如，指定修约间隔为 0.1，修约值应在 0.1 的整数倍中选取，相当于将数值修约到一位小数。如果指定修约间隔为 100，修约值即应在 100 的整数倍中选取，相当于修约到“百数位”。修约间隔是修约值的最小单元，修约值中不能有小于修约间隔的数值。

在数值修约时，确定修约位数的表达方式一般有两种：一种是指明数值修约到几位有效数字，类似于上述质量保证部门的要求，另一种就是指明修约间隔，即指定数位。

若指定修约间隔为 10^{-n}（n 为正整数），即相当于将数值修约到几位小数；

若指定修约间隔为 1，即相当于将数值修约到个位数（换言之，数值的小数部分全部舍弃）；

若指定修约间隔为 10^{n}（n 为正整数），即相当于将数值修约到 10^{n} 数位。

二、数值修约进舍规则

过去习惯于“四舍五入”的数值修约规则，这种规则的缺点是见五就进，从而使修约的数值系统偏高，现行规定采用“四舍六入五考虑，五后非零则进一，五后皆零看奇偶”的规则，这个规则的含义就是：当测量值中被修约的那个数字等于或小于 4，则舍去；等于或大于 6，则进一；等于 5 时，要看其后跟的数字情况，若跟有并非全部为零的数字时，则进一，若 5 后无数字或都为零，则看保留的末位数（5 前一位数字）是奇数还是偶数，是奇数（1、3、5、7、9）时，则进一，是偶数（2、4、6、8、0）时，则舍去。

三、数值修约注意事项

1. 负数修约

负数修约时，应先将其绝对值按上述进舍规则进行修约，然后在修约值前面加上负号。

2. 不许连续修约

拟修约数字应在确定修约位数后，一次修约获得结果，不允许多次连续修约。

例 3-1　将 15.464 5 修约到个位数(即修约间隔为 1)

正确修约为 15.464 5→15(一次修约)

错误修约为 15.464 5→15.464→15.46→15.5→16(连续修约)

具体工作中，有时分析测试得到的测量值是为其他部门提供数据，可按规定的修约位数多保留 1 位报出，以供下一步计算或判定用，此时为避免发生连续修约的错误，当报出的数值其后最后一位数字为 5 时，应在该修约值后面加(＋)或(－)，表明该数值已进行过舍或进。

例 3-2　16.500 3→16.5(＋)(表示实际值比该修约值大，是修约后舍弃获得的)。

16.495→16.5(－)(表示实际值比该修约值小，是修约后进一获得的)。

如果对上述报出值还要修约，比如修约到个位时，则数值后有(＋)者进一，数值后有(－)者舍去。

例 3-3　报出值 16.5(＋)，再次修约成 17。

报出值 16.5(－)，再次修约成 16。

在实际工作中，有时还用到 0.5 或 0.2 单位的修约间隔，因不常用到，这里就不一一介绍了。

四、有效数字的计算法则

所谓有效数字的计算法则，实质是对运算中有效位数确定的法则。在处理分析数据时，涉及运算的数据往往准确度不同，即各数值的有效位数不同，为减少计算中错误，应按下面规则确定运算中的有效位数。

(1) 加减法运算中，保留有效数字的位数，以小数后位数最少的为准，即以绝对误差最大的数为准。如：将 0.012 1、25.64、1.054 82 三个数进行加减运算，有效位数应以 25.64 为依据，即计算结果只取到小数后第二位。

(2) 乘除法运算中，保留有效数字的位数，以有效数字位数最少的为准，即以相对误差最大的数为准。如：0.012 1、25.64、1.054 82 三个数进行乘除运算，有效位数应以 0.012 1 为依据，即计算结果应取三位有效数字。

(3) 在运算中，考虑各数值有效位数时，当第一位有效数字大于或等于 8 时，有效位数可多计一位。如 8.34 本来是三位有效数字，可当成四位有效数字处理。

有效数字的运算法，目前没有统一的规定，大致有三种方式。

(1) 先修约再进行运算，即将各数值先修约到规定的有效位数，再进行运算。如：

$$0.012\ 1+25.64+1.054\ 82=?$$

计算时先以 25.64 为准，进行修约，后计算得：

$$0.01+25.64+1.05=26.70$$

(2) 为了避免修约误差的积累，将参与计算的各数值有效位数修约到比应有的有效位数多一位，然后计算，最后对计算结果修约到规定的有效位数。

仍以上例为例：

$$0.012+25.64+1.055=26.707$$

修约后得 26.71。

(3) 第三种方法是先运算，最后对计算结果修约到应保留的位数。

仍以上面三个数值为例：

$$0.012\ 1+25.64+1.054\ 82=26.706\ 92$$

修约后得 26.71。

可见三种计算方法，对最终结果，只是最后一位数字稍有差别。

显然，如果用笔算，前两者较为方便，如果用计算器计算，建议用第三种方法进行运算，好处是避免不必要的修约误差积累。

第五节　检验报告单的填写要求

学习目标：通过学习，能初步了解产品最终检验报告、产品超差品检验报告、处理不合格品检验报告的填写要求。

一、检验报告

在核燃料元件零部件、组件的检验过程中，每种产品，无论是零件、部件，还是由零件和部件组成的组件，均以检验报告单的形式证明其质量状况，并作为产品放行所必需的依据。检验报告单上所记录的被测项目的质量状态(合格、不合格)或实测值及检验结论，均直接来自产品检验及其原始记录。可以说检验报告是检验原始记录的整理、分析和概括。

前面说过检验的五个阶段，检验“记录”是第三个阶段，第四个阶段为“比较和判定”，可以说检验报告就是第四个阶段，在对各项被测项目原始数据进行了数据处理和“比较和判定”之后，给出的结果及结论。

在核燃料元件零部件、组件检测过程中，通常检验的第三个阶段与第四个阶段是同时进行的，即在测得了数据的同时，就进行了“比较和判定”，采用通用量具手动测量的是这样，采用自动测量设备(如三坐标、组件检查仪等)同样由设备自动测量并判定。

二、检验报告的种类

核燃料元件零部件、组件的检验报告通常包括：

(1) 产品最终检验报告；

(2) 超差品检验报告；

(3) 处理不合格品检验报告。

三、检验报告的填写要求

检验报告的填写要求与检验原始记录的填写要求相同。除此之外还要注意以下几点：

(1) 长度测量值的小数点后的位数，在原始记录中可按所选量具的分度值(分辨力)的位数填写，在检验报告中则应与图纸、技术条件中的位数一致，必要时要进行数据修约。接近上下极限偏差的测量数据修约时，要考虑测量不确定度的影响(测量不确定度在后面进行介绍)。

(2) 超差的检测项目要填写“超差品检验报告”，给处理不合格品提供信息。检验人员在填报时要注意对超差情况的描述要准确,报出实测值。无法测得数据的项目应给出估价值,如工件表面的压痕等外观缺陷深度、面积等。给出超差项目的方位(检验代号或项目序号),必要时要画出示意图。

(3) 在填写车间内部处理不合格品检验报告时,检验员要注意描述要准确,超差项的方位正确,尽量报出实测值。

第六节　核燃料元件相关技术条件

学习目标:通过学习,能初步了解核燃料元件生产过程中对限用材料、核极清洁度、外观标样、产品返修等的相关技术的一般要求。

核燃料元件零部件、组件有许多检验人员应了解掌握的技术要求,这些技术要求是设计单位以图纸、技术条件文件等形式进行规定的。通常技术条件有:材料技术条件、焊接热或处理等特殊过程技术条件、产品制造及验收技术条件、产品符合性检验技术条件、工艺及产品鉴定技术条件等。可以说图纸、技术条件是制造商编写核燃料元件各种零部件、组件制造工艺规程(包括过程中检验)、检验规程等的依据。在此对零部件、组件技术条件通用基本的技术要求作一简单介绍。

一、限用材料的要求

某些材料对反应堆冷却系统中的核蒸汽供应系统部件是有害的,所以,零部件、组件的制造及检验过程中,对与产品所接触的材料是有限制要求的。

能够使用和接触的材料:奥氏体不锈钢、镍基合金、碳基硬质合金、惰性气体。

禁止或限用的部分材料:卤化物、硫、铝、铅、锡、锌、铜、铁素体、硼、镉。

零部件、组件在制造和检验过程中,要根据生产现场可能使用和接触的材料的实际情况,建立经批准的限用材料清单。未列入清单的任何材料或产品接触核级清洁度状态的最终加工零部件、组件表面时,必须进行验证试验,批准后方可使用。

二、核极清洁度要求

核燃料元件的零部件、组件最终要达到核极清洁度的要求。一般要求无灰尘、碎屑、金属微粒、磨料、粘结剂、丝质残留、胶痕、指痕、水分、油污、脂、加工润滑剂、腐蚀痕迹、着色剂、标志及清洗剂残留物等。

核燃料元件的零部件的核级清洁度一般通过超声清洗工艺获得。

对于不锈钢等非锆合金材料的零部件,可采用不掉毛白布沾(或不沾)丙酮擦拭工件表面,白布无污染(可与标样比对)则认为符合核极清洁度要求。

三、核级清洁度的保持

要求在不同的制造、贮存、包装和打开包装中始终保持产品的核级清洁度。

制造:接触核级清洁度的零部件、组件的工装夹具、平台、设备等应保持清洁,并要采用防护措施,避免设备漏油等造成污染。操作者要戴符合要求的干净手套才能接触核级清洁度的产品。制造现场要保持清洁。

贮存:包装前或打开包装后的零部件均应采用干净塑料膜等覆盖。小零件应存放在干净的盒子里。

包装:包装的设计应能确保整个运输和贮存过程中保持零部件的清洁度和完整性。可采用袋、盒、箱等对产品进行包装,在使用前应对包装的清洁度进行外观检查,必要时对包装进行清洁。

打开包装:要在符合清洁度标准的房间里打开包装,检查包装上无任何污染。无防污染包装里的零部件均应重新清洗。空包装袋、盒、箱的贮存和运输应有覆盖保护。

四、外观标样要求

在零部件、组件的外观检验中,对一些难以测量的外观缺陷可通过与外观标样比对进行检验。建立外观标样应按相关程序要求进行试验,标样要经过批准方可使用。使用外观标样要注意阅读标样证书。

五、产品返修的要求

通常在重要的零件、部件及组件的制造与验收技术条件中,对允许的返修项目、返修方法及返修后的检验方法等进行了规定。强调了要有经相关部门批准的返修规程,不允许进行技术条件中未规定的返修。

第四章　测后工作

学习目标：通过本章的学习，应了解和掌握核燃料元件组件及零部件检验过程中的一些特殊要求，如清洁度要求、产品跟踪及标识要求、不合格品处理要求等；了解其常用测量设备的常见故障现象等知识。

第一节　零部件及组件检测现场管理规定

学习目标：通过学习，能了解和掌握核燃料元件生产过程中对检验现场的清洁度、照明度、标识管理、文件管理、工器具量具管理的一般要求。

一、检验现场清洁度管理

对于核燃料元件零部件、组件的检验现场的清洁度要求很高，尤其是组件的生产和检验现场。

1. 检验现场清洁度

(1)对于机械加工的生产现场，不可避免地会存在润滑剂、冷却液、金属屑等对在制品的污染。为防止不洁净的产品给产品的检验精度及场地清洁带来影响，通常要求对送交最终检验的零部件进行去油污清洗。

(2) 零部件、组件的检验现场要求干净整洁，与洁净工件接触的所有物品(工装、测量设备、工作台、包装物、周转车、货架等)均要求干净。区分清洗前和清洗后的工件检验区域，在清洗后工件检验区域内避免进行手砂轮去毛刺等易造成污染的工作。

(3) 零部件、组件的检验现场工作台、货架、周转车等，要能防止产品掉落、磕碰、摩擦等。

2. 检验现场的照明

零部件、组件检验现场的光线要充足，对部分产品的外观检验(如格架)要上有灯光照明，下有光线柔和的光盒照明，且要达到技术条件规定的照度。

二、检验现场的标识管理

对检验现场存放产品的货架或区域进行划分和标识，根据需要标识可分为(不限于)：待检品、热处理前产品、热处理后产品、合格品、废品、待定品、待监督品等。检验现场的标识管理，其目的是提高工作效率，防止不同状态的产品混放而造成产品未按其原目的使用(如错将不合格品作为合格品转移到下工序或成品库)。

完成检验的产品应按其质量状态，分别放置在相应的区域。

三、检验现场的文件管理

检验现场的文件很多，尤其是品种繁多的零部件生产的检验现场，通常每种零件都有：

图纸、技术条件、加工操作规程、检验操作规程、测量设备操作规程等。为提高工作效率，方便查找，现场的文件要按一定的规律进行收集、存放、标识。检验现场的文件管理要做到及时清退旧版文件，保证现场文件是适用文件。

完成检验工作后应按要求及时将文件放回原处。

四、检验现场的工装量具管理

检验现场的量具、量规及辅助检验的工装较多，应集中分类存放在柜子里，并要作好标识，方便查找。量规通常没有单独的包装盒，存放要注意，不能混乱堆放，以防磕碰。对于细长的有直线度要求的量规，必要时要悬挂存放，以免变形。

使用后要将量规、量具及辅助工装放回原处。量块、塞尺、量规等使用后存放时，要注意放生锈，数显量具要注意关闭电源。

第二节 零部件制造质量管理规定

学习目标：通过学习，能了解核燃料元件生产过程中产品标识与可追溯性、产品的包装、贮存和运输、不合格品管理知识。

一、产品的标识与可追溯性管理

1. 产品的标识

为了防止在实现过程中产品的混淆和误用，以及实现必要的产品追溯，应采用适宜的标识方法予以控制。核燃料元件的产品和服务在其实现的全过程中，要进行标识和跟踪。零部件、组件标识管理体系由产品标识编码系统、裂变材料标识系统、产品质量状态标识三部分构成。标识的方法可采用标签标识、实体标识、区域标识。

产品标识编码系统：

应根据产品的特点制订各种产品的标识编码规则。编码规则要覆盖所有的产品，规则中至少应规定以下内容：产品的名称代号；编码的位数；编码的字符集；排列规则。

裂变材料标识系统：

裂变材料的编号规则中应包括以下内容：富集度代号、产品代号、生产年份、生产批次、正料（或返料）代号、产品级别代号、重要设备代号等内容。

产品质量状态标识：

质量状态标识应包括：合格、不合格、返修、试验、待定、待检、废品、不合格品准用等。

2. 产品的可追溯性

应根据产品特点制订质量跟踪方案及质量跟踪的方法，内容应包括：产品制造批的规定、产品检验批的规定、确定按件跟踪或按批跟踪的产品范围。

对物项及标识的跟踪，可以通过产品检验报告单、产品跟踪单、产品制造检验流通卡等质量记录的形式实现追溯，对具体跟踪的内容与要求应作出详细规定，以达到从原材料开始至最终产品产出的全过程质量跟踪。

二、产品的包装、贮存、运输

当产品在组织内部处理,直至成品完成送至与顾客约定的地点由顾客接收之前,组织对产品均负有防护责任。

为防止产品(包括原材料、零部件、组件)在实现过程中及最终交付时被损坏、变质或误用,在内部周转和交付到预定地点期间,必须采取相应的防水、防火、防潮、防异常污染、防撞击、防挤压、防盗等防护措施,确保产品的符合性。防护措施要求包括标识、搬运、包装、贮存和保护。

1. 包装

零部件的包装。通常采用聚乙烯塑料袋、聚乙烯塑料盒、纸盒、木箱、不锈钢盒等进行包装。根据产品的不同,采用的包装要考虑能防薄壁形零件被挤压变形,燃料棒等有直线度要求的细长零件要防弯曲及必要时能承重等。

组件的包装。在制造过程中通常采用聚乙烯塑料袋包装。在组件的运输过程中采用专用的运输容器进行包装。

2. 贮存

零部件的贮存。通常在零部件生产现场设立成品库房,应按产品类型、批次等分区域贮存,并有相应的存放标识。

组件的贮存。通常在组件生产现场设立组件贮存库房(区域),应按产品类型、组件号分区域将组件吊挂贮存,包装袋上要有方便查看的标识签等。吊挂组件的吊具要经常检查,防止吊具故障造成组件掉落。

3. 运输

零部件的运输。在零部件制造现场各岗位间的周转,通常采用周转小车。小车要能承重,还要能防止产品掉落。要将运输清洁产品的与不清洁产品的小车分开,以防影响产品的清洁度。

零部件在各生产车间之间周转,运输的小型汽车或手推小车均应能防止产品颠簸掉落,还要能防止产品被污染。

组件的运输。在制造现场进行组件的周转,通常采用吊葫芦。操作吊葫芦的周转人员要进行培训并取得资格。在组件的周转过程中,要有 2 个操作者在场。

三、产品的不合格品管理

为确保不合格品的非预期使用或交付,必须对不合格品进行控制。不合格品指不满足要求的产品,可发生在采购产品、过程中间产品和最终产品中。核燃料元件生产制定了不合格品管理程序,对不合格品的标识、记录、隔离和处置进行了规定。不合格品处置有四种途径:

(1) 返工,消除已发现的不合格;

(2) 经返修或不经返修让步接收,让步接收需经一定审批程序,并征得顾客同意;

(3) 降级改作他用;

(4) 拒收或报废。

经返工和返修的产品必须重新进行检验。

核燃料元件生产的不合格品处理分为两种：内部处理和外部处理。

1. 零部件的不合格品管理

内部处理的不合格品仅限于以下三种：

(1) 不符合内控指标但符合技术指标的情况；

(2) 不符合技术指标但通过返工能达到原要求的情况；

(3) 不符合技术指标且缺陷明显不能修复或修复不经济只能报废的情况。

其中，(1)种和(2)种不合格品经处理后，必须对相关部位和可能影响到的部位重新检验。

除上述三种情况外的其他不合格品均属外部处理。

2. 组件的不合格品管理

组件的不合格品处理均属外部处理。

第三节　零部件清洁度的要求

学习目标：通过学习，能了解核燃料元件零部件清洁度的一般要求。

核燃料元件零部件、组件的清洁度要求为核级清洁度。此处的清洁度不仅是干净、清洁，还要无禁用材料的沾污。本节就几种零部件和组件的清洁度要求做一介绍。

一、小零件清洁度要求

AFA3G 核燃料元件的燃料棒端塞、弹簧、套筒螺钉、轴肩螺钉、套管、导向管端塞、导向管连接螺栓、螺母、上管座压紧弹簧等均属小零件。

小零件的清洁度要求：内外表面干净有金属光泽，无水迹，无斑点，无锈点和局部磨蚀等；孔内、螺纹沟槽内清洁无加工的金属屑等。

二、单元件、部件清洁度要求

(1) 格架：格架条带内外表面清洁，无水迹及沾污；无斑点、磨蚀、锈点等；栅元内无外来异物；弹簧、刚凸上无钎料或焊接飞溅；锆格架搅混翼无焊接烟熏色等。

(2) 管座及管座部件：整体清洁，无沾污；无斑点、磨蚀、锈点等。

第四节　清洁量具、工装及包装、标识、存放工件

学习目标：通过学习，能了解对量具、工装进行清洁的基本要求，对零部件的包装、标识和存放一般要求。

一、清洁量具、工装

完成了零部件、组件的检验工作之后，要进行相关的清理、清洁等工作。

将量器具、辅助工装、工作平台等擦干净,量块、塞尺及易生锈的量规等,用后要用带油的绸布或棉布擦拭,避免用手直接接触后不擦拭就存放,要放回原处,不得随意放置。

二、零部件的包装、标识和存放

完成了零部件检验工作之后,必要时对产品要进行包装,通常按批跟踪的小零件均需要包装。按件跟踪的大件(未清洗的管座单元件等)可不包装。检验员要根据检验结果,必要时进行标识和存放。具体要求如下。

(1) 送检前已经过清洗的最终产品,且检验后全批合格,不需作不同质量状态分装的,仍采用送检时的原包装容器包装;如经检后有不符合项需要分装的,除废品可用一般包装袋包装或不包装外,其他质量状态的产品均由检验员采用干净包装容器进行分装并做好编号标识和质量状态标识。合格的产品转移入库。不合格的产品放在“待定”区域,待不合格品处理。处理报废的产品要做“报废”标识,并及时转入废品库存放。

(2) 送检前未经清洗的最终产品,经检后的合格品可仍采用原包装物包装,如有不符合项需要分装时,检验员可采用适当规格的一般的聚乙(丙)烯塑料袋或盒分装并做好编号标识和质量状态标识。合格的产品转入下道工序或库房。不合格的产品放在“待定”区域,待不合格品处理。处理报废的产品要做“报废”标识,并及时转入废品库存放。

(3) 如送检时未作包装,经检后也可不作包装(如管座单元件等)。通常无包装的产品的编号标识是采用在产品物项上刻字等方法进行编号标识,质量状态标识是采用区域标识的方法,所以无需在产品物项上进行质量状态标识,只是将合格的摆放在“合格”区域内,不合格等待不合格品处理的摆放在“待定”区域内即可。处理报废的产品要做“报废”标识,并及时转入废品库存放。

(4) 全部终检项目(包括清洁度)完成后的零部件包装,由检验员负责对其做好质量状态标识,并向成品库房转移。

第五节　仪器设备的维护保养知识

学习目标:通过学习,能了解对卡尺、千分尺、投影仪、三坐标测量仪日常维护保养的一般要求。

核燃料元件零部件、组件检验的量器具主要是机械制造中用于工件尺寸测量的通用及专用的量具、量仪,其次是专用于燃料棒丰度及空腔长度检测、核燃料组件检测等专用测量设备。量具一般指那些能直接表示出长度单位或界限的简单计量用具,如游标卡尺、千分尺、量块、塞规等。量仪是利用机械、光学、气动、电动等原理,将长度放大或细分的较复杂的测量器具,如百分表、杠杆千分尺、电感测微仪、投影仪、万能工具显微镜、轮廓仪、三坐标、组件检查仪等。要保持测量设备的精度及其工作的可靠性,除了正确、合理使用外,还要做好测量设备的维护保养等工作。

一、量器具维护保养的一般要求

(1) 使用量器具前应将量器具的测量面和零件的被测面擦干净,以免因有脏物而影响测量精度。测量不洁净、表面粗糙、有毛刺等表面状态较差的工件，会造成量具量仪的测量面或工作台的磨损而失去精度。

(2) 量器具在使用过程中，不要和工具、刀具如锉刀、车刀、钻头等堆放在一起，以免碰伤量器具。使用后要放入盒子里，尤其是游标卡尺要平放在专用盒中，避免使尺身变形。

(3) 不要把精密量器具放在磁场附近，带磁的工件要先消磁，再检验，以免使量器具感磁。

(4) 量器具，尤其是量规、量块、塞尺等，使用后要擦干净，必要时要涂油，保存在干燥的地方，万能工具显微镜的镜头、电阻应变测力传感器等要保存在干燥缸里，以免生锈。

(5) 通常大型的光学测量设备、电动测量设备，如投影仪、三坐标、组件检查仪等，对环境的温度、湿度及清洁度均有要求，应按要求控制测量环境及其清洁度。对不经常使用的光、电测量设备，要定期进行维护性开机，以免电器元件受潮损坏。

二、测高仪的日常维护保养

(1) 正确操作设备。测高仪的数字测头主要用于测定垂直度和直线度，在安装前须将电源关掉，测量时速度应小于 20 mm/s。

(2) 操作完成后关闭电源，清洁工作台及测头，不用的测头放好，防止生锈。

(3) 如遇到火灾或紧急事故，首先应断掉测高仪的电源，并及时报告相关人员。

三、投影仪的日常维护保养

(1) 不许碰撞、挤压轨道和灯柱。

(2) 不许用手和坚硬物体碰及影屏和镜头。

(3) 不许超出量程移动工作平台。

(4) 按规程正确操作和开关机。

(5) 电源和设备良好接地。

(6) 任何维修前应切断电源。

(7) 室温：0～45 ℃；相对湿度：40%～90%。

(8) 工作环境：无尘、无烟、无雾。

(9) 应定期用专用镜头纸清理镜头，用长绒棉清理影屏。

(10) 一年一次用长绒棉清理反射镜。

(11) 应定期清理设备的其他部件。对轨道等运动器件按设备说明书规定的方法定期清洁。

(12) 遇到火灾则立即切断电源灭火，遇到其他紧急事故，按下急停开关断电。

四、轮廓仪的日常维护保养

(1) 使用前要求工件干净、粗糙度达到要求，工作台干净。

(2) 必要时按“STOP”开关或按操作盒上“SPACE BAR”键，即可紧急停机。

(3) 测针退回安全位置或拆卸擦拭干净放回原处，清扫工作现场，保持清洁度。

(4) 停产期间每 7 天进行一次维护性开机，时间 2 小时。

(5) 设备周围的卫生要每日打扫，保持生产环境的清洁卫生。

五、三坐标的日常维护保养

(1) 开机前做到对设备进行全面检查,各种防护装置应无松动。

(2) 用不掉毛的布或纸清洁花岗岩平台及导轨表面,各导轨面防油、防水、防尘,被测工件要清洁,被测表面粗糙度要符合要求。

(3) 开机后检查各方向运行有无卡阻现象,定位是否正常。

(4) 工作中严格按操作规程使用设备,注意观察设备运行状况及控制面板各种指示是否正常,观察有无异常噪声。

(5) 关机后对设备进行清洁,擦拭,并将测头停放到安全位置,切断电源,做好相关记录。

(6) 定期维护保养清扫电气柜、过滤器。对气压路进行检查,清洗减压阀、滤油器。检查直流伺服电机有无噪声、振动。检查机床精度并调整。

(7) 停产期间进行维护性开机。

第六节　仪器设备的结构及常见故障现象

学习目标:通过学习,能了解常用检测仪器的常见故障及排除方法。

前面介绍了部分常用量器具的结构及使用方法,在本节中就常用量器具及大型测量仪器等测量设备的常见故障进行简单介绍。

量具出现故障或不正常情况,影响到测量精度和功能,应通知相关专业人员进行处理,严禁随意拆卸和修理。对出现的一般小故障,则属检验人员应掌握的技能,在此作简单介绍。

一、一般通用量具的常见故障及排除

1. 常见故障

(1) 游标类量具:游标卡尺、游标深度尺、游标高度尺、游标角度尺等的常见故障如下。

1) 尺子表面及量爪碰伤、锈蚀、镀层脱落等外观缺陷。

2) 冷却液、油等造成的刻线黑色脱落,不清晰。

3) 内、外测量爪磨损,并拢后有透光现象。

4) 尺框滑动有卡住或受阻现象。

5) 锁紧螺钉功能失效。

6) 零位不准。

(2) 测微类量具:外径千分尺、内测千分尺、三爪内径千分尺、壁厚千分尺、深度千分尺及特殊结构的千分尺等的常见故障如下。

1) 尺子表面,测微螺杆及加长杆表面碰伤、锈蚀、镀层脱落等外观缺陷。

2) 冷却液、油等造成的刻线黑色脱落,不清晰。

3) 测微螺杆端面及边缘磨损。

4) 微分筒转动和测微螺杆的移动不平稳,有卡住或受阻现象。

5）零位不准。

（3）表类量具：百分表、千分表、杠杆百分表、杠杆千分表等的常见故障如下。

1）指示表的表面不透明、不洁净，表面有明显划痕。测头表面碰伤、锈蚀、斑点和明显划伤等外观缺陷。

2）表圈转动不平稳，松动。

3）测杆的移动及指针回转不平稳，有跳动和卡住或阻滞现象。

2. 常见故障的排除

游标卡尺、游标深度尺、外径千分尺、内测千分尺等，常见故障简单的处理如下。

（1）尺框滑动有卡住或受阻现象等。首先检查锁紧螺钉是否正常，然后检查量具是否不清洁，有油污等。清洁量具后，仍不能滑动自如，则应考虑主尺可能不直等其他问题，此时要由专业人员修理。

（2）锁紧螺钉功能失效。需进行更换。

（3）零位不准。对于外径千分尺等测微类量具零位不准，可采用随量具配置的专用扳手进行调整。具体做法可参照其使用说明书。

二、高度仪常见故障及排除

1. 常见故障

（1）测高仪的测头表面镀层脱落、锈蚀、磨损、弯曲、碰伤等外观缺陷。

（2）测高仪基座底部的空气轴承被灰尘堵塞，无法自如移动测高仪。

2. 常见故障的排除

测高仪基座底部的空气轴承被灰尘堵塞，无法自如移动测高仪。可采用一个大头针，将其磨尖，将堵塞的出气孔疏通。

三、投影仪常见故障及排除

1. 常见故障

（1）工作台面不清洁、锈蚀；投影屏、镜头上油污、划痕等外观缺陷。

（2）操作按钮、开关等功能失效。

（3）电源不通，设备无法启动。

（4）灯泡损坏。

2. 常见故障的排除

工作台面不清洁、锈蚀，通常可以采用金相砂纸轻轻去除锈蚀，擦拭干净即可。镜头上油污可采用镜头纸轻轻擦拭，去除油污。投影屏上的油污通常由专业人员采用乙醚擦拭。

四、轮廓仪常见故障及排除

（1）工作台锈蚀，花岗岩台面碰伤、油污等外观缺陷。

（2）测尖磨损或折断。

如果测尖磨损或折断，通过更换新测尖，并对其重新标定而排除故障。

第二部分　核燃料元件性能测试工高级技能

第五章　检验准备

学习目标：通过本章的学习，应掌握装配图的识读知识、未注公差知识；能看懂核燃料元件零部件、组件图纸，了解燃料组件的构成和相关技术要求。

第一节　装配图的识读

学习目标：通过学习，能了解零部件装配图的识读步骤，了解识读核燃料组件图纸的注意事项。

读装配图要求了解装配体的名称、性能、结构、工作原理，装配关系，以及各主要零件的作用和结构形状、传动路线和装拆顺序。

现以图 5-1 支顶的装配图为例，对照支顶立体图（见图 5-2），说明读装配图的方法和步骤：

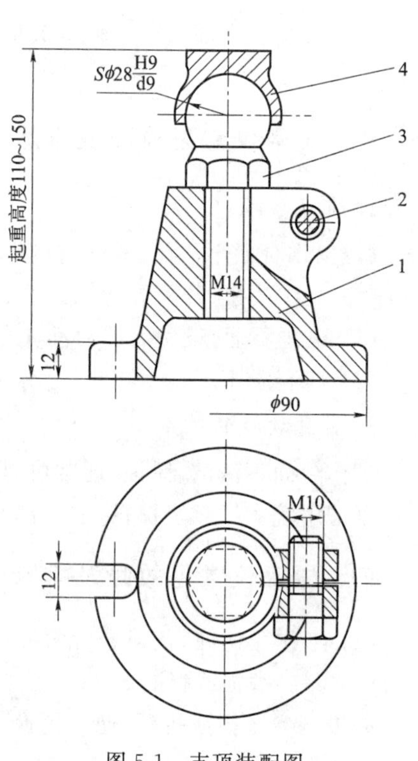

图 5-1　支顶装配图

一、概括了解

看标题栏与明细表，从中了解部件名称、性能、工作原理、零件种类，大致了解全图、尺寸及技术要求等，即可对部件的总体情况有个初步的认识。

图 5-1 支顶，从名称联想到是用于支撑工件，以进行划线或检验的一种工具，起重高度 110～150 mm 范围，外形尺寸 ϕ90 mm 与 110 mm，支顶由四种零件装配而成，其中螺栓是标准件。

二、深入分析

1. 分析部件

进一步了解部件的结构，例如由哪些零件所组成，零件之间采用的配合或连接方式等。图 5-1 支顶采用了两个基本视图，主视图用全剖视表示，图形上方未注剖视名称，可知是剖切平面通过支顶的前后对称平面切开而得的剖视图。联系俯视图看出，除用局部剖视表达装有螺栓的凸耳结构外，就其总体看来，支顶是回转体。看主视图及自它引出标法的零件序号，可知支顶的结构特征及组成它的四个零件——顶座、螺栓、顶杆、顶碗的相互位置。

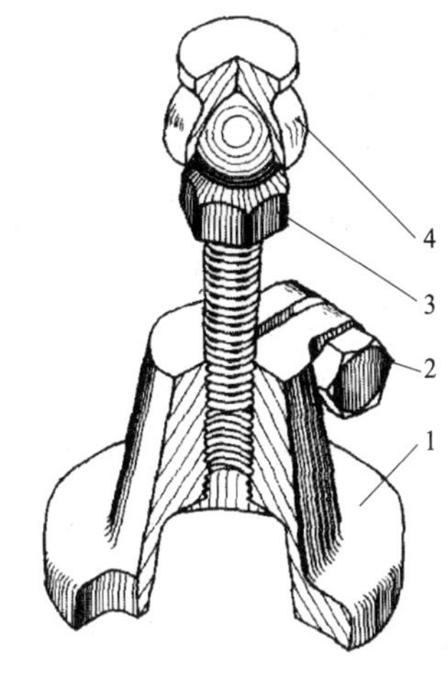

图 5-2 支顶立体图

1—顶座；2—螺栓；3—顶杆；4—顶碗

零件内的螺纹连接有：螺栓 M10、顶杆 M14 与顶座连接。配合尺寸 Sϕ28H9/d9，表示顶碗的球体内表面 ϕ28、基本偏差代号 H、9 级公差，并为基准件。顶杆的球体外表面 ϕ28、基本偏差代号 d、9 级公差，并为配合件，装配后是间隙配合。

2. 分析主要零件

自装配图中分离出主要零件，利用“三等”关系，采用形体分析法，特别是根据剖面线的方向与间隔的明显标志，区分不同零件，找出同一零件在视图中的内外轮廓，推想出该零件的结构形状后，再分析、推想另一零件。将一个部件的一两个主要零件的结构形状看清弄懂后，看懂其余零件或整个部件的结构形状，就比较容易了。

如图 5-1 中的顶座，它的内外轮廓在主视图反映得比较明显。联系看俯视图可知，由下部空心的圆锥台、带铣切槽的圆柱体底板及右上角的凸耳三个主要部分组成。顶座的中央有上下穿通的螺孔 M14。通过零件的对称平面将凸耳铣切成两半，切槽与螺孔 M14 的上半部分连通。细看俯视图，螺栓穿过凸耳前一半的光孔，直接旋入后一半 M10 的螺孔内，这样凸耳前后两半的光孔与螺孔就分辨清楚了。

顶杆、顶碗的结构形状由学员进行分析。

三、归纳总结

就图 5-1 而言，分析零件结构形状，对识读装配图来说，仍是在局部范围内进行的。要全面认识支顶装配图，还要了解支顶的功能、在工作状态下，支顶中的各零件的作用等，支顶的拆卸或装配过程等要作归纳总结。

1. 支顶的工作情况

将顶座放在工作台上，把工件放在顶碗上，松动螺栓，用扳手扳顶杆的六方部，调整到工件所需的高度后，再旋紧螺栓以固定顶杆位置，使支顶支承住工件以便在工件上划线或检验工件。

2. 支顶的拆卸过程

卸下螺栓，将顶杆自顶座的螺孔中卸去，再将顶碗自顶杆上拆除，支顶便全部拆卸成零件。

四、核燃料元件装配图的识读

在核燃料元件零部件、组件的技术文件包中，零部件图纸是重要的技术文件之一。小到销钉,大到燃料组件,均是按照零部件的加工图样进行加工制造的。

核燃料元件的燃料组件、相关组件、控制组件等均由许多各种各样零件和部件组成,以 900 MW 燃料组件为例,见图 5-3,燃料组件是由上管座部件、端部格架、中间跨距格架、结构搅混格架、燃料棒部件、导向管部件、中子通量管、下管座部件等零部件组成。而上管座部件则是由上管座、板弹簧、螺钉、销钉组成。燃料棒部件、导向管部件、下管座部件等也均是由各种零件组成。从零件到部件再到组件,可以说是靠图纸和技术条件将这些零部件组合在一起的。因此,读懂核燃料元件零部件图纸和技术条件是核元件测试工最基础的知识。前面已对装配图的识读进行了介绍,在本节中介绍一些核燃料元件零部件检验之前应作的一些准备工作,了解与图纸和技术条件有关的知识。

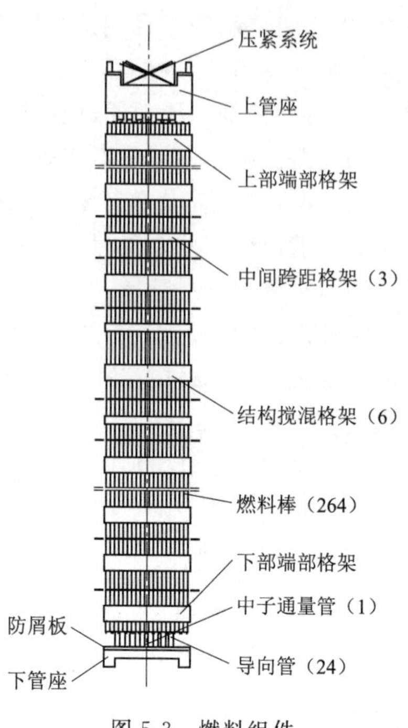

图 5-3　燃料组件

在送检的零部件、组件中必须有随带的“制造检验流通卡”等软件,通过流通卡通常可以查到本工序零部件加工依据的图纸和技术条件编号及加工操作卡、检验规程等文件的编号。零部件、组件的检验依据图纸、技术条件和检验规程。在检验规程中也有图纸和技术条件的编号及版本,在检验产品之前应按流通卡及检验规程上提供的编号及版本找出图纸,读懂图纸后再进行检验。读图是要注意图号和版本,还应注意图纸中的注释及技术要求。通常技术条件里的要求是写进检验规程中的,所以,符合性检验就是依据图纸,按检验规程的要求进行操作、判断符合与不符合的过程。

核燃料元件零部件的图纸、技术条件等质量文件通常是有编号及版本的。通常使用 0,1,…阿拉伯数字作为版本号,也有使用 A,B…英文字母作为版本,使用时要注意。

特殊情况下,在送检工件的技术文件中还会有图纸或技术条件的“修改单”等文件或其编号,检验之前要认真查阅清楚。

第二节　未注形位和尺寸公差的极限偏差

学习目标:通过学习,能了解零部件未注形位和尺寸公差的基本要求,掌握查用相关国标的方法。

一、未注公差的线性和角度尺寸的公差

图样上所有的尺寸原则上都应受到一定公差的约束。为了简化制图时对不重要的尺寸,非配合尺寸以及工艺方法可以保证的尺寸,就未注出公差。为了保证使用要求,避免在生产中引起不必要的纠纷,国家标准 GB/T 1804—2000 规定了未注公差的线性和角度尺寸的公差。

1. 该标准适用于以下未注公差尺寸

(1)线性尺寸,包括内尺寸、外尺寸、直径、半径、距离、倒圆半径和倒角高度;

(2) 角度尺寸;

(3) 零件组装后所形成的线性和角度尺寸。

该标准不适用以下尺寸:

(1) 已在图样上给出公差的尺寸;

(2) 括号内的尺寸;

(3) 用方框标明的理论正确尺寸。

2. 一般公差的表示

一般公差分精密 f、中等 m、粗糙 c、最粗 v 共 4 个公差等级。如 GB/T 1804—m 为中等级。

3. 判定

除另有规定,超出一般公差的工件如未达到损害其功能时,通常不应判定拒收。

二、未注形位公差

与零件的尺寸精度一样,零件各要素的形状及各要素之间的相互位置,只有注出或未注出公差要求之分,并无是否有公差要求之别。换言之,图样中零件上各要素及要素之间均是有形位公差要求的。

(1) 未注形位公差的等级及数值

国标《形状和位置公差 未注公差值》GB/T 1184—1996,将未注公差分为 H、K、L 三个等级,其中 H 级最高,L 级最低。各公差等级的数值可从 GB/T 1184—1996 所列表中查取。

表 5-1～表 5-4 列出了等级 K 的未注公差值。

表 5-1 直线度和平面度的未注公差值 mm

公差等级	基本长度范围					
	≤10	>10～30	>30～100	>100～300	>300～1 000	>1 000～3 000
K	0.05	0.1	0.2	0.4	0.6	0.8

表 5-2 垂直度未注公差值 mm

公差等级	基本长度范围			
	≤100	>100～300	>300～1 000	>1 000～3 000
K	0.4	0.6	0.8	1

表 5-3 对称度未注公差值 mm

公差等级	基本长度范围			
	≤100	>100～300	>300～1 000	>1 000～3 000
K	0.6		0.8	1

表 5-4 其他形位公差的未注公差值

mm

公差等级	圆跳动公差值	圆度的未注公差值	圆柱度的未注公差值	平行度的未注公差值	同轴度的未注公差值
K	0.2	等于标准的直径公差值,但不能大于表2-4中的径向圆跳动值	不做规定(由圆度、直线度和相对素线的平行度注出或未注公差控制)	等于给出的尺寸公差值,或是直线度和平行度未注公差值中的相应公差值取较大者	未作规定,在极限状况下,同轴度的未注公差值可以和表2-4中规定的径向圆跳动的未注公差值相等

(2) 未注公差的图样表示法

采用GB/T 1184规定的上述各等级的公差值时,应以适当方式明确其设计要求。未注公差的图样表示:在标题栏附近的"技术要求"中或在相关的技术条件中标注标准号及公差等级代号。如"形位公差的未注公差按GB/T 1184—××"。

(3) 判定

在一般情况下,当零件要素的形位误差超出规定的未注公差值而零件的功能没有受到损害时,不应当按惯例判废拒收。只有在超出形位公差的未注公差值会损害零件功能时才被拒收。

第三节 数理统计控制图的基础知识

学习目标:通过学习,能了解数量统计控制图的基本概念和常见的控制图形式。

一、控制图的基本原理

1. 控制图的基本概念

控制图又叫管理图,一般用于分析和判断工序是否处于控制状态所使用的带有控制界限线的图,统称控制图。

控制图,用于分析和判断在一定的周期内,连续重复同一工序的检验过程是否处于控制状态。当表示质量特性值的点子处于控制图的上、下控制线内和点子的排列情况处于正常的控制状态时,表明被测工序处理受控状态。

控制图的控制界限线,需要通过较长时间内连续分析测试同一控制样品(又称管理样品)的某一质量特性,在数理统计的基础上才能绘制,同时需要根据系统因素(4M1E)的较大变化而相应调整。

控制图显示了在一定周期内,检验过程随着时间变化的质量波动。为了表示随着时间变化情况,控制图上的点应按时间顺序打上。通过控制图,分析和判断检验过程是由于偶然性原因(不可避免的变异)还是由于系统原因(可避免因素的变异)所造成的质量波动,从而及时提醒人们做出正确的对策,消除系统性原因的影响,保持检验过程处于稳定状态并进行动态控制。

2. 控制图原理

当检验过程处于控制状态时,连续分析测试同一控制样品(或标准物质)的某一质量特性的测试数据平均值分布一般服从正态分布，即是说整个检验过程引起的质量波动，只有偶然原因在起作用。由正态分布的性质可以知道，某一质量特性的质量指标值在$\pm 3\sigma$范围内的概率约为99.7%，而落在$\pm 3\sigma$以外的概率只有0.3%，这是一个小概率，按照小概率事件原理，在一次实践中超出$\pm 3\sigma$范围的小概率事件几乎是不会发生的。若发生了，说明检验过程已出现不稳定，也就是说有系统性原因在起作用。这时，提醒我们必须查找原因，采取纠正措施，有必要使检验过程恢复到受控状态。

利用控制图来判断检验过程是否稳定，实际是一种统计推断方法。不可避免会产生两种错误。第一类错误是将正常判为异常，即过程并没有发生异常，只是偶然性原因的影响，使质量波动过大而超过了界限，而我们却错误地认为有系统性原因造成异常。从而因"虚报警"，判断分析测试数据异常。第二类错误是将异常判为正常，即过程已存在系统性因素影响，但由于某种原因，质量波动没有超过界限。当然，也不可能采取相应措施加以纠正。同样，由于"漏报警"导致不正常的分析测试数据，当作正常结果对待。不论哪类错误，最终都会给生产造成损失。

数理统计学告诉我们，放宽控制界限线范围，可以减少犯第一类错误的机会，却会增加犯第二类错误的可能；反之，缩小控制界限线范围，可以减少第二类错误的机会，却会增加犯第一类错误的可能。显然，如何正确把握控制图界限线范围的确定，使之既经济又合理，应以两类错误的综合损失最小为原则。一般控制图当过程能力大于1时，不考虑第二类错误。3σ方法确定的控制图界限线被认为是最合适的。世界上大多数国家都采用这个方法，称之为"3σ原理"。

二、控制图的基本形式

1. $\overline{x}$质量控制图

检测时，把测得的控制样品质量特性值用点子，按时间顺序一一描在图上。根据点子是否超越上、下控制线和点子的排列情况来判断检验工序是否处于正常的控制状态（见图5-4）。

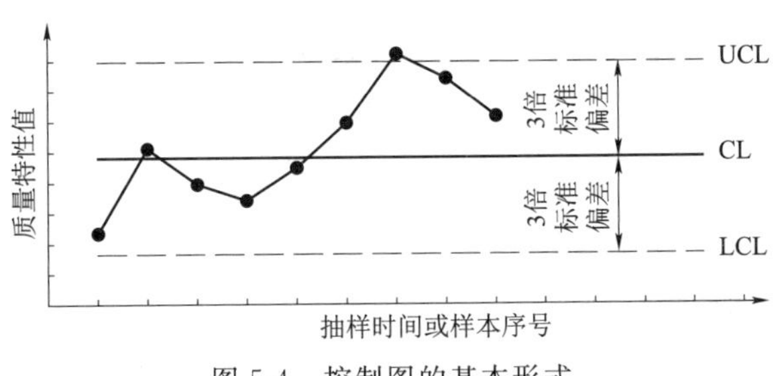

图5-4 控制图的基本形式

其中，纵坐标为质量特性值x_i，横坐标为分析测试样品的时间。图上绘有三条线，上面一条虚线叫上控制界限线（简称上控制线），用符号UCL表示，$UCL=\overline{x}+3\dfrac{S}{\sqrt{n}}$；中间一条实线叫中心线，用符号CL表示，$CL=\overline{x}$；下面一条虚线叫下控制界限线（简称下控制线），用LCL表示，$LCL=\overline{x}-3\dfrac{S}{\sqrt{n}}$。

$\overline{x}$ 质量控制图是控制图的基本形式,是实验室里最常用的一种控制图。

2. $\overline{x}$ 平均值质量控制图和 R 极差质量控制图

与 $\overline{x}$ 质量控制图相同,不同处在于搜集数据一般取 100 个(最少 50 个以上),每次(同一时间)分析测试的样本个数用 n 表示,一般 $n=3\sim5$。组数(按时间顺序分组)用 k 表示。例如:每组样本个数 $n=5$,组数 $k=12$,则搜集了 60 个数据。此时纵坐标为质量特性值的平均值 $\overline{x}$(或极差 R),横坐标为分析测试样本的组号(按时间顺序)。

$\overline{x}$—R 质量控制图如图 5-5 及图 5-6 所示。

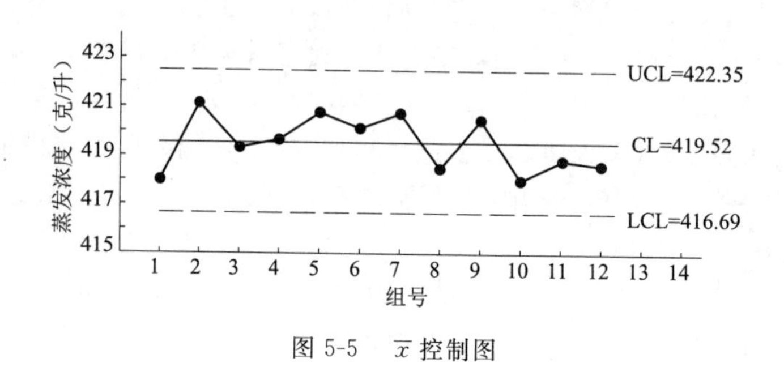

图 5-5 $\overline{x}$ 控制图

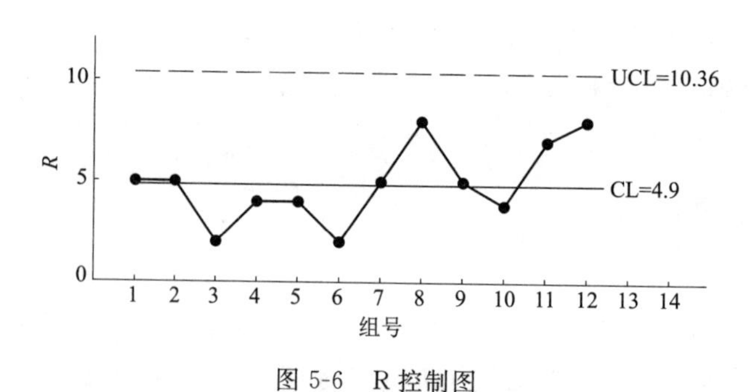

图 5-6 R 控制图

第四节 计量、计量检定基础知识

学习目标:通过学习,能了解计量检定的基本概念和计量对象、计量器具的分类管理知识。

一、计量检定的概念

计量检定是实现单位统一、确保量值传递准确可靠的活动。

定义所指的活动包括科学技术上的、法律法规上的和行政管理上的活动。

科学技术上的活动包括按照各种测量设备校准规范的要求进行计量检定和校准等活动。

法律法规上的活动包括依据《中华人民共和国计量法》(简称《计量法》)、《国防计量监督管理条例》、《国防计量技术机构管理办法》等法律法规而进行的活动,如制定公司相应的计量管理的规章制度等。

行政管理上的活动包括对维护、违反计量法律法规、计量管理规章制度的事主进行相应奖励、处罚的相关活动。

在核燃料元件生产过程中，必须依据国家相关法律法规，制定符合要求的计量管理的规章制度，并按规章制度对各类计量器具进行管理，包括分类、标识、检定、发放、使用、存放、封存、报废等相关的管理活动。

计量分为科学计量、工程计量、法制计量、国防计量。核燃料元件生产过程中的计量多属于工程计量和法制计量。其中，能源、原材料的消耗，工艺流程的监控以及产品品质与性能的测试等属于工程计量。与核安全、环境保护相关的计量属于法制计量。

二、计量的对象

当前普遍开展和比较成熟或传统的有十大计量，包括几何量计量、温度计量、力学计量、电磁学计量、无线电计量、时间频率计量、光学计量、电离辐射计量、声学计量、物理化学计量。

核燃料元件组件、零部件的计量对象有：

（1）几何量计量：如核燃料组件的长度、平行度、垂直度等；管座的导向管位置度、导向管孔内轮廓角度、平面度、表面粗糙度等。

（2）温度计量：如钎焊格架、管座、压紧弹簧等核燃料压紧零部件的处理的温度。

（3）力学计量：如核燃料组件的重量；核燃料控制组件的抽查力；核燃料组件运输过程的速度、加速计的加速度；核燃料组件燃料棒的拉棒力；定位格架的燃料棒夹持力；上管座压紧螺钉旋紧力矩；钎焊格架真空热处理炉的真空度；弹簧压力电阻点焊的撕裂力、压紧系统弹簧热处理随炉试样的拉伸强度、硬度等；其他力学计量：质量、容量、密度、流量、冲击、转速、振动等。

（4）时间频率计量：如钎焊格架、管座、压紧弹簧等核燃料压紧零部件的处理的保温温度。

（5）光学计量：如零部件外观检验环境的光照强度。

（6）电离辐射计量：如燃料棒 UO_2 芯块间隙和空腔长度 γ 射线检测；生产现场操作者佩带的计量笔；燃料棒的中子活化丰度检测。

（7）声学计量：如核燃料元件零部件原材料的超声检查。

三、计量器具的分类管理

1. 计量器具的 ABC 分类管理

核燃料元件生产单位一般的测量设备比较多，为便于管理，采取了突出重点、兼顾一般的 ABC 分类管理方法。

A 类测量设备，量虽然不多，但使用的位置和用途非常重要，作为重点管理，如组件检测仪，三坐标测量仪、G 因子测量设备、燃料棒丰度检测设备、热处理炉的温控仪等。

B 类测量设备，数量比较多，但在准确度等级和位置的重要程度方面都不高，可进行一般性管理。如常用的卡尺、千分尺等测量器具。

C 类测量设备，数量也比较多，但基本都是一些监视类仪表，准确等级较低，确认时采取一次性检定或校准的方法，损坏后更换，不用实行周期检定，可对其进行简要的管理。如数控设备上应用计量设备用压空压力、电压、电流等的仪表。

ABC类管理目前在企业内使用广泛，如和标记管理结合起来加以辨别，只需在标记上印有明显的A、B、C字样即可。

A、B、C管理的分类方法是：

(1) A类测量设备

1) 企业的最高计量标准和用于量值传递的测量设备，经认证授权的社会公用计量器具，列入强制检定目录的工作测量设备。

2) 企业用于工艺控制、质量检测、能源及经营管理，对计量数据要求高的关键测量设备。

3) 准确度高和使用频繁而量值可靠性差的测量设备。

(2) B类测量设备

1) 企业生产工艺控制、质量检测有测量数据要求的测量设备。

2) 用于企业内部核算的能源、物资管理用的测量设备。

3) 固定安装在生产线或装置上，测量数据要求高，但平时不允许拆装、实际校准周期必须和设备检修同步的测量设备。

4) 对测量数据准确可靠有一定要求，但测量设备寿命较长，可靠性较高的测量设备。

5) 测量性能稳定，示值不易改变而使用不频繁的测量设备。

6) 专用测量设备、限定使用范围的测量设备以及固定指示点使用的测量设备。

(3) C类测量设备

1) 企业生产工艺过程、质量检验、经营管理、能源管理中以及在流程生产线和装置上固定安装的，不易拆装而又无严格准确度要求的，仅起显示作用而无量值要求的指示用测量设备。

2) 测量性能很稳定，可靠性高而使用又不频繁的，量值不易改变的测量设备。

3) 国家计量行政部门明令允许一次性使用(如玻璃直尺)或实行有效期管理的测量设备(如水表)。

2. 分类管理要求

(1) A类计量器具

1) 凡国家规定的强制检定的计量器具按国家计量行政部门和国防工业系统计量管理机构的规定办法执行。

2) 严格执行国家规定的检定规程与检定周期。

3) 计量器具使用单位必须指定专人保管维护，并建立严格的使用保管、检定调修等原始档案。

4) 周期受检率应达到100%。

(2) B类计量器具

1) 按照国家检定规程规定的周期进行检定，检定周期原则上不超过检定规程规定的最长周期，遇特殊情况周期需延长时，使用部门/计量管理员须提出申请并经批准。

2) 对连续运转装置上拆卸不便的计量器具，可以根据检定规程和可靠性数据资料，按设备检修周期同步安排检定周期，但必须严格监督。

3) 通用计量器具作专用的计量器具，按其实际使用需要，可减少检定项目或进行部分检定，但检定证书上应注明限用量、限范围和使用地点，在计量器具明显位置处粘贴限用标志。

4）对使用不频繁，性能稳定，准确度要求不高的计量器具，检定周期可以适当延长，延长时间的长短应以保证计量器具可靠性数据为依据。

5）周期受检率应不低于98%。

（3）C类计量器具

1）除国家规定的可进行一次性检定的计量器具外，对准确度无严格要求，性能不易变化，且低值易耗的计量器具，可以进行一次检定。

2）对非生产关键部位的指示用和在连续运转设备上固定安装的表盘计量器具进行有效期管理。

3. 标志管理要求及管理

（1）计量彩色标志使用说明

1）“合格证”标志：表示该计量器具符合国家检定/校准系统或公司内部相关要求。

2）“限用证”标志：表示该计量器具定范围定点使用。检定时也只定期检定和校验某一特定测量范围或测量点，应标明限用范围和限用点。

3）“禁用”标志：出现故障暂时不能修好或超过检定周期以及抽检不合格的计量器具在生产、管理中停止使用。

4）“封存”标志：用于长期闲置或暂时不投入使用，也不进行周期检定的计量器具，使用“封存”标志，防止流入生产和管理中使用。

5）“报废”标志：表示该计量器具不符合国家检定/校准系统或公司内部相关要求。

（2）计量彩色标志的管理

1）现场使用的计量器具应有有效的彩色标志。

2）计量彩色标志上应注明该计量器具A、B、C分类的类别，使用彩色标志时应与检定原始记录或检定证书相符，标志应粘贴在计量器具（不妨碍工作）的明显位置上或计量器具的盒子上。

3）暂时不用或经检定不合格的计量器具应撤离现场，无法撤离的或暂时不投入使用也不进行周期检定的计量器具，计量室应在其明显位置粘贴“封存”标志。

第五节 零部件表面状态的要求及零部件沾污去除

学习目标：通过学习，能了解零部件的粗糙度要求、零部件的外观缺陷要求、零部件沾污的去除方法。

在核燃料元件的燃料组件和相关组件的零部件的图纸及技术条件中，对零部件的表面状态，粗糙度及外观缺陷均有较高的要求。

一、零部件的粗糙度要求

AFA3G燃料元件的管座、连接柄、连接板与圆柱筒焊接件、端塞等机械加工的零部件，表面粗糙度最低要求 $R_a \leqslant 3.2$，通常要求都在 $R_a 1.6 \sim R_a 0.8$ 范围内。燃料棒包壳管、导向管等轧制的管材，其表面粗糙度要求通常为 $R_a 0.8$。光滑的表面在反应堆中的抗腐蚀能力强，可防止泄漏。零部件的表面粗糙度是重要的质量要求之一。

TVS-2M 燃料组件的零部件粗糙度多数要求在 $R_a 3.2 \sim R_a 25$。

二、零部件的外观缺陷要求

技术条件对核燃料元件零件、部件及组件的表面外观缺陷有定量或定性要求，对于定量要求的外观缺陷，可采用仪器测量、外观目视检测(必要时通过外观标样目视检测)。

做到检验标准明确、具体、量化，是外观缺陷检验准确、高效的必要条件，也是外观检验的难点。

常见的缺陷通常为：

(1) 在零部件加工过程中及在零部件组装成组件的过程中对零部件表面造成的刀伤、划痕、积瘤、磕碰等机械损伤。

(2) 在零部件焊接过程中，表面产生的焊接缺陷，如：飞溅、氧化色、开口孔、焊接不充分等。

(3) 原材料生产过程中产生的一些表面外观缺陷，如：生产格架用的带材表面的不均匀的颜色；燃料棒包壳管表面的裂纹等。

在反应堆的运行中，零部件、组件的这些表面缺陷会加快腐蚀，造成泄漏等事故。在核燃料元件的设计上，对零部件的表面外观缺陷要求较为严格，通常是不允许有外观缺陷，并根据不同的零部件，制定了不同的标准和要求。例如：对于 900 MW 燃料组件的上下管座等不锈钢材料产品的要求，加工产生的表面刀伤、划伤碰伤等总面积 $\leqslant 30\ mm^2$，深度 $\leqslant 0.4$ mm，且缺陷表面应光滑。对于燃料棒包壳管的表面划伤等机械损伤缺陷要求 $\leqslant 0.02$ mm。对于焊接产生的表面缺陷，通常用外观标样来控制，对其进行一定的限制。

三、零部件沾污的去除

零部件、组件的制造过程中，对其清洁度的要求很高，零部件、组件在最终检验前应达到核级清洁度要求。表 5-5 列出了清洁零部件及局部沾污的常用方法。

表 5-5 零部件沾污的常用清洁方法

产品名称或沾污情况	清洁方法
所有机械加工零部件及组件	超声清洗等
管座、板弹簧、连接板、下管座过滤板等	喷砂＋超声清洗等
不锈钢零件表面局部未超标锈迹	草酸溶液局部擦除锈迹后，用丙酮或无水乙醇将酸迹擦净或重新进行超声清洗
格架、管座部件及其他零部件等局部沾污(指痕、水分、油污、脂等)	用丙酮或无水乙醇局部擦净
燃料元件管、棒等表面局部沾污(尘、屑、金属微粒、磨料、黏结剂、胶痕、指痕、水分、油污、脂、标志及清洗剂残留物等)	用白绸布蘸丙酮或无水乙醇局部擦拭

续表

产品名称或沾污情况	清洁方法
上管座部件板簧销钉点焊、下管座部件固定销点焊等局部氧化色	用不锈钢刷去除
格架焊接烟熏色	用白绸布或不掉毛的白布擦除

第六节 对测量设备进行功能校验

学习目标：通过学习，能了解三坐标、轮廓仪、高度仪、组件测量仪等测量设备功能校验方法。

凡是测量设备均应纳入计量管理，进行周期检定。但一些专用测量设备，如组件检查仪等，国家没有检定规程，通常是靠校准的方法。另外，检定有效期内的测量设备也不一定始终是合格正常的，如何控制好计量检定有效期之内测量设备的合格和正常使用，采用经常地对测量设备进行功能校验（准）的方法较为有效。通常这种校验是需要编制校验方法，按校验方法进行校验。下面简单举例介绍测量设备的校验（准）。

一、几种通用测量设备的校验

我们通过表 5-6 来说明各类测量设备名称、需要校验的功能以及校验的方法。

表 5-6 设备名称、校验功能以及校验方法

设备名称	校验的功能	校验方法
工具显微镜	各部分外观无松动、无锈蚀、各光源正常	目测
	运动部件运动灵活、无异响、无阻塞	移动各运动部件进行观察
	线性精度	用符合相当精度等级的线纹尺检验
高度仪	各部分外观无松动、无锈蚀	目测
	导轨等运动部件运动灵活、无异响、无阻塞、气垫轴承运动轻便	移动各运动部件进行观察
	线性精度	用符合相当精度等级的块规组检验
	测量圆、垂直度、单向测量、双向测量等测量功能	通过测头校准器校验测量圆、单向测量、双向测量、通过测量相当精度等级的方箱校验垂直度测量功能
轮廓投影仪	各部分外观无松动、无锈蚀、各光源正常（强度，均匀性，对中性等）	目测
	运动部件运动灵活、无异响、无阻塞	移动各运动部件进行观察
	线性精度	用符合相当精度等级的线纹尺校验
	测量圆、圆度、直径、距离、夹角、直线度等测量功能	通过设备自带的或自制的具有已知孔径、孔间距、直边、夹角、R 半径的薄壁件手工和自动（对具有自动测量功能的设备）校验

续表

设备名称	校验的功能	校验方法
三坐标测量机	各部分外观无松动、无锈蚀、各光源正常(对于光学三坐标测量机:光源可程控性)	目测和编程验证光源可程控性
	导轨等运动部件运动灵活、无异响、无阻塞	移动各运动部件进行观察
	线性精度	用符合相当精度等级的块规组或线纹尺校验
	测量圆、圆度、直径、位置度、同轴度、平面度、距离、夹角、直线度等测量功能	通过具有已知孔径、直径、位置度、同轴度、平面度、距离、夹角、直线度的典型零件,用手工和自动(对具有自动测量功能的设备)校验
轮廓综合测量仪	各部分外观无松动、无锈蚀	目测
	导轨等运动部件运动灵活、无异响、无阻塞	移动各运动部件进行观察
	角度、距离、圆弧半径、轮廓度、直线度等测量功能	通过符合相当精度等级块规组和角度块,用手工和自动(对具有自动测量功能的设备)校验

对于各部分外观无松动、无锈蚀、各光源正常、导轨等运动部件运动灵活、无异响、无阻塞,应在日常使用过程中时时留意;对于测量圆、圆度、直径、位置度、同轴度、平面度、距离、夹角、直线度等测量功能应在新设备验收、设备软件、硬件升级或重新装置后验证;对于线性精度等应按公司或国家的相关规范的要求进行周检。

二、组件检查仪的校准

(1) 组件检查仪下标准块水平校准

1) 用白布沾丙酮将丁字水平仪、下标准块擦干净。

2) 将丁字水平仪紧贴下标准块上,并规定丁字水平仪的横向气泡靠 y 轴探头一边;各轴位置及移动方向在图 5-7 和图 5-8 中表示。

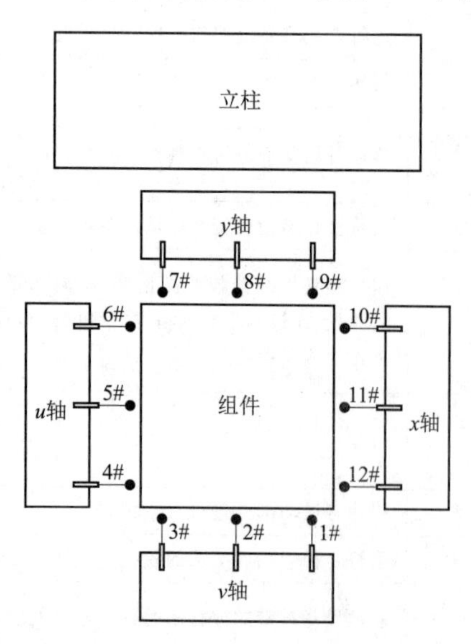

图 5-7 w 轴(仪器托架)上 x,y,u,v 轴的位置及 1# 至 12# 探头位置示意图

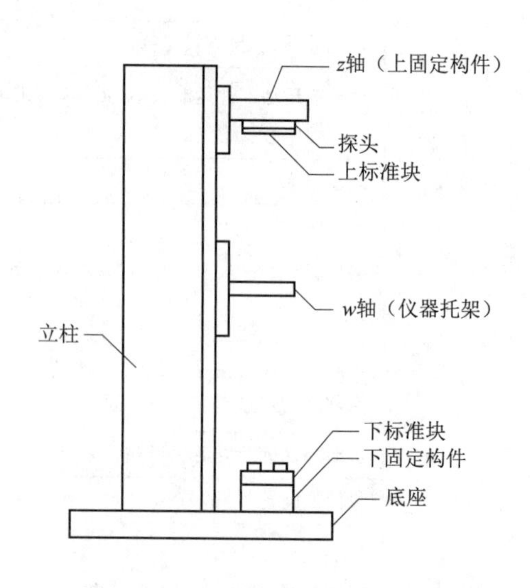

图 5-8 z、w 轴及其他部分示意图

3）调节下固定构件底座上的调整螺丝，直至水平仪上两个方向的气泡位于零线（一个刻度范围内），再锁定相应螺丝。

（2）组件检查仪 w 轴上测量探头1＃至12＃的零点校准

1）接通组件检查仪控制柜上的控制系统总电源开头。

2）按操作手册规定，依次使 x、y、u、v 处于规定位置。

3）将1＃至12＃的探头的读数调整到±10 μm内，并锁定相应螺丝。

（3）组件检查仪下标准块对上标准块的对中性校准

1）将 w 轴移动到－15 mm位置。

2）将 x、y、u、v 轴移动到上标准块边长名义值一半的位置。

3）调节下固定构件的调整螺丝，使1＃至12＃探头的读数在±10 μm内，并锁定相应螺丝。

4）重新复查下标准块的水平。

（4）z 轴的测量探头13＃至16＃的零点及线性校准

1）将四块150 mm的块规置于下标准块的四个角上。

2）将 z 轴移到150 mm的位置。

3）调节上固定构件的调整螺丝，使 z 轴的13＃至16＃四个探头读数在±10 μm内，并锁定相应螺丝。

4）将 z 轴移至155 mm位置，然后在13＃至16＃探头下，依次放置3 mm及7 mm厚的块规。

5）检查13＃至16＃探头线性度，当垫3 mm厚的块规时，其测量值为－(2±0.01)mm，垫7 mm厚的块规时，其测量值为＋(2±0.01)mm。

（5）w 轴测量探头1＃至12＃线性校准

1）将 x、y、u、v 各轴移动到下标准块一半再加5 mm的位置上。

2）在1＃至12＃探头前依放置3 mm、7 mm块规，以便检查1＃至12＃探头。当垫3 mm厚的块规时，其测量值为－(2±0.01)mm，垫7 mm厚的块规时，其测量值为＋(2±0.01)mm。

（6）在计算机中设置与待测组件有关的数据

1）设置组件长度、平行度、垂直度、直线度的名义值和设计允许公差。

2）设置待测组件上、下标准块的实际尺寸数据，包括标准长、宽、厚等。

3）设置 w 轴上每个方向的相邻两探头距离，z 轴上每个方向相邻两探头距离。

第七节　测量设备的标定、调整与控制

学习目标：通过学习，能了解三坐标、轮廓仪、高度仪、组件测量仪等测量设备的标定方法。

在使用各种测量设备时，经常需要对其进行校准、标定、调整等，本节简单介绍几种测量设备的标定及测量设备的控制方法。

一、高度仪的标定

在使用高度仪测量工件时，测量的准确性不仅与高度仪的线性精度有关，而且与测头标定的准确性直接相关。现在介绍如何标定高度仪的测头。

如图 5-9 所示，在根据被测量工件的要求选定测头后，我们用高度仪自带的测头校准器来标定测头，步骤如下：

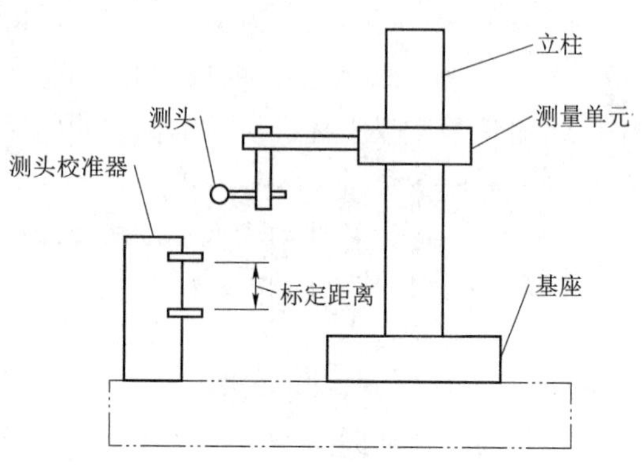

图 5-9　高度仪结构示意图

(1) 将测量头、测头校准器、工作平台擦拭干净；

(2) 安装固定好测头；

(3) 在测量单元面板上按标定按钮，进入标定状态；

(4) 按高度仪使用方法进行标定，一般是用测头接触测头校准器上标准距离槽的上、下边；

(5) 测量单元面板显示标定完成后，进入双向测量状态，用测头测量测头校准器上标准距离槽的上、下边，如果测量单元面板所显示的测量值与测头校准器上标准距离之差符合高度仪的相关精度要求，则标定有效，否则应该重复第(3)、(4)、(5)步重新标定。

二、三坐标测量机的标定

与高度仪相似，在使用三坐标测量机测量工件时，测量的准确性不仅与三坐标测量机三个坐标轴的线性精度有关，而且与测针标定的准确性直接相关。现在介绍如何标定三坐标测量机的测针。

在根据被测量工件的要求选定测针后，我们用三坐标测量机自带的标准球来标定测针，步骤如下：

(1) 将测针、标准球、工作平台擦拭干净；

(2) 安装固定好测针、标准球；

(3) 对于有自动转换测针方向的三坐标测量机，应先编辑好需要标定的测针方向；

(4) 在计算机测量界面上选定标定按钮，进入标定状态；

(5) 按三坐标测量机使用方法进行标定，一般三坐标测量机都具备自动标定功能(为了提高标定的准确性，应尽可能用自动标定功能)；

(6) 标定完成后，在计算机测量界面上选定测球按钮，进入测球状态，用刚标定过的测针的各个方向分别测量标准球，如果测量的球径和球度误差值与标准球的球径和球度误差之差符合三坐标测量机的相关精度要求，则标定有效，否则应该重复第(4)、(5)、(6)步重新标定。

标定好的测针可以用确定的文件名贮存在计算机中，以便在以后的测量工作中直接调用而不需要每次重复标定测针。

三、轮廓综合测量仪的标定

在使用轮廓综合测量仪测量工件前，必须对所选用的测针进行标定。现在用 XC2 综合测量仪为例来介绍如何标定轮廓综合测量仪的测针。

标定标准：设备配用的4等量块(5 mm、10 mm)、4等针规(3 mm)。

标定环境：室内温度：20 ℃±5 ℃，相对湿度为60%±20%。

最大允许示值误差：$MPE_E \leqslant 0.005$ mm。

标定步骤如下：

(1) 安装350 mm长度的测针，从测量站 Measuring station 进入校准菜单 calibration。从系统配置中选择长度与350 mm测针高度相匹配的测针型号进行校准。

(2) 校准测量力

按屏幕提示用15.1 g砝码配重。

(3) 校准测针灵敏度

在平晶上放25 mm的块规调零位。然后按照计算机提示做完11组块规的方差、灵敏度及分辨率测试，计算机将自动画出方差的线形曲线，并算出相应的方差值、灵敏度以及分辨率误差值。

(4) 校准偏转系数

放25 mm块规接触调零，当测针接触到量块时，用肉眼观察，测针必须与量块垂直。

(5) 校准测臂和测尖高度

用10 mm和5 mm块规粘和成90°放在V形铁上，把测针移动到10 mm块规最高点边缘，接触测针调到$Z \approx 1.77$ mm，然后进行测量，测量后将得出校准后的测尖高度、测臂的实际长度，以便在今后的测量中可以根据参数进行补偿。

(6) 校准测尖轮廓及半径

用小V形铁夹住针规放在工作台上，把测针放在针规的最高点，调整到零位，开始测量，重复测量3次，得出校准测量结果：半径补偿值以及有效的测量角度范围。每次测量值与其(约定)真值之差的最大值为长度测量示值误差E。

(7) 验证标定精度

用校准好的测针测量10 mm和5 mm的块规。分别把5 mm和10 mm块规粘合在20 mm块规上，成90°放在V形铁上，如图5-10所示。把测针移动到左边块规最高点边缘，分别测量5 mm和10 mm块规的长度，连续测量3次。每一长度量块的所有测量值与其(约定)真值之差的最大值为长度测量示值误差E。

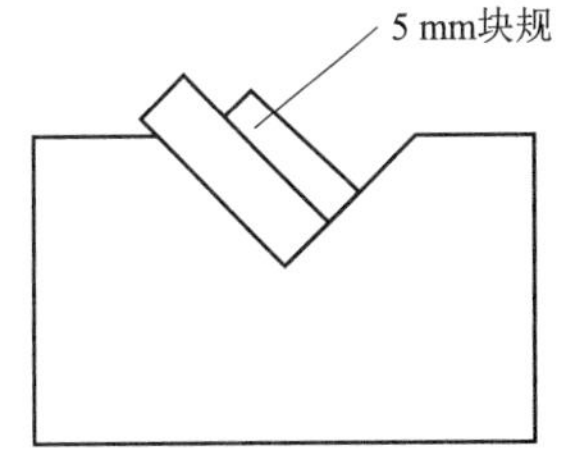

图5-10　350 mm长度的测针精度验证示意图

若满足$E \leqslant MPE_E$，可以认为标定符合要求。

四、测量设备的控制

在生产过程中应密切关注测量设备的稳定性，通常可采用测量设备控制图进行控制。现以棒夹持力测量系统为例来说明如何绘制设备控制图。

(1) 设计控制点

根据定位格架技术条件，对棒夹持力有上、下限要求，设为$[N_1, N_2]$，它是一个连续的区间，要求棒夹持力测量系统在整个区间都能准确测量，如果要对棒夹持力测量系统在整个区间都进行控制，将会形成无数个控制点，这将无法操作。

一般情况,要求棒夹持力测量系统的测量范围相对于被测区间一定的裕量,并满足一定的直线度,滞后、重复性技术指标,在符合这样的条件下,我们在生产中就可对被测区间中具有代表性的点进行控制,如棒夹持力测量系统就可对 N_1、$(N_1+N_2)/2$、N_2 三个点进行控制,分别绘制这三个点的设备控制图。当然,在测量系统的直线度,滞后、重复性长期稳定的情况下,也可只绘制棒夹持力出现频率最高的点 $(N_1+N_2)/2$ 处的控制图。这里就以 $(N_1+N_2)/2$ 处的控制图为例。

(2) 选择控制图的形式

控制图包括 $\overline{x}$ 质量控制图,$\overline{X}$ 平均值质量控制图和 R 极差质量控制图。$\overline{x}$ 质量控制图是控制图的基本形式,是最常用的一种控制图。这里采用 $\overline{X}$ 质量控制图。

(3) 搜集数据

当测量系统处于正常稳定状态下,搜集近期连续重复测量的同一控制样品所得数据,即用重量接近 $(N_1+N_2)/2$ 的重量砝码测试棒夹持力测量系统时所获得的数据 $x_1, x_2, x_3, \cdots, x_n$。数据至少 20 个以上。

(4) 数据处理

求取 $x_1, x_2, x_3, \cdots, x_n$ 算术平均值 $\overline{x}$ 和标准偏差 S。

(5) 绘制使用控制图

计算并绘制出中心线 CL($\text{CL}=\overline{x}$)、上控制线 UCL 和下控制线 LCL,按要求绘制出控制图。在生产过程中,按规定的周期用重量接近 $(N_1+N_2)/2$ 的重量砝码测试棒夹持力测量系统,将所获得的数据用点子按时间顺序一一描在图上。这样就可根据点子相对上控制线、下控制线和中心线的位置来判断棒夹持力测量系统的设备状态。

当点子超越上下控制线时,或虽然在上下控制线内,但出现链状、趋势、呈周期变化、连续的点子靠近上下控制线,说明设备不正常,应找出原因加以排除,并去除该点数据,重新按新的数据进行上述计算、绘控制图、打点和鉴别。当确认设备稳定时,就可以将新的控制图用于设备控制。

在测量条件或测量系统有变化时,也必须重新调整控制图,使之适用于新条件下的设备控制。

第六章　分析检测

学习目标：通过本章的学习，应了解和掌握大型测量设备（工具显微镜、三坐标、轮廓投影仪、轮廓综合测量仪、组件检查仪等）的结构、功能、标定（校准）及使用方法；熟练掌握测量设备在核燃料元件零部件、组件检验中的应用；熟练掌握形位公差测量及其测量原则；了解γ扫描无损检测理论，熟练掌握燃料棒 UO_2 芯块间隙和空腔长度γ射线检测方法。

第一节　测量设备的结构、性能参数和使用方法

学习目标：通过学习，能了解工具显微镜、三坐标、轮廓仪、高度仪等测量设备的结构、性能参数和使用方法。

本节对零部件、组件检验的主要大型检测设备进行简要介绍，详细使用方法可参阅设备的操作手册及设备操作规程。零部件检测设备基本为通用测量设备，组件检验设备为专用设备。

随着科学技术的迅速发展，检测方法不断出新。如电感测头的应用，CCD图像传感器的应用，激光的应用，精密光栅测量系统的应用，配以强大的计算机测量、修正及数据处理软件系统，使得接触及非接触测量的智能化、测量准确、快速都迈上了一个新台阶。

一、工具显微镜

1. 工具显微镜的结构、性能参数

本节通过测量螺纹各要素来说明工具显微镜的使用。

在工具显微镜上可用影像法或轴切法测量螺纹各要素（中径、螺距、牙型半角），各种精密螺纹，如螺纹量规、丝杆、蜗杆，滚刀等，均可在工具显微镜上测量。

国产的19JA万能工具显微镜的构造如图6-1所示。

安装被测工件的滑台，可在底座上沿纵向移动，用微动手轮3微动；安装立柱及主显微镜的滑架可作横向移动，用微动手轮14微动。主显微镜可沿立柱升降，以调整焦距，拉开制动杆后，转动手轮7，可使立柱倾斜一定的角度。

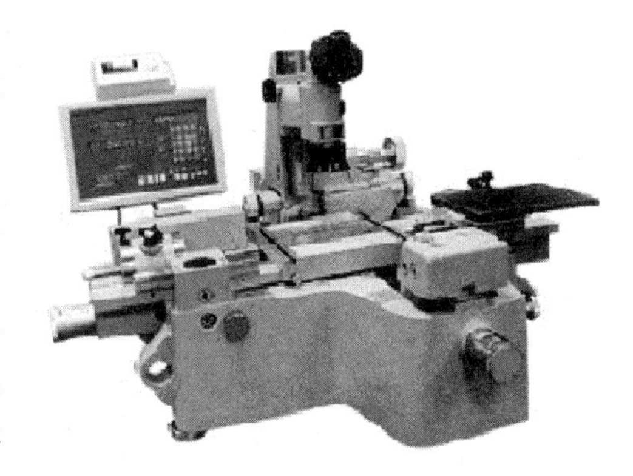

图6-1　万能工具显微镜

显微镜上附有可换目镜头，其中最常用的是测角目镜头。图6-2(a)为测角目镜头的外形图。图6-2(b)是从目镜2中观察到的米字刻线视场图，图6-2(c)是从测角目镜3中观察

到的角度读数视场图,图示读数为 12°30′。上述两种刻线均刻在目镜头内的同一块圆形玻璃分划板上,可借目镜头上的手轮转动。

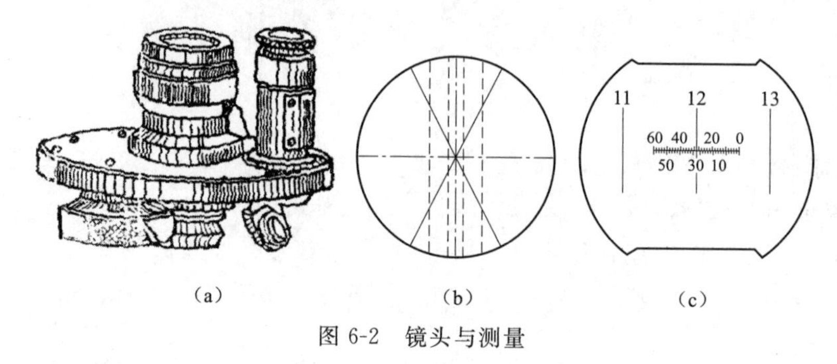

图 6-2　镜头与测量

2. 工具显微镜使用方法

我们通过测量燃料组件定位格架条带细槽位置度和对称度来说明工具显微镜的使用。

图 6-3 是定位格架条带细槽位置度和对称度示意图。这里用工具显微镜测量细槽 L_2 相对于基准 Y 的位置度 j|0.02|Y 和细槽 L_3 相对细槽 L_2 的对称度 i|0.01|Z。

现在我们来分析如何用工具显微镜测量这两个要素。

对于位置度 j|0.02|Y 的测量,首先应正确体现测量基准 Y,即宽度 L_1 的中心线。如何在工具显微镜上体现基准 Y 呢?将工具显微镜的米字线调节到与其坐标轴平行后,挪动工件位置,当从目镜中观察到米字线与宽度 L_1 的一边对齐时,读取相应坐标值 A_1,将工作台移动到宽度 L_1 的另一边,当从目镜中观察到米字线与宽度 L_1 的另一边对齐时,读取相应坐标值 A_2,计算 A_1 和 A_2 的平均值 $A=(A_1+A_2)/2$,A 即为基准 Y 的位置,再移动工作台到细槽 L_2 处,用测量宽度 L_1 两边相同的方法分别得到细槽 L_2 两边的坐标值 B_1 和 B_2,并计算得到细槽 L_2 的中心线坐标值 $B=(B_1+B_2)/2$,由于细槽 L_2 的中心相对于基准 Y 的理论位置是 L_4,那么被测要素位置度 j|0.02|Y 的实际误差为 $2\times \mathrm{ABS}(B-A-L_4)$。

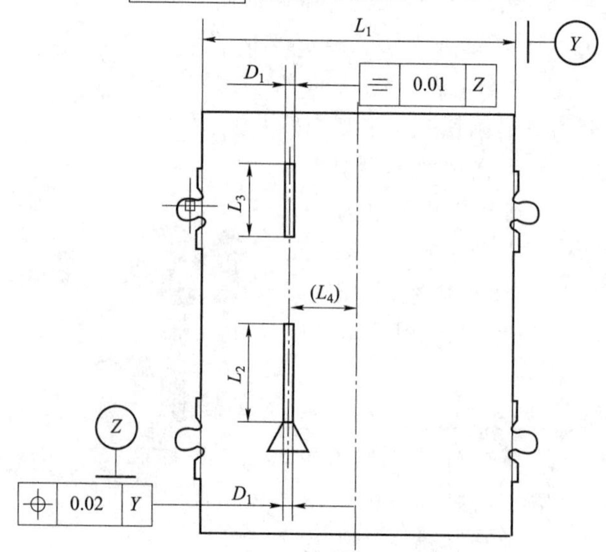

图 6-3　定位格架条带细槽位置度和对称度示意图

对于对称度 i|0.01|Z 的测量，将工作台移动到细槽 L_3 处，用测量宽度 L_1 两边相同的方法分别得到细槽 L_3 两边的坐标值 C_1 和 C_2，并计算得到细槽 L_3 的中心线坐标值 $C=(C_1+C_2)/2$，那么被测要素对称度 i|0.01|Z 的实际误差为 $2\times ABS(C\text{-}B)$。

总结上述测量过程，可见使用工具显微镜的步骤为：

(1) 分析图纸，明确基准元素和被测元素，确定测量基准和测量步骤；

(2) 调节工具显微镜目镜，将其米字线调节到与坐标轴平行；

(3) 通过调整焦距，使工件成像清晰，用米字线压齐测量基准来找正工件；

(4) 测量基准和被测元素，记录坐标值；

(5) 计算相关被测要素的实际误差，记录测量结果。

二、高度仪

1. 高度仪的结构

高度仪是一种一维坐标测量仪，主要由基座、立柱、测量单元、测头、测头校准器五部分组成。其结构示意图如图 5-9 所示。高度仪的基座底面多为气动承轴支撑，是使用环境清洁度要求极高的测量设备。

基座放于平台上，测量过程中，通过气动承轴与平台之间形成的一层均匀高压的薄薄的气垫而与平台脱离接触，从而方便高度仪在平台上做平面运动。

立柱上有光栅，是保证测量精度的主结构。

测量单元具备从立柱光栅上读数和计算、输出被测量要素特征值的功能。

测头与工件被测轮廓接触，达到一定的接触力后，测量单元自动记录下当前测头相对于立柱光栅的位置。

2. 高度仪的功能

TVA 600 高度仪能进行平面对平面测量；平面对孔中心测量；孔与孔间，孔与轴间，轴与轴间的中心测量；内、外直径测量。同时可以：打印测量元素；设计测量程式用于测量成批零件；可选择输入上下限公差；二次元测量求节圆直径，半径及夹角等；接用 SYLVAC 电子测头即可测量垂直度；可同时建立两个参考面。

TESA 精密高度仪能进行平面对平面测量；平面对孔中心测量；孔与孔间，孔与轴间，轴与轴间的中心测量；内、外直径测量。同时可以：打印测量元素；设计测量程式用于测量成批零件；可选择输入上下限公差；二维测量输出 XY 坐标和极坐标等；测量圆跳动、直线度、垂直度。

3. 高度仪的使用方法

高度仪必须在一定精度等级的平台上使用，平台应保持无水、无油、无尘。被测量工件应无水、无油、无尘，无毛刺。

使用高度仪测量工件前，首先应根据被测量要素的特征（如孔径，孔深等）选择合适的测头，再用测头校准器对测头进行校准，校准无误后才能进行测量。

测量工件时，测头与工件的接触应平稳，测力和测量速度适中，禁止测头与工件用力碰撞。轻轻翻转工件，禁止将工件在平台上拖动，以防损坏平台。

各种被测量要素的具体测量方法可详见其使用说明书。教学中以实践为主。

我们通过测量如图 6-4 所示工件的槽边距 L 来说明高度仪的使用。

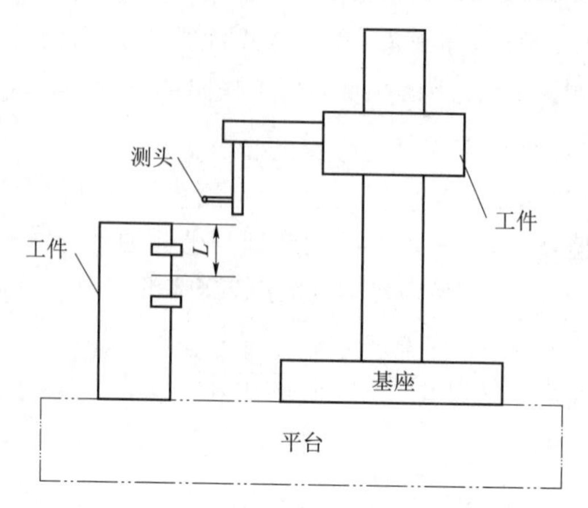

图 6-4 高度仪测量工件示意图

这里用高度仪测量槽边距 L。

现在我们来分析如何用高度仪测量这个要素。

分析图 6-4 可知，槽边距 L 是从槽的中心到边的距离，测量时需要体现槽的中心高度位置 H_1，再测量边的高度位置 H_2，槽边距 L 的实际测量值为 ABS(H_1-H_2)。

使用高度仪测量槽边距 L 的步骤为：

(1) 分析图纸，明确基准元素和被测元素，确定测量基准和测量步骤；

(2) 测量前将承放高度仪的平台表面和工件擦拭干净，将工件放于平台上；

(3) 根据被测元素的形状和尺寸，选择合适的测头；

(4) 用测头校准器标定测头；

(5) 在测量单元上选择双向测量模式，移动高度仪，用合适的测力将测头接触槽的上边，再用合适的测力将测头接触槽的下边，测量单元会自动计算出槽的中心位置的高度，在测量单元上按置零键将槽中心位置的高度置零，将测量模式转换为单向测量模式，用合适的测力将测头接触被测边，已采集数据后，测量单元会自动显示槽边距 L 的实际测量值；

(6) 记录测量结果。

三、轮廓投影仪

1. 轮廓投影仪的结构

轮廓投影仪是一种二维光学坐标测量仪，主要由光源，工作台、透镜(包括一次透镜和二次透镜)及反射镜，影屏，自动读数头(有自动采点功能的轮廓投影仪才具备)、数据处理单元等部分组成。其结构示意图如图 6-5 所示。

光源要求为点状光源，为轮廓投影提供光照。

工作台能承载工件，工作台能做前后左右上下平移，由其中的丝杆传动。

测量单元具备从立柱光栅上读数、计算和输出被测量要素特征值的功能。

一次透镜将点状光源折射成平行光，平行光通过工件表面轮廓，再通过二级透镜和反射镜，将工件表面轮廓放大成像于影屏上。

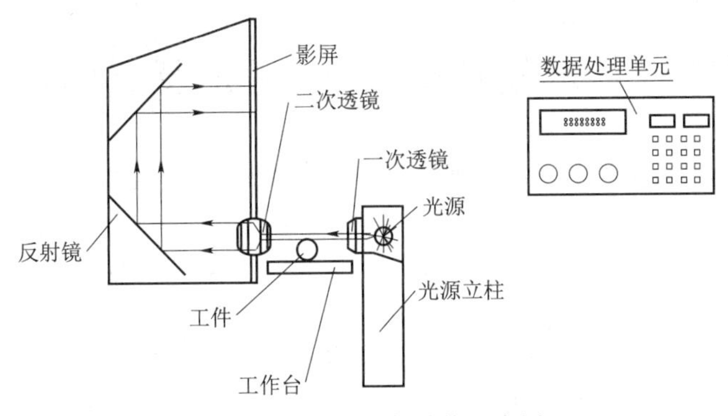

图 6-5 轮廓投影仪结构示意图

通过移动工作台，用影屏上的米字线或经标定的自动读数头采集工件表面轮廓上的点，数据处理单元将所采集的数据进行计算，输出或贮存。

2. 轮廓投影仪的功能

Orion 400 轮廓投影仪适合于薄壁件，回转体的测量，能进行点、线、孔（曲线）的自动采点和手动压线，可用于测量和自动计算距离、直径、夹角、直线度、圆度。即可单步测量，也可编程测量。Titanus 6/5 轮廓投影仪适合于薄壁件，回转体的测量，能手动压线进行点、线的采点，自动显示数据，可用于测量距离、直径、夹角。

3. 轮廓投影仪的使用方法

轮廓投影仪应在无尘，光照柔和的环境下工作，被测工件重量、环境温度和环境湿度应符合设备使用说明书或设备操作维护规程的规定，透镜和反射镜应定期按符合设备要求的方法进行除尘。

使用轮廓投影仪测量工件前，首先应根据被测量要素的特征选择合适的夹具装夹找正工件，被测轮廓素线必须与轮廓投影仪的平行光垂直，再沿调焦方向移动工作台进行调焦，使被测轮廓素线清晰的成像在影屏上后，方能进行采点测量。

各种被测量要素的具体测量方法可详见其使用说明书。教学中以实践为主。

我们通过测量如图 6-3 所示燃料组件定位格架条带细槽位置度和对称度来说明轮廓投影仪的使用。

现在我们来分析如何用轮廓投影仪测量这两个要素。

轮廓投影仪和工具显微镜都是二维光学坐标测量仪，它们的测量方法大致相同，不论是需要人工计算还是能自动计算的轮廓投影仪，其计算方法与前面工具显微镜所述的计算方法相同，在这里就不重复叙述了。

使用轮廓投影仪测量工件的步骤为：

（1）分析图纸，明确基准元素和被测元素，确定测量基准和测量步骤；

（2）选择合适的夹具来夹持和定位工件，确保面与轮廓投影仪的成像光束垂直；

（3）找正轮廓投影仪影屏上的米字线；

（4）通过调整焦距，使工件成像清晰，旋转工件，用米字线压齐测量基准来找正工件（对于具备自动找正和建立工件坐标系功能的轮廓投影仪，可不旋转工件）；

（5）测量基准和被测元素，记录坐标值；

（6）人工和自动计算相关被测要素的实际误差，记录测量结果。

第二节　标准量块的用途、用法及其组合性能

学习目标:通过学习,能了解标准量块形状和用途,及其使用和维护保养方法。

标准量块通常是作为工厂的长度基准,用来进行长度量值的传递、检定或校对量具量仪,以保证长度量值的统一。量块制造极精确,按精确等级分0、1、2、3四级。量块生产都是成套的,我国量块成套系列,有83块、46块、38块、20块、10块、8块、5块、4块。核燃料元件零部件检验中最常用的是83块的,常与杠杆千分尺配合使用,如用于测量燃料棒端塞配合尺寸等精度要求较高的检测项目。另外,8块的也常用于对三坐标等测量设备的校准。表6-1列出了83块、8块这两套量块的尺寸。

表6-1　量块的尺寸

套别	总块数	级别	基本尺寸系列/mm	间隔/mm	块数
1	83	0,1,2,3	0.5	—	1
			1	—	1
			1.005	—	1
			1.01,1.02,…,1.49	0.01	49
			1.5,1.6,…,1.9	0.1	5
			2.0,2.5,…,9.5	0.5	16
			10,20,…,100	10	10
2	8	0,1,2,3	125,150,175,200	25	4
			250,300,400,500	—	4

一、量块的形状和用途

量块具有两个平面平行的测量面,外形一般为长方形。

量块主要用于检定和校准各种长度计量器具,长度测量中作为比较测量的标准,量块还用于精密机床的调整及机械加工中的精密划线、定位等。

二、量块的组合和尺寸选择

量块的组合使用:量块的最大优点是能按测量需要组成不同的尺寸。

尺寸的选择:一般按所需尺寸的最小位数起,在一套量块中依次进行挑选,并使选用的量块数越少越好,最好不多于4块。例如,所要组成的尺寸为55.765 mm,在成套量块中挑选的量块尺寸分别为:

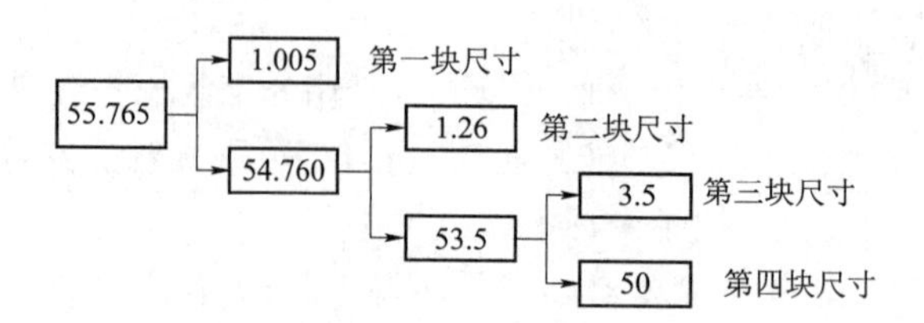

三、量块的组合方法

一般采用研合法组合量块，如图 6-6 所示。

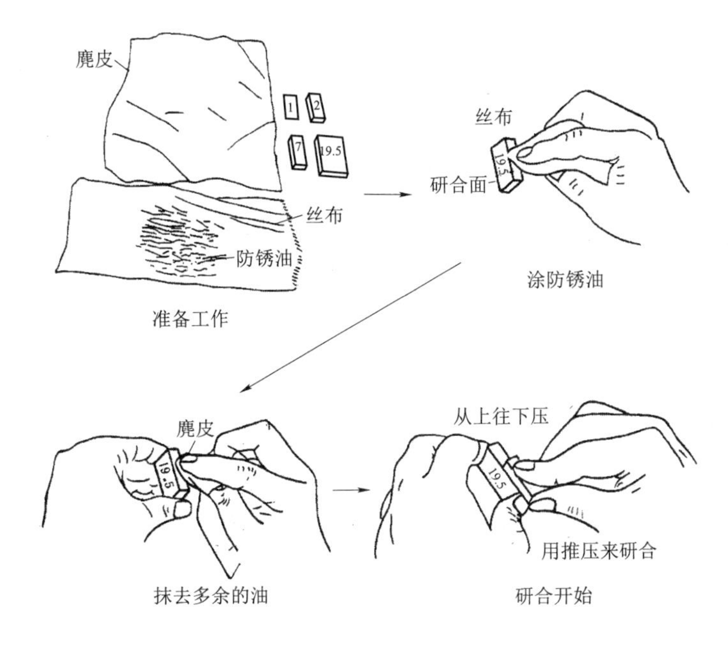

图 6-6　量块的研合方法

四、量块在产品检测中的应用

产品检验中通常是在比较测量时，用量块作为标准件调整量仪的零位；在某些情况下，量块也可直接用来测量零件的尺寸。在核燃料元件零部件的检验中，有许多零部件的尺寸公差较为严格，对于公差带小的零部件检测，通常要采用精度高的微米级量器具，如杠杆千分尺、千分表等。杠杆千分尺等量器具可用作绝对测量，也可作相对测量。在相对测量时，要使用量块作为标准，以小零件燃料棒端塞为例：

(1) 端塞与包壳管的配合尺寸外径为 $\phi(8.41\pm0.013)$；

(2) 按选择量具的原则，量具的精度应为被测尺寸公差带的 1/3～1/10，公差带小的可以采用 1/2，使用杠杆千分尺测量最合适；

(3) 选用量块尺寸为 7 和 1.41，将它们粘合在一起；

(4) 用 8.41 的量块将杠杆千分尺对零，并将零位锁紧；

(5) 测量端塞的配合尺寸，如果杠杆千分尺指针在 −0.013～+0.013 之间，则为合格；

(6) 为控制圆度，还应将端塞旋转 90°后，再测一次。

五、量块在校准测量设备中的应用

作为长度标准，量块常用于对测量设备进行校准。在生产现场为了验证测量设备是否准确，可以用测量设备测量量块，根据量块的公称尺寸，必要时还要考虑量块计量检定的实际尺寸,验证或校准测量设备。量块在组件检测仪、三坐标测量机、光学三坐标高度仪等长度测量仪器的示值误差校准中得到广泛应用。

六、量块的使用保养

(1) 量块应放在干燥处。

(2) 使用前应清洗,洗后应立即拭擦干净。

(3) 使用时,必须戴上手套,不准直接用手拿量块,避免碰撞和跌落。

(4) 使用时,应尽可能地减少摩擦。

(5) 使用后应涂防锈油,绝不允许将量块结合在一起。

第三节 外观缺陷的技术条件、检验方法及修复

学习目标:通过学习,能了解常见核燃料组件零部件的外观技术要求及检验方法,着重了解燃料棒包壳管、导向管等零部件表面划伤、积瘤等表面缺陷的修复燃料棒的外观技术要求、检验方法及修复方法。

一、常见核燃料组件零部件的外观技术要求及检验方法

1. 小零件的外观技术要求

燃料棒端塞、弹簧、套筒螺钉、轴肩螺钉、套管、导向管端塞、导向管连接螺栓、螺母、上管座压紧弹簧等均属小零件。

小零件的外观要求:清洁度满足核级清洁度,无裂纹、毛刺、飞边、金属屑;孔内无异物的毛边等。不允许有超出技术要求的表面划伤、碰伤、刀伤等缺陷,尤其是薄壁形零件(套筒螺钉、轴肩螺钉、套管等)。

2. 管座等不锈钢零件的外观技术要求

对于管座等不锈钢材料的零件上的机械加工导致的外观缺陷,如:外表面划伤、碰伤、刀伤等,通常允许有,但要在一定条件限制下。对于不同的组件设计,其限制也不同,如900 MW 燃料组件对于管座外表面缺陷的要求:深度不超过 0.4 mm,缺陷总面积不大于 30 mm^2,且缺陷不能超出有影响的表面。

3. 格架的外观技术要求

组成格架的零件(条带等)表面对外观缺陷有严格要求,通常在重要部位不允许有加工的机械损伤(表面划伤、压坑等)。允许有外观缺陷的部位,其缺陷的深度也有相关的规定。

格架焊接缺陷等,如:焊接氧化色、焊接穿孔、焊接长度不充分等,均具有明确规定,具体详见相关的技术要求。

所有机械加工零件不允许有材料带来的或制造过程产生的可见裂纹。

4. 零件外观缺陷的检验方法

(1) 零件机械损伤的外观缺陷检验,常用直接目测,借助放大镜目测,手感检验,轮廓仪检验(测缺陷深度、宽度),卡尺检验(测缺陷面积)等方法。也可采用建立外观缺陷的标准样品(外观标样)进行比对目测检验。

（2）格架的焊接缺陷检验，有具体数值要求的焊接缺陷，如：焊接穿孔、焊接长度不充等，可直接采用量具或片规测量。对于颜色一类的格架焊接缺陷，如：焊接氧化色、真空焊接格架的表面颜色等，通常采用与标样比对的方法检验。

在零部件、组件的各种检验过程中，常会发现一些表面划伤、碰伤等外观缺陷或机械加工中未去除干净的毛刺、飞边、积瘤等外观缺陷。必要时，对相关外观缺陷必须按工艺许可的方法进行修复。下面简单介绍一些处理方法。

二、机械加工零部件外观缺陷的修复

零部件的划伤、刀伤、碰伤、未圆滑过渡等观缺陷的修复：通常采用① 细金相砂纸；② 细油石；③ 手砂轮＋细砂布片。轻微的缺陷将其去除，较重的缺陷应将缺陷修整到表面较为光滑，无凸出影响的表面即可。

毛刺、飞边、积瘤等外观缺陷的去除：除油石、砂轮外，还可使用锉刀、刮刀等工具。类似燃料棒上端塞小孔内的积瘤等，可采用打孔用的钻头手动将其去除。需要注意的是，锉刀要使用金刚锉，避免铁素体对产品的沾污。

格架的条带表面划伤、小压坑等表面缺陷的修复：通常只要这类缺陷的边缘光滑，符合相关技术条件的深度要求，可不需处理。但如果划伤边缘外翻，不光滑，则需要将凸出的部分去除，通常采用细金相砂纸等，但要避免大面积修磨。

三、燃料棒包壳管、导向管等零部件表面划伤、积瘤等表面缺陷的修复

导向管部件焊缝区的凸起、划伤等外观缺陷：在允许打磨的情况下，采用规定型号的碳化硅砂纸进行打磨。导向管部件非焊缝区的外观缺陷和骨架部件的外观缺陷如：划伤、氧化色（点）、积瘤或沾铜等，采用规定型号的碳化硅砂纸进行打磨。

四、燃料棒的外观技术要求、检验方法及修复

1. 燃料棒表面外观技术要求

通常燃料棒焊接有上、下端塞与包壳管的环焊和上端塞堵孔焊。对于不同的燃料元件设计，对燃料棒焊接的具体要求略有不同。下面以秦山 300 MW 燃料组件燃料棒为例，简述其技术要求及检验方法。

环焊缝外观总体质量要求是：焊接位置区域要规则、窄小，表面光滑平整，氧化色轻于标准样品。

堵孔焊点外观总体质量要求是：成型要求光滑呈圆弧状，类似一个半球面体状，必须覆盖整个焊点，且氧化色轻于标准样品。

2. 燃料棒焊接缺陷的检验方法

燃料棒环缝焊和堵孔焊的焊接质量一方面可采用 X 射线补偿法照相检验和氦质谱仪检漏法进行；另一方面，燃料棒的环焊缝和堵孔焊点的外部形状就只能凭借肉眼目视检查。外部成型的好坏对燃料棒的总体质量的保证起着至关重要的作用，无论是母材还是焊缝区，粗糙的表面、有划伤的表面都会使腐蚀加速或局部腐蚀加速，在这种表面上将较早地出现白色氧化物斑，从而破坏燃料棒的完整性，表面凹坑、咬边等外观缺陷降低了

焊缝的有效熔深,从而增加了燃料棒的破损概率;焊缝凸起会在组装过程中破坏格架刚凸的弹性和表面。

(1) 焊缝区凸出于包壳管表面

第一类缺陷是焊缝区凸出于包壳管表面,又可分为半边凸半边凹的"X"型和整个环向均匀肿胀的"Y"型。

1) 环焊区"X"型缺陷的判定和处理

对"X"型缺陷(见图 6-7),靠近管壁一侧的凸起就判为切头返修,靠近端塞一侧的凸起可以手工修磨,修磨时不能碰伤管壁。修磨以后还必须使用外径千分尺对修磨部位进行多点测量,以控制修磨量及棒径的椭圆度,并用规定孔径的焊缝外径过规保证修磨部位能自由通过。还要将测量值与靠近焊缝区的棒外径尺寸进行对比,特别是还要与母材棒外径进行对比测量,满足环缝外径尺寸要求的方可判为合格。

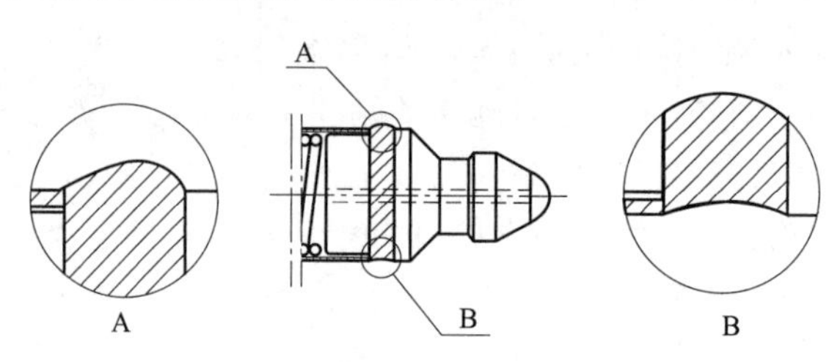

图 6-7　燃料棒环焊缝上凸、下凹缺陷

A:环焊缝靠端塞上凸;B:环焊缝下凹

2) 环焊区"Y"型缺陷的判定和处理

对于"Y"型(图 6-8)的外观成型缺陷则直接判为不合格。判为不合格的原因是"肿胀"波及管壁,若修磨则可能使管壁减薄。

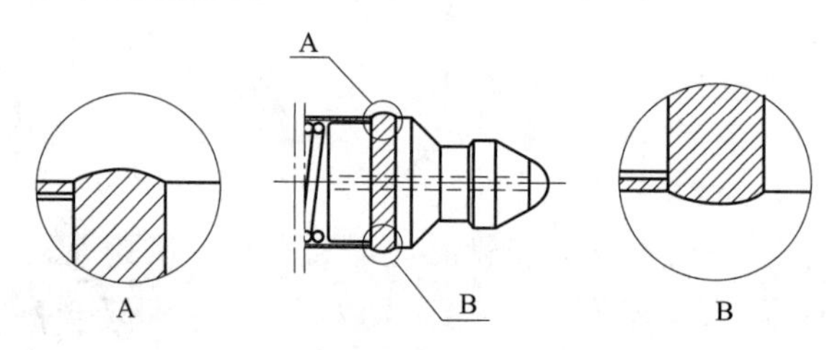

图 6-8　燃料棒环焊缝环向均匀肿胀缺陷

A、B:整个环向均匀肿胀

(2) 焊缝区局部下凹的处理

第二类焊缝区局部下凹缺陷又分为:a. 管壁侧咬边;b. 端塞侧咬边;c. 焊缝区中间位置点状下凹等。

1) 管壁侧咬边缺陷的判定和处理

环焊区管壁侧咬边使管壁厚度减薄不能超过 0.04 mm,咬边处缺陷对于 a 类(见图 6-9)超过 0.04 mm 的直接判定为切头返修,小于 0.04 mm 判为合格。

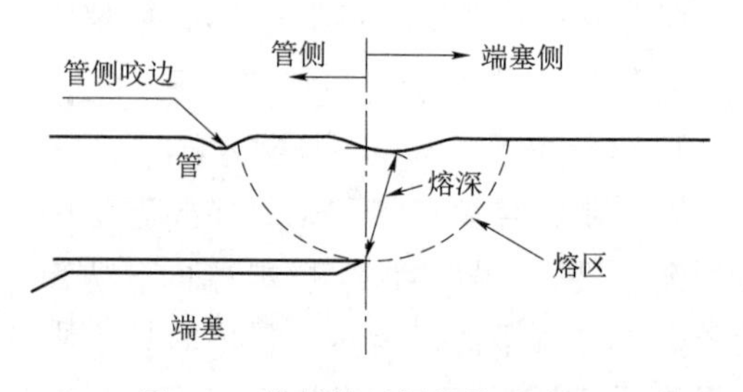

图 6-9　燃料棒环焊缝管壁咬边

2）端塞侧咬边的判定和处理

对于b类端塞侧咬边又要看咬边的深浅、面积的大小。粗略区分为“轻微咬边”和“严重咬边”。对轻微咬边可以进行手工修磨，并结合对比测量法，满足环缝外径技术条件方可判为合格。对于“严重咬边”直接判定为不合格(见图6-10)。

3）焊缝区中间位置点状下凹的判定和处理

对于c类(见图6-11)焊缝区中间位置点状下凹缺陷则完全凭借经验目测，因为使用外径千分尺进行测量也只能是作为参考。不能作为评判依据，所以c类缺陷基本上判为切头返修。这样做的后果是误判、评判过严等问题可能被“扩大化”。

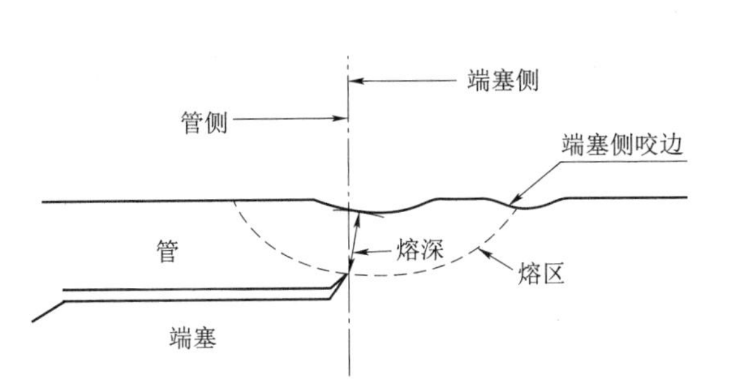

图6-10　燃料棒环焊缝端塞咬边

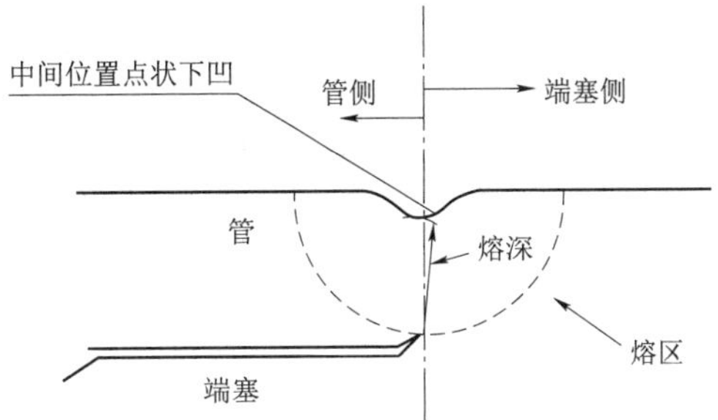

图6-11　燃料棒环焊缝中间位置点状下凹

(3) 环焊区其他不可修复类型缺陷的判定和处理

若环缝存在其他不可修复类型外观缺陷的燃料棒，一般情况下都被判为不合格。

对于上述可修复类型的燃料棒焊缝区处理的总体原则是：首先，要修磨的焊缝区不得有深棕色或蓝色的氧化色存在；其次，手工修磨必须针对符合修磨的缺陷类型的燃料棒；再次，手工修磨必须由有一定经验的专业修磨人员进行操作；最后，修磨后的表面纹理状态应与燃料棒母材一致，且所有被修磨处理后的表面必须用蘸丙酮的绸布进行转动抛光清洁，以确保其清洁度。修磨工艺必须要进行腐蚀性能的测试等验证试验，在满足技术条件的要求后，方可在表面检验过程中使用手工修磨方法。

(4) 焊缝区“下凹点”缺陷的处理

“下凹点”的外部形状是如下情况：“下凹点”近处存在少量的金属堆积物，也就是“凸起点”，可以把“凸起点”修磨去除，因为“凸起点”的存在影响了“下凹点”的深度目测值。其次，这种“凸起点”被去除后，对焊缝区表面的腐蚀性能的改善也有益处。“下凹点”凹陷面积过大，会影响焊缝区的整体形状，凹陷点底部看起来也不平滑，或底部没有金属反射出的光泽，这些缺陷的存在是绝对不允许的，被评定为不合格焊缝。

(5) 堵孔焊成型的判定和处理

1）堵孔焊燃料棒的检验要求

上端塞轴向堵孔焊的焊点的外观成型要求：熔深面厚度 $P_{。}>0.70$ mm，焊点表面为光滑圆弧状(见图6-12(a))，表面应无气孔、裂缝、划伤和氧化色等外观缺陷。针对堵孔焊点内凹的缺陷(见图6-12(b))，当 C 值满足 $C<1.5$ mm 且凹点在中心部位，则该类型焊点可判为合格。如果内凹点不规则影响了外形轮廓的完整性，那么，虽然它满足了熔深的要求，但其不再是规则的圆弧状，一般也应判定为不合格。检验时这些缺陷基本不适用于与堵孔焊

标样进行对比。

2）堵孔补焊燃料棒的检验

在技术条件中规定，环焊缝和堵孔焊点检查不合格时允许补焊一次，焊点补焊后容易形成堵孔部位圆弧形状部分“缺损”(见图 6-13)，或者堵孔焊区圆弧顶整体不对称，包括柱面完好型和端塞柱面被破坏型(见图 6-14)。遇到这样的缺陷，用堵孔焊成型可接收标样进行对比确认，全部被判定为不合格。

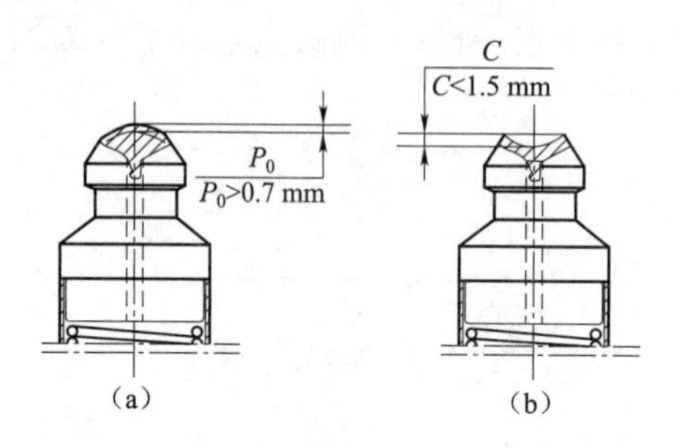

图 6-12　堵孔焊的焊点的外观

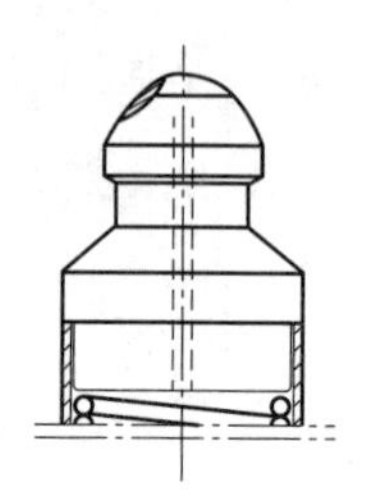

图 6-13　堵孔圆弧形状部分“缺损”

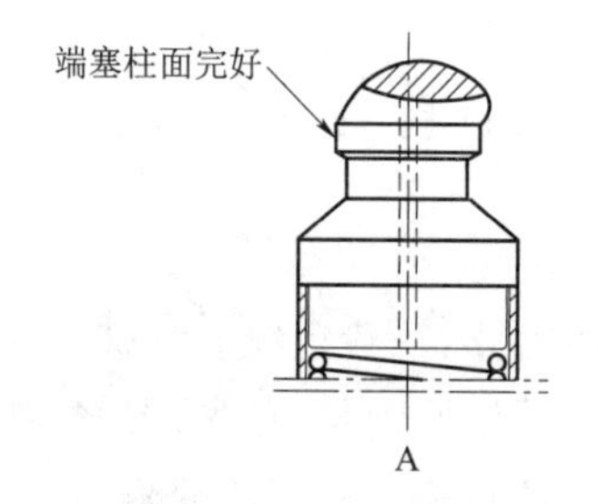

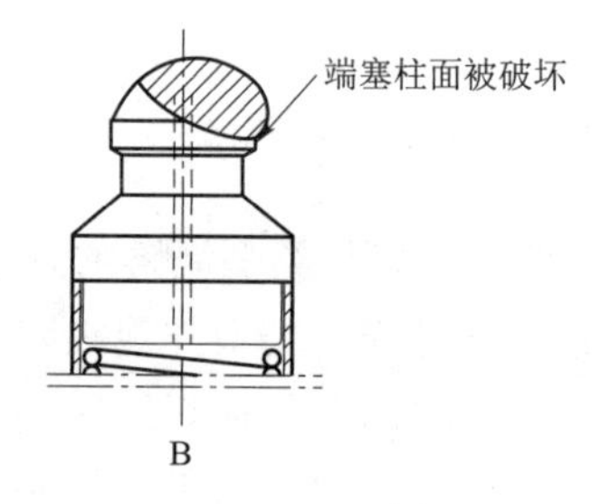

图 6-14　端塞柱面

3）堵孔焊外形异位的判定和处理

端塞的堵孔焊点成型如果出现整个外形不完整而有“缺损”，或整体形状不对称“歪戴帽”。对于满足修磨条件的燃料棒，可以通过修磨，修磨后满足技术条件的可判为合格。此类缺陷在修磨时也需要有一定的技巧：首先确保不触及端部“帽顶”，为确保堵孔熔深，对缺陷部位进行修磨，去除量的多少要控制得恰到好处，修磨后整体是圆弧状的。

(6) TIG 焊接的环焊缝缺陷的判定和处理

对 TIG 焊接方法焊接出来的环缝也要根据具体情况具体判定，这是由于 TIG 焊接方法自身具有的特点：在焊接最后收弧时要形成一个下凹点，俗称“收弧坑”。判定这类凹缺陷时不能简单用环焊凹陷标样来进行对比判定，而应该看实际形成“收弧坑”的形状来定。如果“收弧坑”底部平滑，能够看出底部反射出的金属光泽，凹缺陷的深度小于包壳管理论壁厚10%时(可以用尖头千分尺测量值参考)，则可以判定为合格。如果收弧坑还存在针孔，看不到反射出的金属光泽，则必须将这类缺陷判定为不合格。

对上述缺陷修磨的益处是：

1）节约了一个上端塞的返工成本；

2）堵孔焊点的整体焊接质量没有被破坏，外观质量显著提高；

3）对表面腐蚀性的改善有一定的好处。

第四节　形位公差及其测量

学习目标：通过学习，能掌握形位公差的公差带及识读方法，形位公差和尺寸的相互关系，尺寸公差和形位公差的测量方法。

一、形位公差的公差带及识读

1. 公差带

形位公差的公差带比尺寸公差带复杂得多，它是由公差带大小、公差带形状、公差带方向和公差带位置四个要素确定的。公差带的形状见表 6-2。

表 6-2　公差带的形状

序号	公差带名称	形状	实用示例
1	两平行线		给定平面内线的直线度
2	两等距曲线		线轮廓度
3	两同心圆		圆度
4	一个圆		平面内点的位置度
5	一个球		空间内点的位置度
6	一个圆柱		轴线的直线度、垂直度
7	一个四棱柱		给定两个方向的轴线位置度
8	两同轴圆柱		圆柱度
9	两平行平面		面的平面度
10	两等距曲面		面的轮廓度

2. 形位公差识读

识读图样中形位公差标注，需了解公差项目符号的意义，公差带、被测要素与基准要素的关系，以便选择零件的加工和测量方法。图 6-15 是形位公差标注综合示例。

| ⌯ | 0.025 | *F* | 表示：左端锥体上的键槽中心平面对 F 基准轴线有对称度公差要求，公差带形状为两平行平面。测量时对称度误差不得大于 0.025 mm。

| ↗ | 0.025 | *A* | *B* | 表示：左端锥体对组合基准有圆跳动公差要求，公差带形状为两同心圆。任意测量平面内对基准轴线的圆跳动误差不得大于 0.025 mm。

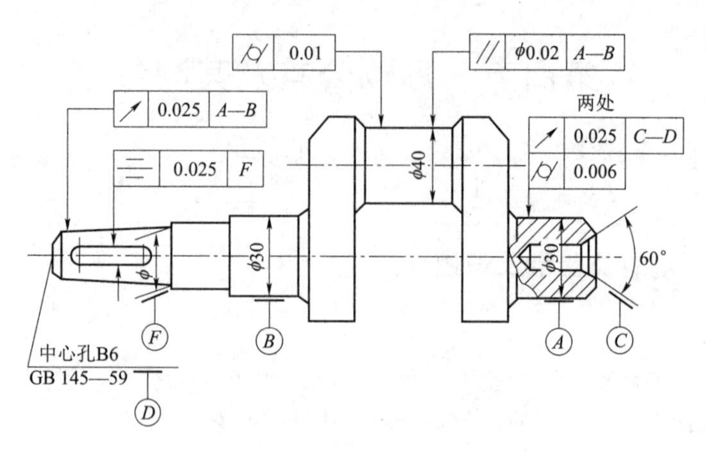

图 6-15　形位公差标注示例

[圆柱度 | 0.01] 表示：ϕ40 mm 圆柱面有圆柱公差要求，公差带形状为两同轴圆柱。测量时圆柱度误差不得大于 0.01 mm。

[// | ϕ0.02 | A | B] 表示：ϕ40 mm 圆柱的轴线对组合基准 A—B 有平行度要求，公差带形状为一个圆柱体。测量时实际轴线对基准轴线在任何方向的倾斜度或弯曲误差都不得超出 ϕ0.02 mm 的圆柱体。

二、形位公差和尺寸的相互关系

为了正确处理图样上尺寸公差与形位公差之间的关系，必须遵循一定的公差原则，即独立原则和相关原则。相关原则包括最大实体原则和包容原则。

1. 独立原则

图样上给定的形位公差与尺寸公差相互无关，分别满足要求。

如图 6-16 所示的销轴，表示应遵守独立原则。此时尺寸公差控制销轴的局部实际尺寸，即要求局部实际尺寸必须在 9.97～10 mm 之间。直线度公差控制轴线的直线度误差，要求轴线的直线度误差必须控制在 ϕ0.015 mm 的范围内。

2. 包容原则

要求实际要素处处位于具有理想形状的包容面内。而该理想形状的尺寸应为最大实体尺寸。

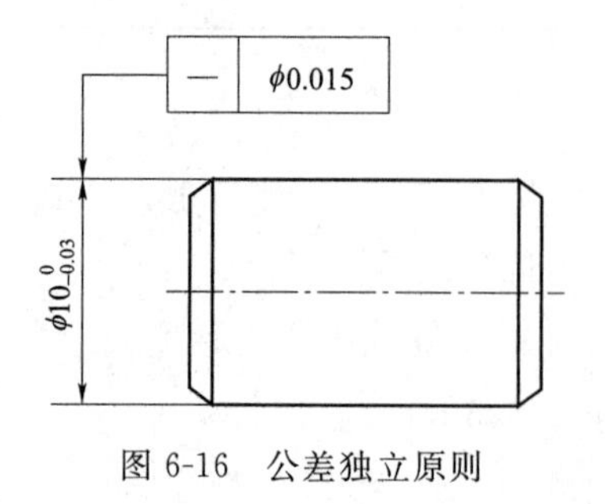

图 6-16　公差独立原则

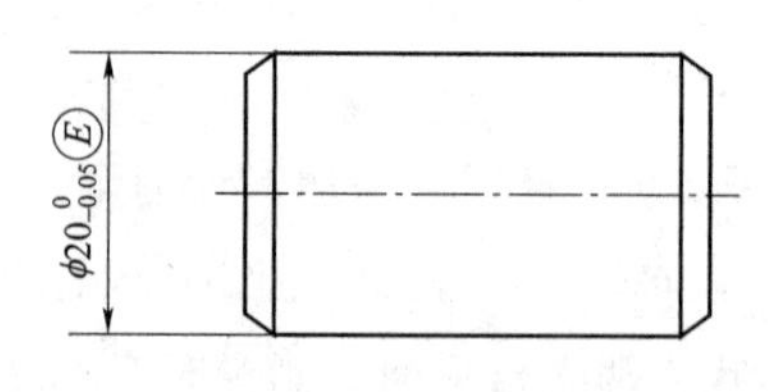

图 6-17　公差包容原则

如图 6-17 所示，当销轴的直径为最大实体尺寸（ϕ20 mm）时，其形状公差为零，不允许有形状误差存在；当销轴直径偏离最大实体尺寸时，才允许有相应的形状误差存在；当销轴直径为最小实体尺寸时（ϕ9.95 mm），允许的形状误差为最大（0.05 mm）。

3. 最大实体原则

被测要素或（和）基准要素偏离最大实体状态，而形状、定向和定位公差获得补偿的一种公差原则。

如图 6-18 所示，轴的局部实际尺寸必须在 9.97～10 mm 之间，轴线直线度公差是 ϕ0.015 mm，是在轴处于最大实体状态给定的。当轴的实际尺寸为 ϕ10 mm 时，轴线直线度公差值为 ϕ0.015 mm，补偿值为 0；当轴的实际尺寸为 ϕ9.97 mm 时，轴线直线度公差值为 ϕ0.045 mm，补偿值为 ϕ0.03 mm。

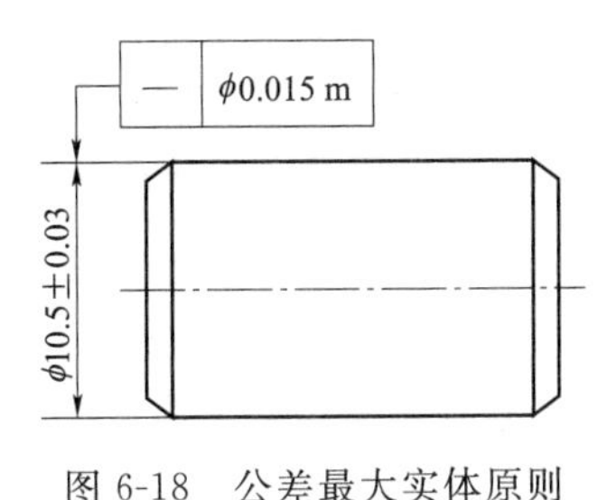

图 6-18　公差最大实体原则

三、尺寸公差和形位公差的测量

1. 各种尺寸公差和形位公差的常用检验方法

各种尺寸公差和形位公差的常用检验方法见表 6-3。

表 6-3　尺寸公差和形位公差的常用检验方法

公差类别	检验方法
孔直径	卡尺、内测千分尺、高度仪、光滑极限量规等
轴直径	卡尺、千分尺、高度仪、光滑极限量规等
直线度	刀口尺、平台、三坐标测量机等
平面度	刀口尺、框式水平仪、平台＋等高垫块＋百分表、三坐标测量机等
圆度	千分尺、圆度测量仪、三坐标测量机等
圆柱度	千分尺、圆度测量仪、三坐标测量机等
垂直度	直角尺、高度仪、三坐标测量机、垂直度综合量规等
位置度	高度仪、三坐标测量机、位置度综合量规等
同轴度	高度仪、三坐标测量机、同轴度综合量量规等
平行度	平台＋百分表、三坐标测量机等
径向跳动	圆度测量仪、顶尖＋百分表等
端向跳动	圆度测量仪、顶尖＋百分表等
倾斜度	平台＋卡尺＋百分表、万能角度尺、三坐标测量机等

2. 测量方法的选择原则

测量方法的选择原则主要是根据目的，生产批量，被测件的结构、尺寸、精度特征，以及现有计量器具的条件等来选择测量方法，其选择原则是：

（1）保证测量准确度；

（2）经济适用。

3. 量器具的选择

量器具的选择主要是根据量器具的技术指标和经济指标,具体可以从以下几点综合考虑:

(1) 根据工件加工批量考虑量器具的选择。批量小选择通用的量器具;批量大,选用专用量具、检验夹具,以提高测量效率。

(2) 根据工件尺寸的结构和重量选择量器具的形式。轻小简单的工件,可放到量仪器上测量;重大复杂的工件,则要将量器具放到工件上测量。

(3) 根据工件尺寸的大小和要求确定量器具的规格。使所选择的量器具的测量范围、示值范围、分度值能够满足测量要求。

(4) 根据尺寸的公差来选择量器具。选择检验光滑工件尺寸的测量器具应遵守国家标准(GB 3177—82)的规定。这个标准制定了检验不同公差范围的工件的安全裕度及部分测量器具不确定度允许值。

(5) 根据 GB 1958《形状和位置公差检测规定》规定,对于没有标准可循的其余工件的检测,则应使所选用的计量器具的极限误差占被测工件公差的 1/10～1/3,对低精度的工件采用 1/10,对高精度的工件采用 1/3 甚至 1/2。

(6) 根据量器具不确定度允许值选择量器具。在生产车间选用量器具时主要是按量器具的不确定度允许值来选择。

4. 测量基准面的选择

测量基准面的选择必须遵守基面统一的原则,即测量基面应与设计基面、工艺基面、装配基面相一致。

当工艺基面不与设计基面一致时,应遵守下列原则:

(1) 在工序间检验时,测量基面应与工艺基面一致。

(2) 在终结检验时,测量基面应与装配基面一致。

5. 定位方式的选择原则

根据被测件几何形状和结构形式选择定位方式,其选择原则如下:

(1) 平面可用平面或三点支承定位。

(2) 对于球面可用 V 形块定位。

(3) 对圆柱表面可用 V 形块或顶尖、三爪卡盘定位。

(4) 对内圆柱表面可用心轴、内三爪卡盘定位。

6. 测量条件的选择原则

测量条件主要是指测量时的温度、湿度、振动、灰尘、腐蚀性气体等客观条件,其中温度对测量精度影响最大,特别是绝对测量时。减小或消除温度误差的主要途径有:

(1) 选择与被测量工件线性膨胀系数一致或相近的计量器具进行测量。

(2) 经定温后进行测量。如果被测工件与计量器具的线膨胀系数相同,则将被测工件和计量器具置于同一温度下,经过一定时间,使二者与周围的温度相一致,然后再进行测量。

(3) 在标准温度下进行测量。几何量测量的标准温度为 20 ℃。高精度的测量应在[20±(0.1～0.5)]℃ 的室内进行;中等温度测量应在(20±2)℃的室内进行测量;一般精度测量应在(20±5)℃的室内进行。测量前,应在恒温室内定温一段时间。

第五节　测量设备的合格性鉴定

学习目标：通过学习，能了解测量设备的合格性鉴定的条件和方法。

测量设备在新购置、检定周期末尾、发生故障经过维修后、经过搬迁、其他需要鉴定的情况，在投入使用前，必须进行计量检定（合格性鉴定），本节以三坐标测量机为例，介绍测量设备的合格性鉴定方法。

一、三坐标测量机的合格性鉴定

1. 三坐标测量机合格性鉴定所需条件

（1）经过检定的，在有效期内，符合一定精度等级的量块。

（2）经过检定的，在有效期内，符合一定精度等级的标准球。

（3）三坐标测量机在符合要求的恒温恒湿环境中达到规定的时间。一般要求至少在 20 ℃±2 ℃，相对湿度不超过 70%的恒温恒湿环境中达到 24 小时。

（4）标定好的测针。

2. 1102 DH/T-P 型三坐标测量机合格性鉴定

（1）长度测量最大允许示值误差 MPE_E鉴定

1）技术指标 $MPE_E=4.5+L/125\ \mu m$

2）校准标准 3 等量块。

X 轴、Y 轴和空间：用 30、125、250、400、500 共 5 个长度值。

Z 轴：用 30、125、175、250、300 共 5 个长度值。

3）校准方法

将量块借助支承架在 7 个不同的方向和（或）位置安放（至少包含 4 个空间对角线方向），每个方向测量 3 次，每次测量需重新确定长度方向。

测量时，先测量量块大侧面（非工作面）上一平面 3 点，再测小侧面（非工作面）上一直线 2 点，以此确定基准面及其轴线，随后在量块的两工作面中心分别测一点，两点的距离为测量值。每一长度量块的所有测量值与其（约定）真值之差的最大值为长度测量示值误差 E。

（2）探测误差

1）要求

1102 DH/T-P 的最大允许探测误差 $MPE_P=6\ \mu m$。

2）校准标准

直径为 10～50 mm 的标准球（经计量检定，在有效的检定周期内）。

3）校准方法

牢固安装标准球。在标准球上测 25 点，点的分布如下：

—极点上 1 点；

—极点下 30°位置 4 个点均匀分布；

—极点下 60°位置 8 个点均匀分布，并相对于前一组旋转 22.5°；

—极点下 90°位置 12 个点均匀分布，并相对于前一组旋转 20°；

先以上述 25 点测一球,以球心为极坐标原点,再按上述分布沿球径方向测 25 点。用所得的 25 个极径(球半径)的最大值与最小值之差计算探测误差 P 值。

(3) 符合性评定

满足下列条件的校准结果,可以给出符合要求的评价:

空间长度测量示符合性评定值误差 $E \leqslant MPE_E$;

探测误差 $P \leqslant MPE_P$。

(4) 产品测量程序的验证

当三坐标测量机符合性评定合格用后,接着需要针对各种具体产品编制测量程序,所有测量程序都必须通过“编审批”的确认过程。用所编制的测量程序测量产品,测量机自动生产测量报告。通过有资质的工程技术人员的对程序及测量报告进行审核,包相关部门批准后,三坐标测量程序才可用于成品产品的检测。

第六节　核燃料部件的检验

学习目标:通过学习,能了解核燃料元件制造检验工艺流程,装配场地的要求,零部件外观及清洁度要求,燃料棒、骨架的制造和检验工艺。

一、核燃料元件制造检验工艺流程

按工艺规程将合格的零件装配成部(组)件的工艺过程,称为部装。部装检验依据:标准、产品图样、工艺文件和检验规程。部装检验方法:巡回检查。监督操作人员遵守装配工艺规程,检查每个装配工位,检查有无错装和漏装的零件。部件完工后,再对部件进行全面检查,部装检验项目和内容如下:

1. 部装检验项目和内容

(1) 装配场地

1) 装配场地要整齐、清洁、不允许存放任何与装配无关的物品。

2) 装配场地如需要恒温恒湿的,当温度和湿度未达到规定要求之前,不准装配。

(2) 零件外观

1) 零件装配前,要检查其放行单,确认合格后,方准进行组装。不合格的零件,不准装配。

2) 零件不得碰撞。

3) 零件加工表面无损伤、划痕、锈蚀现象。

4) 工件非加工表面无划伤、破损,颜色要符合要求。

5) 零件表面要擦洗干净,装配时表面无油垢、污物。

2. 核燃料元件部件制造和检验工艺

(1) 燃料棒部件制造和检验工艺

燃料棒是核电站燃料组件的重要单元件,是反应堆能量的源泉,同时又是防止放射性外逸的一道屏障。因此对其质量提出了严格要求。燃料棒一般是由燃料芯块、燃料包壳、压紧弹簧(隔热块)、上下端塞等组成。现以 900 MW 压水堆为例讲述燃料棒部件的制造工艺流程。

燃料棒部件制造和检验工艺流程如图 6-19 所示。

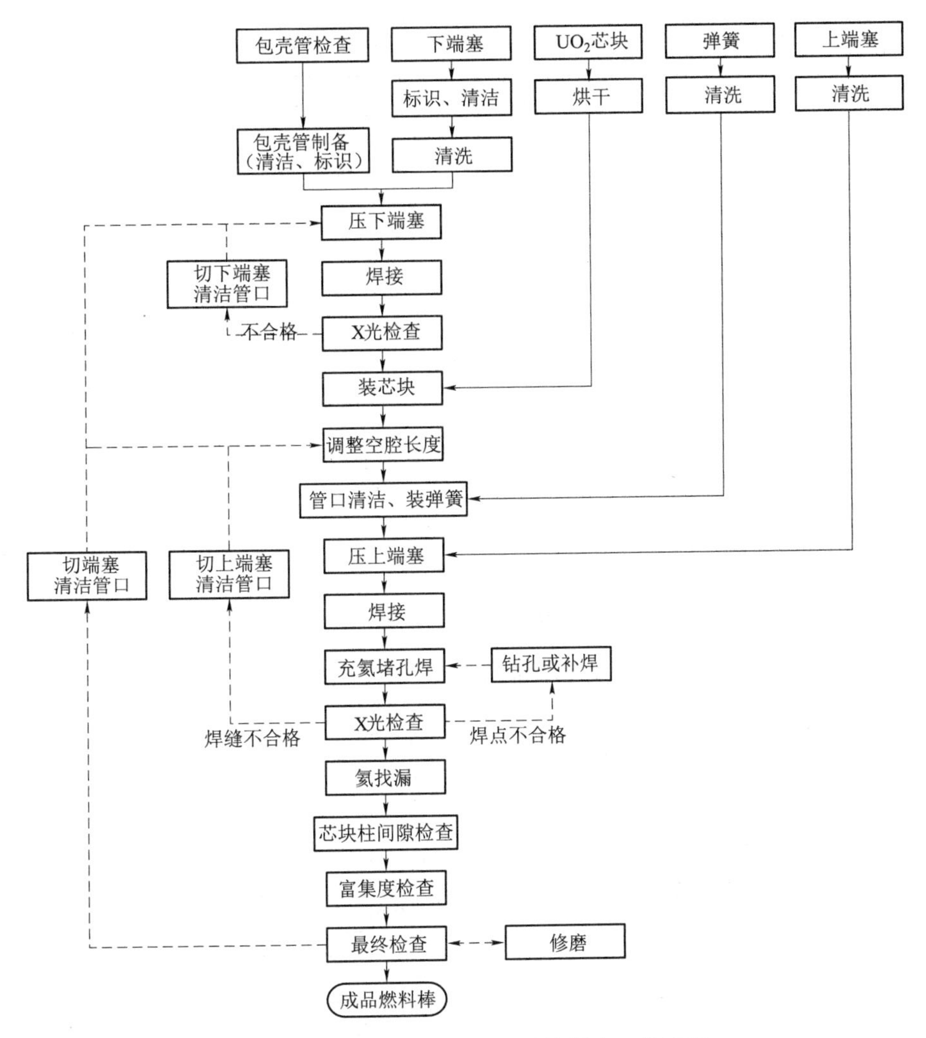

图 6-19　900 MW 压水堆燃料棒制造工艺流程

（2）导向管部件部件制造和检验工艺

导向管部件由导向管和导向管端塞、套管组焊而成，其制造和检验工艺流程如图 6-20 所示。

（3）骨架部件制造和检验工艺

骨架是燃料组件的承载构件，它除了支承燃料棒外，还要受到堆内冷却剂水流的冲击，相关组件落捧以及其他一些力的作用，如堆内装卸、上格栅压紧等。

900 MW（17×17 型）骨架由 24 支导向管、1 支中子通量管、2 个端部格架、6 个搅混翼格架、3 个中间搅混格架和下管座、24 个轴肩螺钉等组成。

骨架中格架与导向管（中子通量管）通过电阻点焊相连接，下管座与导向管及中子通量管通过螺钉连接固定。

VVER-1000 型骨架由 18 支导向管、1 支中心管、1 支仪表管、15 个定位格架和下管座等组成。其中中心管、3 支导向管与定位环通过电阻点焊相连接以固定格架的位置范围。

现以 900 MW 燃料骨架（17×17 型）为例来讲述骨架的制造和检验过程。

骨架装配过程检查流程图（手动焊机焊接）见图 6-21。

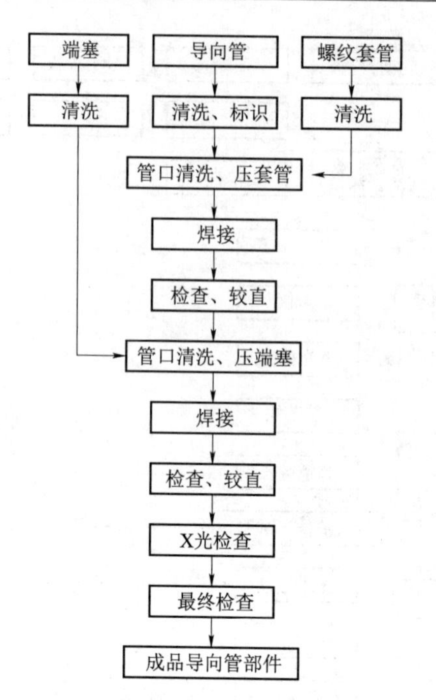

图 6-20 900 MW 压水堆导向管部件的工艺流程

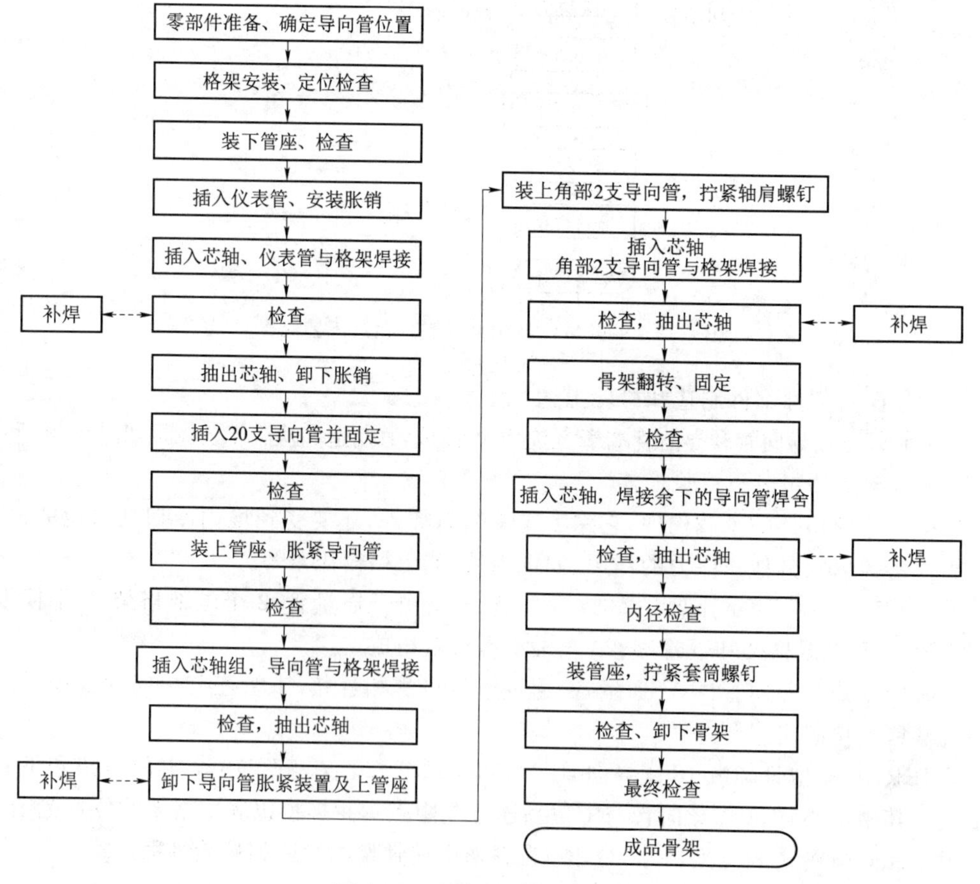

图 6-21 骨架组装检查顺序图

二、核燃料元件部件的检验

1. 成品棒(管)的检验

成品棒(管)检验有燃料棒部件的检验、导向管部件的检验、相关棒部件的检验。以燃料棒部件的检验为例。

燃料棒的最终检查是外观尺寸检验内容:燃料棒表面划伤情况,焊缝直径及氧化色,燃料棒尺寸等。

(1) 尺寸检验

1) 长度测量:在专用的测长装置上进行,抽检。

2) 焊缝直径检验:用环规检验。

3) 棒直度检验:在平台上滚动,并用塞尺测量棒与平台间隙。

(2) 外观检验

1) 清洁度(包括表面铀沾污):擦拭法检验。

2) 富集度号识别:肉眼。

3) 表面划伤:肉眼(划伤深度不大于 0.02 mm)。

4) 焊缝外观:氧化色用标样比对。

2. 制造过程中的骨架检验

(1) 设备、工装的检验

目视检查焊接设备、工装均有鉴定(检定)合格证,并在有效期内。

(2) 零部件检验

目视检查用于装配骨架的零部件均有放行单,并且在流通卡和跟踪文件上所有零部件的放行单上填写的标识与实物标识对应一致;所有文件填写正确、完整。

(3) 零部件清洁度的检验

在组装骨架之前,应目视检查用于骨架装配的零部件全部已清洗干净,并保持了它们的清洁度。

(4) 导向管部件的检验

对导向管逐根进行核查,确认导向管部件应该是取自同一批材料或者最多取自两个不同的材料批,但在骨架制造时,相同材料批的导向管应相对中心位置呈对称排列,并做好记录。

(5) 格架外观检验

(6) 骨架装配过程检验

1) 下管座部件、格架、导向管部件、中子通量管部件定位检验。

2) Y 标识角应在格架夹紧框架同一角线上。

3) 目视检查导向管部件、中子通量管部件插入格架栅元的过程中无扭弯现象,端头无损伤,并且不能损伤格架栅元。

4) 在装配时格架的外条带、内条带、导向翼和搅混翼等没有扭曲或变形。

5) 导向管部件定位后,应目视检查导向管部件端塞锥形面与下管座的锥形孔紧密接触。

6) 目视检查通量管必须接触下管座锪孔的倒角处。

7) 目视检查下管座部件、格架在骨架点焊组装平台上在定位夹具中应准确定位，特别应注意：在格架定位夹紧之后，应该用 0.05 mm 的塞尺检查在每层格架与格架轴向挡板之间的间隙(4 个角处)，不能通过为合格。

8) 焊前骨架导向管部件内径的检查

用直径 ϕ11.3 mm，长度 20 mm 的过规(过规固定在一根长大于“L”的金属杆上)逐根检查 24 支导向管部件及中子通量管的内径，过规应轻松顺利通过中子通量管的整个长度和导向管长度的“L”部分为合格($L \geqslant$3 061 mm 最少)。

9) 焊接前，检查校准后的力矩扳手值应在有效期内，轴肩螺钉拧紧力矩为 4.5～5.5 N·m。

(7) 点焊过程中的检查

在点焊过程中，仔细检查全部焊点的熔区位置、热影响区的氧化色，均应符合图纸及技术文件的要求，如有必要，逐一进行标样对比，用 3 倍放大镜检查焊点应无裂纹和电极沾污，对不符合要求的焊点应记录其位置。

3. 成品骨架检测

以 AFA3G 为例，叙述骨架外形尺寸，Rb 面的垂直度等的检查。骨架的外形如图 6-22 所示。

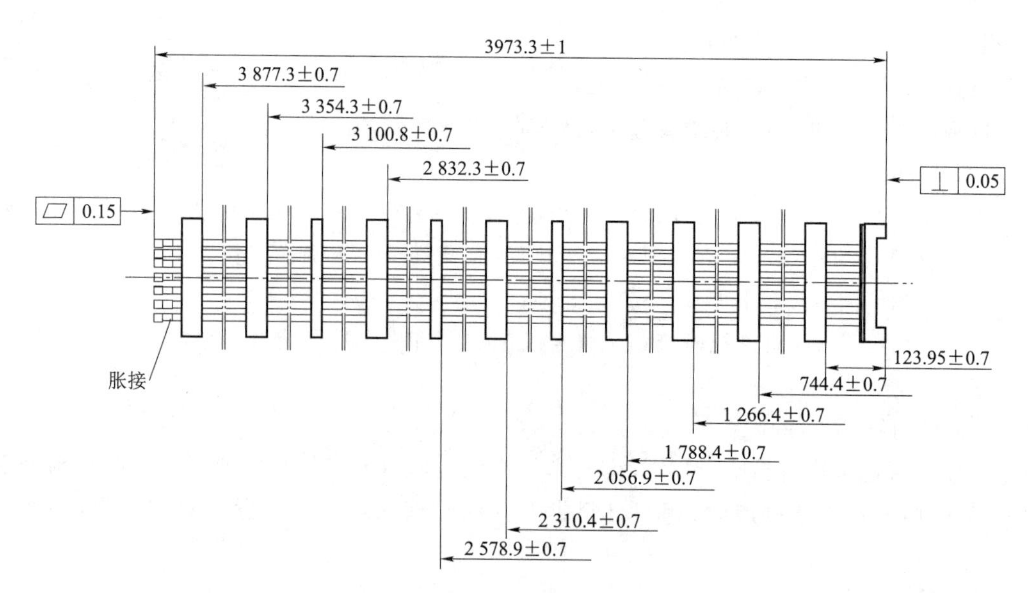

图 6-22 骨架的外形尺寸图

(1) 下管座底平面相对于骨架轴线的垂直度≤0.25 mm

将骨架平放在检查平台的标准垫块上，侧面相对于骨架轴线靠紧垂直平尺。将检验方箱紧贴垂直平尺并靠在下管座底平面，用塞尺检查下管座 4 个管脚底平面与方箱平面之间的间隙，若此间隙≤0.25 mm 时为合格。

(2) 各层格架位置度偏差为±1 mm

在检验平台上用塞尺或其他方法检查格架的四个面，检查精度应高于 0.10 mm。各层格架的位置应满足骨架图纸的要求(或使用三坐标测量仪，见其相应的规程)。

(3) 长度检查

将胀接平面度检验规紧靠螺纹套管端口，使用测长标准杆、测长标准块和塞尺进行骨架长度测量。(或使用三坐标测量仪进行检查，见其操作规程)。

(4) 骨架导向管和通量管内径检查

格架焊接及套管胀接之后，用直径为 ϕ11.3 mm，工作长度 20 mm 的过规(该过规连在一根长度大于"*L*"的金属杆上)逐根从上管座导向管套筒螺钉口或中子通量管口插入，若过规自由进入中子通量管整个长度和导向管长度的"L"部分(过规顺利通过套筒螺钉和导向管至检验规杆上的刻线处)为合格。只要当量规插入时，骨架在平台上不产生移动，就可以认为量规是自由通过。

(5) 胀接位置检查

胀接后，用检验规或游标卡尺检查第一个和最后一个胀紧导向管的特性(胀紧后的径向几何尺寸)和胀紧导向管的特性(胀紧的轴向位置)，每个骨架随机抽 4 个套管检查。

(6) 胀接平面度检查

将胀接平面度检验规靠紧胀接后套管共面区，用塞尺检查共面区与检验规之间的间隙(最大间隙即共面区平面度)。胀接后套管共面区平面度不大于 0.15 mm，或使用三坐标测量仪进行检查，见三坐标检查规程。

(7) 零部件方位的检查

目视检查管座及格架的 Y 标识角处于同一角线上。

(8) 外观特性要求

格架无损伤，导向翼等均无变形，焊点表面无沾铜，无裂纹，焊点的位置和氧化色均符合图纸及技术文件，必要时用标样比对；胀接后外观，应满足图纸要求，无裂纹。必要时使用 5 倍放大镜。

(9) 骨架整体清洁度检查

用白绸布擦拭骨架表面，不能有明显污痕为合格。

第七节　核燃料元件定位格架的测量

学习目标：通过学习，能了解核燃料元件定位格架、刚凸垂直度、弹簧与刚凸距离、棒夹持力的测量要求、测量设备和方法。

一、刚凸垂直度的测量

图 6-23 是 AFA3G 定位格架(简称格架)局部结构示意图，从图可见，格架的结构是十分复杂的。

图中，矩形代表三弯弹簧，梯形代表刚凸。每组核燃料元件都包括 2 只端部格架和 6 只搅混格架(共 8 只格架)需要测量刚凸垂直度。每只格架由 4 条外围板和 32 条中间条带组件组装成 17×17 个方格的格子型组件，再经激光焊机焊接而成。其三维方位为 X 向、Y 向、Z 向。其中包括 25 个导向管栅元和 264 个燃料棒栅元。每个燃料棒栅元中有 X 向和 Y 向 2 组由上下 2 个刚凸和与之对应的 1 个三弯弹簧组成的夹持机构，每只格架有 4×264 个刚凸、2×264 个弹簧。夹持机构由上、下、左、右 4 种 XY 方向和 3 种刚凸 Z 向间距组成了共 12 种方位组合。换言之,每只格架 264 个燃料棒栅元的夹持机构分别属于 12 种方位组合之一,这正是格架结构复杂之所在,同时也是实现刚凸垂直度测量的难点所在。

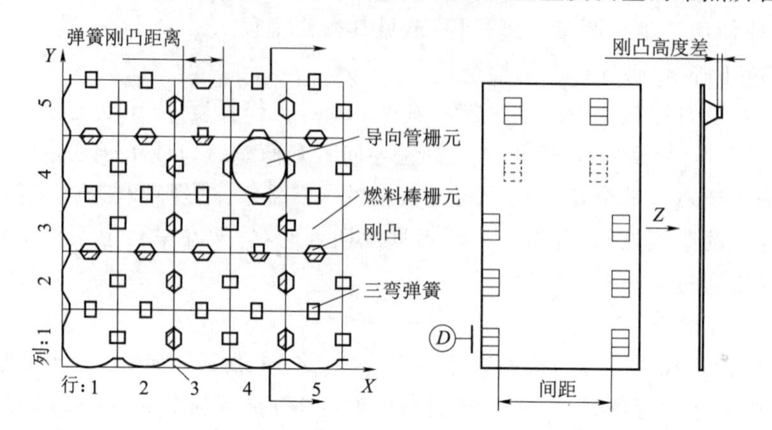

图 6-23 AFA3G 定位格架局部结构示意图

什么是刚凸垂直度呢？每一个燃料棒栅元有 X 向上下 2 个刚凸和 Y 向上下 2 个刚凸,理论设计要求每个方向的上下刚凸的定位面应在同一平面上,但实际产品中会有如图 625 中所示的刚凸高度差,一只格架中共有 528 个刚凸高度差值。

设:X_i第 i 个栅元 X 向的刚凸高度差;

Y_i第 i 个栅元 Y 向的刚凸高度差;

$\overline{X}$ 为 246 个 X_i值的平均值;

$\overline{Y}$ 为 246 个 Y_i值的平均值;

σ_x^2 为 246 个 X_i值的方差;

σ_y^2 为 246 个 Y_i值的方差;

G_x 为 X 向的 G 因子;

G_y 为 Y 向的 G 因子;

$\overline{G}$ 为格架的 G 因子

则有:

$$G_x = \sqrt{\sigma_x + \overline{X}^2} \tag{6-1}$$

$$G_y = \sqrt{\sigma_y + \overline{Y}^2} \tag{6-2}$$

$$\overline{G} = \sqrt{\frac{\sigma_x^2 + \sigma_y^2 + \overline{X}^2 + \overline{Y}^2}{2}} \tag{6-3}$$

其中 $\overline{G}$ 即是格架的刚凸垂直度,它是所有 528 个刚凸高度差的统计值。

由此可见,由于格架的结构复杂,数据多,导致刚凸垂直度的测量和计算十分困难,用人工测量和人工计算,会有很大的工作量,工作效率低,不能满足生产要求。在实际生产中可用接触式三坐标测量机或 CCD 光学三坐标测量机进行编程自动测量和自动计算。测量时应注意以下几点:

(1) 测量夹具应体现基准 D,装夹可靠;

(2) 用接触式三坐标测量机测量时,测针直径应接近刚凸定位面宽度,不能太小;

（3）应建立以基准D为第一坐标方向的工件坐标系；

（4）编制G因子程序时，所有刚凸高度差值应带正负号，以表明上下刚凸的倾斜方向。

二、弹簧与刚凸距离的测量

在刚凸垂直度的测量中已经知道，定位格架弹簧与刚凸分布的复杂性。

由技术条件和图纸可知，弹簧与刚凸距离只要求了下极限，可用光滑极限量规进行人工测量，也可用CCD光学三坐标测量机实现非接触式自动测量。可以明确地说，由于格架是弹性工件，并且弹簧在条带上可以有一定量的位移，所以用CCD光学三坐标测量机实现非接触式自动测量是较好的测量方法，有利于避免用光滑极限量规进行人工测量时对准确性造成的影响。但用CCD光学三坐标测量机实现非接触式自动测量，测量程序的编制比较困难，测量程序的编制应注意以下几点：

（1）测量夹具应体现基准D，装夹可靠；

（2）应建立以基准D为第一坐标方向的工件坐标系；

（3）编制计算弹簧与刚凸距离时，应计算弹簧最高点与对面上下刚凸的中点之间在工件坐标系中单轴方向上的坐标差的绝对值，如弹簧与刚凸距离。

三、定位格架棒夹持力的测量

核燃料元件定位格架棒夹持力是指定位格架燃料棒栅元中的弹簧和刚凸对燃料棒的棒夹持力，简称棒夹持力。棒夹持力是核燃料元件定位格架的重要技术指标，对核燃料元件在反应堆中的安全运行至关重要。

在前面棒夹持力的测量设备的相关内容中已介绍过：棒夹持力测量设备压力传感器、测量仪表、夹具、自动运动机构（对于全自动测量设备）、标定装置等部分，属于专用测量设备。

如何测量棒夹持力呢？

在进行棒夹持力测量前，首先要确定测量设备是在合格的有效期内。定期用千分尺验证压力传感器的工作面尺寸应符合相关技术指标，定期用经计量检定在有效期内的标定装置验证其测量精度符合相关技术指标。

进行棒夹持力测量时，应将定位格架可靠的装夹在测量夹具上，选择相对应的通道和传感编号，对于自动记录数据系统或自动测量系统来说，还应选择对应的测量程序（数据处理模板、数据贮存位置等），在测量每一个栅元的棒夹持力之前，应将测量仪表上的棒夹持力数据清零，测量每一个栅元的棒夹持力时，传感器的夹持机构或检验员的手应处于放松状态。

测量完成后，应对数据进行分析判断，如果有超差的，应进一步判断是否可调，对可调棒夹持力的栅元的弹簧高度按技术条件规定的数量和幅度进行调整和记录。

测量棒夹持力应防止污染，要求检验员戴干净的手套进行检验，所用的夹具、工具要保证不能有禁用材料粘污格架。

第八节　γ扫描无损检测理论

学习目标：通过学习，能了解无损检测概念、发展历史、常见的无损检测方法，射线的基础知识。

一、基础理论

1. 无损检测的概念

无损检测是一门新型的综合性科学技术。它以不破坏被检对象的使用性能为前提,应用物理和化学知识,对各种工程材料、零件和产品进行有效的检验和测试,借以评价它们的完整性、连续性和其他物理性能。通俗地讲,无损检测就是用非破坏性的物理或化学方法对被检对象进行检测,从而达到对被检对象的测量目的。无损检测是实现质量控制、保证产品的安全可靠、节约原材料、改进工艺、提高劳动生产率的重要手段,目前已成为产品制造和产品使用中不可缺少的部分,特别是在核燃料产品的应用中起到了很大的作用。

2. 无损检测的发展

现代科学技术的发展,为无损检测提供了新的理论和物质基础。目前能够在生产中应用的已有50多种检测方法,在一些领域中大多实现了由计算机控制的自动化检测设备。在实现我国四个现代化的进程中,无损检测技术的应用已日益受到重视,并有着广泛的发展前景。

无损检测在核工业领域中也得到了广泛的应用,在反应堆堆内部件到燃料部件,在役检查和核燃料检查都采用了比较先进的无损检测技术,它为反应堆安全可靠的运行起到了根本的保证。

3. 无损检测的几种常规的检查

在工业中常用的几种无损检测方法有超声检查、射线检查、涡流检查、磁粉检查和渗透检查五大常规检查方法。在核燃料元件生产线上有超声检查、X射线检查、γ射线检查和找漏检查方法。

二、射线的基础知识

1. 基础知识

射线,又称为辐射,一般分为非电离辐射与电离辐射两类。前者是指那些能量很低,因而不足以引起物质发生电离的射线(如微波辐射、红外线等);而后者则是指那些能够直接或间接引起物质电离的射线。

直接电离辐射通常是那些带电粒子,如阴极射线、β射线、α射线和中子射线等。由于它们带有电荷,所以在与物质发生作用时,受原子库伦场的作用发生偏转。同时,使物质中的原子激发、电离或本身产生导致辐射的方式损失其能量,故其穿透本领较差。

而间接电离辐射是不带电的粒子,如X射线、γ射线及中子射线等。由于它们属于电中性,不会受到库伦场的影响而发生偏转,且贯穿物质的本领较强,故广泛地被用作无损检测的射线源。

2. 放射性衰变规律

自然界存在如铀-镭系与钍系等元素,它们可自发地放出射线而转变为其他元素,这些元素称为放射性元素。实验表明,射线是由这些元素的原子核放出的,上述转变实际上是核的转变,或称为原子核的衰变,其衰变速率不受外界环境如温度、压力、电磁场等物理与化学条件的影响,目前尚无法加以控制。

由于从时刻 t 到 $t+\mathrm{d}t$ 间隔内，原子衰变的数目(-dN)应和在 t 时刻尚未衰变的原子数目 N 以及所经过的时间间隔 dt 成比例，有：

$$-\mathrm{d}N=\lambda N\mathrm{d}t$$

式中 λ 是衰变常量。如果当 $t=0$ 时原子数目为 N，则上式经过积分并整理后可得出：

$$N=N_0\mathrm{e}^{-\lambda t} \tag{6-4}$$

这就是放射性衰变规律。

3. 射线的常用术语

（1）放射性

原子核的自发衰变，并随之引起本身理化性质的改变现象称放射性。这种变化不受外界任何物理、化学作用的影响。

（2）质量数 A

即原子核中质子数与中子数的总和。常被标在元素左上角，如^{60}Co 与^{137}Cs。

（3）原子序数 Z

即标志元素在元素周期表中次序的序号。它也就是该元素原子核中的质子数或核外电子数。

（4）同位素

即原子序数相同而质量数不同的元素，它们在元素周期表上占同一位置。它们的原子核中有相同质子数，不同中子数。因为它们的核外电子数相同，所以化学性质也基本相同。

（5）原子量

即原子相对质量。1961 年规定国际原子量以同位素^{12}C 等于 12.000 0 作标准，即以^{12}C 原子质量的 1/12 作原子质量单位，其他元素的原子质量与质量单位相比就得到该原子的相对质量，也就是原于量。

（6）半衰期 $T_{1/2}$

半衰期就是某一元素的原子核经衰变至其原有原子核总数一半所需的时间 $T_{1/2}$。半衰期随放射源的元素不同而异。

$$\frac{N_0}{2}=N_0\mathrm{e}^{-\lambda T_{1/2}}$$

$$\mathrm{e}^{\lambda T_{1/2}}=2$$

$$T_{\frac{1}{2}}=\frac{\ln 2}{\lambda}=\frac{0.693}{\lambda} \tag{6-5}$$

（7）平均寿命 $\overline{T}$

平均寿命 $\overline{T}$ 就是放射性元素的所有原子核衰变前能存在时间的平均值。因为在 dt 时间内衰变的原子核数 dN 能存在 t 时间，故其总寿命为 tdN。

$$t\mathrm{d}N=tN_0\mathrm{e}^{-\lambda T}\times d(-\lambda t)=-t\lambda N_0\mathrm{e}^{-\lambda T}\mathrm{d}t$$

所以原于核衰变前总寿命可计算出平均寿命 $\overline{T}$。

$$L=\frac{N_0}{\lambda}$$

$$\overline{T}=\frac{L}{N_0}=\frac{1}{\lambda}$$

于是有：

$$T_{1/2}=0.693/\lambda=0.693\overline{T} \tag{6-6}$$

(8) 放射性活度

放射性同位素的放射性活度乃是它在单位时间内的原子衰变数。

(9) 放射性比活度

即 1 g 放射性元素的放射性活度。

(10) 半值厚度 $d_{1/2}$

使所透过的射线强度减半所需的某物质厚度称为半值厚度或半值层。

(11) 照射量 X

它的定义是 dQ 除以 dm 则所得的商，其中 dQ 是当光量子在质量为 dm 的某一体积元内的空气中释放出来的全部电子(正电于与负电子)被完全阻止于空气中时，在空气中形成的一种符号的离子总电荷的绝对值，由(5)式所示。

$$X=\frac{\mathrm{d}Q}{\mathrm{d}m} \tag{6-7}$$

4. 常用单位

(1) 贝可(Bq)与居里(Ci)

居里是 γ 射线源的放射性活度单位。放射性物质每秒发生 3.7×10^{10} 次原子衰变为 1 Ci，这数值相当于 1 g 镭每秒的原子衰变数。而在国家法定计量单位中的放射性活度单位为 Bq，1 Bq 即每秒原子衰变 1 次。

(2) 伦琴(R)

lR 是在 1 cm^3 的纯空气(在 760 mm Hg 压强与℃下质量为 0.001 293 g 重)中电离出的每种离子的绝对值总和为 1 e. s. u. 电量所需的 X 射线或 Y 射线照射量。

$$1R=\frac{1e.s.u\text{ 电量}}{1\ \text{cm}^3\text{ 中空气质量}}=\frac{(3\times10^9)^{-1}\ \text{C}}{1.293\times10^{-6}\ \text{kg}}=2.58\times10^{-4}\ \text{C/kg}$$

其中 C/kg(库仑每千克)为国家法定计量单位。

(3) 拉德(rad)与戈瑞(Gy)

1 rad 是电离辐射传给每克物质 100 erg 能量的剂量单位。在国家法定计量单位中的 1 戈瑞(Gy)则为每千克物质吸收 1 焦耳(J)的剂量。

$$\therefore 1\ \text{rad}=100\ \frac{\text{erg}}{\text{g}}=100\times\frac{10^{-7}\ \text{J}}{10^{-3}\ \text{kg}}=10^{-2}\ \text{J/kg}=10^{-2}\ \text{Gy}$$

(4) 雷姆(rem)与希沃特(Sv)

雷姆为剂量当量的单位，它表示人体对各种射线的生物效应数值。如 D 用拉德，则 H 为雷姆。在国家法定计量单位中用希沃特(Sv)，其量纲为焦耳/千克(J/kg)。

综合上述射线方面的国家法定计量系统与常用系统间的单位算关系如表 6-4。

表 6-4　射线单位换算表

概念	常用系统	国家法定计量系统
放射性活度	1 居里(Ci)	3.7×10^{10} 贝可(Bq)
照射量	1 伦琴(R)	2.58×10^{-4} 库仑/千克(C/kg)

续表

概念	常用系统	国家法定计量系统
剂量	1 拉德(rad)	10^{-2}戈瑞(J/kg)
剂量当量	1 雷姆(rem)	10^{-2}希沃特(J/kg)
照射率	1 伦琴/秒(R/s)	2.58×10^{-4}安培/千克(A/kg)

三、X 与 γ 射线的主要性质

X 与 γ 射线均为电磁波；X 射线是由高速行进的电子在真空管中撞击金属靶后产生，其能量与强度均可调。γ 射线则由放射性物质内部原子核的衰变而来，其能量不能改变，衰变概率也不能控制。它们具有下述相同性质：

(1) 不可见，也不受电场或磁场影响；

(2) 以光速直线传播；

(3) 能穿透物体，其穿透深度决定于物质种类与射线能量高低；

(4) 可使物质电离，能使胶片感光，亦能使某些物质产生荧光；

(5) 能对生物细胞起作用。

四、射线的产生

1. X 射线的产生

在真空管中，当一群高速运动的电子受到金属板阻挡时即有可能产生 X 射线，为了避免电子在运动中与空气分子相撞而需将管子抽成高真空。能产生 X 射线的管子被称为 X 射线管，它通常由阴与阳极构成(新式样尚多一个控制栅极)见图 6-24。电子从阴极发射出来，其数量决定于灯丝电压。X 射线管所产生 X 射线量的大小主要决定于从阴极飞往阳极的电子流或称为管电流。至于 X 射线质的高低，或其穿透力的强弱则主要决定于电子从阴极飞往阳极的运动速度，从而决定于 X 射线管的管电压。

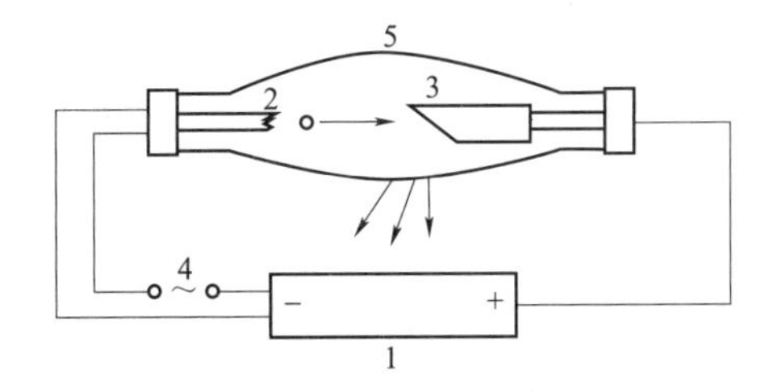

图 6-24　X 射线产生示意图

1—高压发生器；2—阴极；3—阳极；4—灯丝加热电源；5—管壳

2. γ 射线的产生

某些天然放射性同位素，如镭-226、铀-235 等，在发生核衰变时，能辐射 γ 射线。然而，这种天然放射性同位素不仅价格贵，而且不能制成体积小而辐射 γ 射线强度高的射线源。射线探伤中使用的 γ 射线源是由核反应制成的人工放射线源。应用较广的 γ 射线源有钴-60、铱-192、铯-137、铥-170、铥-170 等。

例如钴-60 就是将其稳定的同位素钴-59 置于核反应堆中，俘获中子而发生如下核反应制成：

$$^{59}_{27}Co+^{1}_{0}n\rightarrow^{60}_{27}Co+能量\ E$$

Co 就是人工放射性同位素，它继续进行核衰变而辐射出 β 与 γ 射线，同时，该原子本身变成另一种元素的稳定同位素原子。

$$^{59}_{27}Co \rightarrow \beta + \gamma_1 + \gamma_2 + ^{60}_{26}Ni$$

γ射线源辐射具有固定能量的光量子。一些γ射线源只能辐射一种能量的光量子。另一些γ射线源能同时按一定比例辐射多种能量的光量子。

至今,尚无法改变各种放射性同位素的核衰变进程或其放射性比活度。

3. X射线与γ射线的"质"

X射线与γ射线穿透物质的能力决定其能量,亦即与其波长有关。波长较短的被称为"硬"射线,穿透能力饺强,波长较长的被称为"软"射线,穿遇能力较弱。硬软均系相对而言,并无严格界限,例如德国的标准见表6-5。

表6-5　X射线的硬度等级

等级	很软	软	中等	硬	很硬	特硬
管电压(kV)	<20	20～60	60～150	150～400	400～3 000	>3 000

因为X射线的波长与管电压成反比,所以X射线的质或其穿透物质的能力与管电压有关。即随管电压提高,射线的质变硬。

第九节　燃料芯体间隙和空腔长度检测

学习目标:通过学习,能了解燃料芯体间隙和空腔长度的概念、检测方法,及其相关设备使用方法和标定方法。

一、检测基本概念

1. 检测对象

工序的检测对象是燃料棒,燃料棒是由包壳管、上下端塞、弹簧和UO_2芯块等组成。燃料棒内装有UO_2芯块,这个部分称活性区,在上端装有弹簧把芯块支撑固定,并把燃料棒的两端的端塞与包壳管进行焊接。

2. 检测任务

(1) 燃料棒UO_2芯块间隙

在燃料棒装块的过程中,由于芯块的碎渣或操作不当会造成芯块与芯块之间产生一定宽度的空隙就是芯块的间隙,这是燃料棒检测的任务之一。

(2) 燃料棒的空腔长度

燃料棒的弹簧长度位置是存放裂变气体一个空腔,位于燃料棒的上端,它是用弹簧的压力来固定芯块柱,而弹簧长度形成的一段空腔,就叫空腔长度。这也是燃料棒检测的任务之一。

3. 检测目的

燃料棒在装块过程中由于芯块的碎渣或操作不当会造成燃料棒内的芯块之间产生间隙或空腔长度超差,这些不符合技术条件的燃料棒如果进入反应堆。反应堆内燃料棒的中子通量会产生不均匀的分布,从而使热量的分布不均匀,导致包壳管局部肿胀,甚至破裂,对核反应堆的安全造成严重的威胁。因此，燃料棒 UO_2 芯块间隙和空腔长度检测是核燃料元件非常重要的检测工序。

4. 检测手段

用 γ 扫描检测设备来检查燃料棒的 UO_2 芯块间隙和空腔长度。γ 扫描是被测工件以均匀的速度通过探测装置时测量其 γ 射线强度。利用 ^{241}Am 放射源放出的 γ 射线，由 γ 射线扫描仪器来测量穿过燃料棒的 γ 射线强度，来测定燃料棒内的芯块间隙和空腔长度。由于核燃料元件的质量要求很高，因此所有产品必须进行 100% 的 γ 扫描。

5. 检测方法

当燃料棒以均匀的速度通过探测装置时，探测器内的 γ 射线放射源所放出的射线被燃料棒吸收，并由探测器获得，核仪器把探测器获得的信号送入计算机进行数据采集，所测得的 γ 射线强度正比于燃料棒中芯块间的间隙宽度，所测得计数点数正比于燃料棒弹簧空腔的长度，当燃料棒测量结束，计算机把测得的数据和标准棒的数据进行比较后，得到被测燃料棒的间隙和空腔结果。

二、检测设备组成

1. 探测装置

探测装置用于测量透过燃料棒的 γ 射线强度，它由 NaI 晶体探测器、^{241}Am γ 射线放射源、铅屏蔽室组成。NaI 晶体探测器位于铅屏蔽室的顶部，燃料棒通道位于铅屏蔽室的中部，在探测器与燃料棒通道之间装有 γ 射线准直器，γ 射线源位于铅室的底部，在放射源与燃料棒之间装有 γ 射线屏蔽盖，屏蔽盖起到屏蔽射线，保护探测器的作用。探测器内 ^{241}Am 放射源，其源强为 50 mCi，为 γ 放射源，γ 射线特征峰的能量为 59.5 keV，半衰期为 470 a。在仪器不工作时，应将屏蔽盖关上，防止 γ 射线对探测器造成不必要的辐射损伤。其探测器的原理方框图见图 6-25。

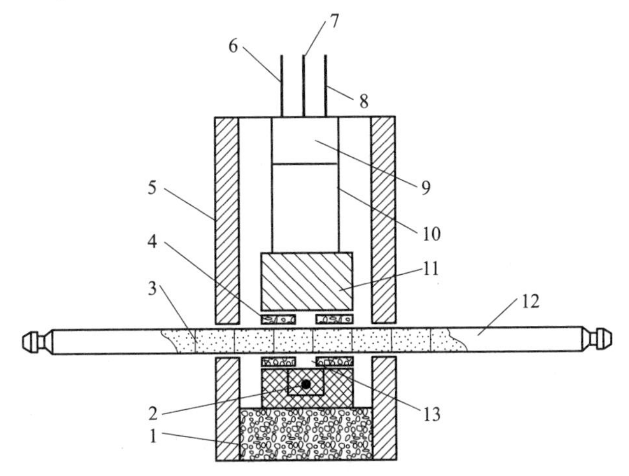

图 6-25　探测器装置

1—调整块；2—^{241}Am 放射源；3—UO_2 芯块；4—铅屏蔽盖板；5—铅屏蔽；

6—低压电源；7—高压电源；8—信号输出；9—前置放大器；

10—光电倍增管；11—NaⅠ晶体；12—燃料棒；13—探测窗口

2. 机械传动装置

机械传动装置包括上下料机构、电机驱动系统和气动系统。机械传动主要作用是把燃料棒自动地装入运动位置的传动轮上，并把棒推入传动夹轮，使燃料棒匀速通过探测器，传动速度要均匀稳定。燃料棒扫描的正向传动速度为 500～10 000 mm/min 范围内连续可调，在传动过程中不得使燃料棒产生抖动。测量完毕准确地把燃料棒卸到指定料架位置。

3. 核电子仪器

核电子仪器由高压、低压电源、线性放大器、高压分配器、单道幅度分析器、1024 道模数转换器组成。主要作用是把探测器的输出信号，经核电子仪器信号整形，转换、变成有用的信号，再送到计算机数据采集接口系统。

4. 计算机自动控制测量系统

计算机自动控制测量系统包括计算机、数据采集接口、输入信号接口和输出信号接口组成。主要任务是完成燃料棒的上料、下料、测量、数据处理、数据存储和数据打印。

三、间隙检测设备标定

1. ^{241}Am 放射源 γ 射线能谱的测量

准备好专用的能谱分析仪器，启动计算机和核仪器。把线性放大器的输出信号接入 1024 道模数变换器的信号输入端，把单道输出脉冲信号接入 1024 道模数变换器的符合信号输入端。执行能谱分析程序，就可以测量出^{241}Am 放射源的 γ 射线特征峰的能谱曲线。其能谱曲线见图 6-26。

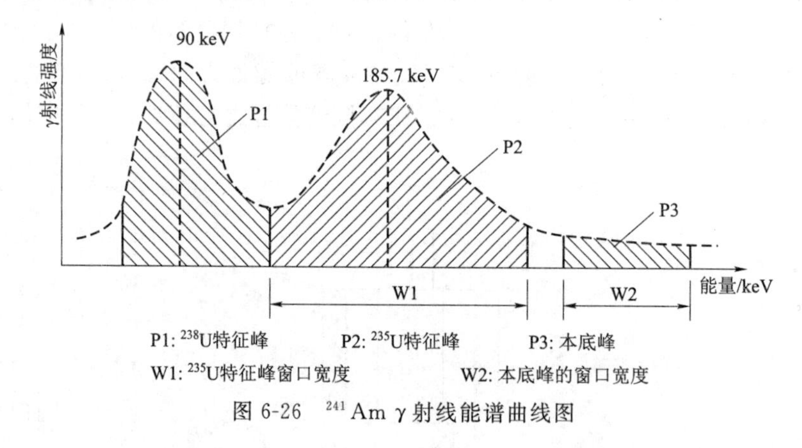

图 6-26　^{241}Am γ 射线能谱曲线图

2. 标准棒测量

确定出^{241}Am 放射源的 γ 射线特征峰后，就可以进行标准棒的测量，设备的各个测量参数确定后，预热仪器 30 min 后，将标准棒上料到测量传动装置，启动测量程序，按正常状态进行重复测量，一般测量 10～20 次，测量完毕后，进行标准棒的数据处理，并打印出处理结果。

四、燃料棒间隙测量控制图

1. 间隙控制图制作

每监督一个间隙就要制作一张控制图，一般要求监督技术条件附近的标准间隙，其间隙控制图制作要求 3 张，分别为端部 1.3 mm 间隙和中部 1.3 mm 间隙，还有一个为中部 0.5 mm 的间隙，其间隙控制图的绘制按图 6-27 的要求绘制。

间隙控制图　　　　中部

姓名							
日期							
							合格区
控制限							临界区
监督限							不合格区

图 6-27　间隙控制图

2. 空腔控制图

空腔控制图的制作是按照间隙标准棒的标定结果来制作。间隙标准棒中安装有 5 个标准空腔段，根据要求选择其中接近弹簧长度的一个标准空腔段作为监视空腔。根据标准棒标定结果中计算出被监视空腔的监督限和控制限，就可以绘制出它的控制图。一个标准空腔监督限包括上限和下限，控制限也包括上限和下限，根据这 4 个计算的值填写在控制图的适当位置，并以这些数值绘制一条横线，图 6-28 为空腔控制图。

空腔控制图　　　　180 mm空腔

姓名							
日期							
							不合格区
监督上限							监督区
控制上限							合格区
控制下限							监督区
监督下限							不合格区

图 6-28　空腔控制图

因为空腔控制图需要每天进行填写,因此要画成多列的表格,一般为一个月,控制图每个列上必须有姓名和日期,在控制图的适当位置填入对应监督限和控制限,并标明合格区、临界区和不合格区,操作者要在适当的位置填写校验值。

五、间隙测量设备校验

1. 校验要求

每天的第一个班次的第一个任务是,启动检测设备和传动电机,等检测仪器预热稳定和电机转速稳定后,用间隙标准棒对检测设备进行测量一次,测量完成后打印出间隙测量的结果,检验人员根据标准棒测量结果和控制图上的结果进行比较,如果结果合格,则可以把测量结果填入控制图,否则还要做一些辅助工作。

2. 标准棒测量结果评定

我们把标准棒中的某几个标准值作为监督值,根据标准棒中测量结果检查指定的监督值是否和控制图一致。当测量监督值在控制图的合格区内,则设备功能正常,可以进行燃料棒检测。当测量监督值在控制图的临界区内,则重新将标准棒测量一次,如果第二次测量监督值在合格区内,则设备功能正常,可以开始检测,如果第二次测量监督值再次落在临界区内,通知技术负责人,或作一些补充测量来验证仪器的功能是否正常。当测量监督值在控制图的不合格区,则停止设备测量,并通知技术负责人,技术人员要重新调试或重新标定设备。

六、燃料棒的间隙检测

1. 检测文件准备

岗位的主要文件包括燃料棒间隙检测设备的操作规程、安全操作规程和检验规程,另外还有检验设备的校验规程,燃料棒的搬运规程。岗位还应准备有的记录文件,包括检测数据的打印记录、交接班记录、设备维护运行记录。这些都是燃料棒产品质量的另一个重要的部分,因此燃料棒的硬件和软件质量缺一不可,它们构成了产品质量的全部内容。

2. 燃料棒的测量

检验人员清点好上一工序送入的被测燃料棒,按流通卡上的燃料棒依次装入到间隙设备的上料架,检验人员根据操作规程启动检测程序,使测量在自动状态进行测量,在测量过程中,检测设备可以自动分选合格燃料棒和不合格燃料棒。检验人员可以根据其打印结果核对。在检测过程中检验人员要观察整个测量状态。

3. 燃料棒处理

(1) 合格燃料棒处理

设备检测合格的燃料棒自动流入富集度上料架,进行富集度检测。间隙和空腔检查合格的燃料棒要认真核对实物和对应的流通卡,并在对应流通卡上填上正确的版次、签名和日期。

(2) 不合格燃料棒处理

第一次 γ 扫描不合格棒处理:如果第一次间隙和空腔 γ 扫描结果不合格,应尽快再作第二次检查。如果第二次测量结果合格,则该燃料棒合格。

第二次 γ 扫描不合格棒处理:如果第二次仍然不合格,而且二次测量结果为同一缺陷,则该燃料棒作复检棒处理，否则按第一次 γ 扫描不合格棒处理，可再检查一次。

复检燃料棒的处理：复检的棒应作好标识，并存放在指定位置的待定槽内，随复检燃料棒一起的复检流通卡上填好来源和棒号，同时在来源流通卡上填上缺陷代码和去向。复检棒应作进一步测量，才确定其真正的判定。

复检的燃料棒在重新测量前应用间隙标准棒再校验一次设备，设备合格后把复检燃料棒连续测量 3 次进行确认，如果 3 次结果都合格，则该燃料棒合格，否则燃料棒被判废处理。

判废燃料棒的处理：判废的燃料棒应标明缺陷的性质和位置，并进行隔离存放，随判废燃料棒一起的流通卡上填好来源和棒号，同时在来源流通卡上填上缺陷代码和去向。在适当时候把判废的燃料棒送 X 光岗位进行拍片或直接进行返修。

4. 燃料棒流通卡填写要求

(1) 流通卡的填写

一张流通卡共有 25 支燃料棒，当检测设备检验完成一批燃料棒，操作者就要在流通卡上填写检验人员姓名、文件版次和日期，填写完成表明这批燃料棒已经检验完成，可以送入下道工序。

(2) 复检流通卡的填写

当流通卡上的某支燃料棒检测不合格时需用复检，那么检验人员在该燃料棒的流通卡上填写燃料棒的缺陷和去向卡号，其缺陷代码根据要求填写，间隙的主要缺陷代码为 COL，空腔不合格的缺陷代码为 CHA，燃料棒报废缺陷代码为 ADD，去向卡号为该燃料棒的复检流通卡，检验人员要在复检卡上填写复检卡的卡号，卡号不能和前一个卡号重复，只能填写唯一卡号，避免在燃料棒跟踪过程中出错，在复检卡的内容上要填写复检燃料棒的原来流通卡的卡号和该燃料棒的棒号，最后该复检卡和复检燃料棒一起放置于复检槽中，等待下一次检查。

(3) 返修流通卡的填写

返修流通卡和复检流通卡操作上一致，只是流通卡的标题已明确什么流通卡，返修流通卡的卡号也不能和前一个卡号重复，只能填写唯一卡号。返修燃料棒的原流通卡是复检流通卡，因此要填好复检流通卡上的缺陷代码和去向，还要在返修流通卡上填写返修棒的来源和棒号，最后把返修卡和返修燃料棒一起放置于返修槽中，送入指定岗位进行返修。

第十节　燃料棒 UO_2 芯块富集度检测基础知识

学习目标：通过学习，能了解放射性的基本知识，铀及其化合物的性质，铀的同位素及其性质，富集度检查基本概念。

一、放射性的基本知识

1. 稳定原子核与放射性原子核

原子核一般可分两大类：一类原子核能够稳定地存在，它不会自发地发生变化，这类原子核称为稳定原子核。另一类原子核则不能稳定地存在，它会自发地变为其他原子核，因此称它为放射性原子核。这种放射性的原子核自发地产生变化，同时发出射线，这个过程叫做放射性衰变。

2. 放射性衰变的方式

如果核内中子数与质子数不满足一定的比例，原子核便不稳定，不稳定的原子核就会自发地发生衰变，并放出射线，这个过程叫放射性衰变，或叫核衰变。放射性的衰变方式有3种，α、β和γ衰变。

α衰变，不稳定的核自发衰变时放出α粒子，而变成另一个核称α衰变。

β衰变，不稳定的核自发衰变时放出β粒子的过程称β衰变。

γ衰变，如果原子核的运动处于激发态的某个能级上，这种核状态是不稳定的，它会通过放出γ光子，然后从激发态回到基态，这个过程叫做γ衰变。

3. 放射性衰变的规律

放射性原子核自发的衰变不是一下子衰变掉的，而是逐步逐步衰变掉的，因此放射性原子核的数目随着时间的流逝而逐步的减少的。当原子核的数目减少到原有数目的一半所需的时间是一定的，这个时间叫半衰期。半衰期越短，表明放射性原子核的数目减少的越快，半衰期越长，表明放射性原子核的数目减少的越慢。

放射性原子核的数目减少服从指数规律，即某一时刻 t 时的放射性原子核的数目 N_t 与初始 N_0 时具有如下关系：

$$N_t = N_0 e^{-\lambda t} \tag{6-8}$$

式中：N_t——某一时刻的原子核数目；

N_0——原子核在初始时间的原子核数目；

λ——放射性原子核的衰变常数；

e——自然对数底；

t——原子核衰变所经历的时间。

4. 放射性强度

衡量一个放射源的强弱应当用单位时间内衰变掉的原子核数目来表示，即放射源在单位时间内发生衰变的原子核的数目叫做该放射源的放射性强度。放射源在单位时间内衰变的原子核数目越多则该放射源的强度就越大。反之，放射源在单位时间内衰变的原子核数目越少则该放射源的强度就越小。

放射性强度的单位，在国家规定的计量单位中，放射性强度的单位为贝可，符号为Bq，1 Bq为每秒原子衰变一次。习惯上还用“居里”作为放射性强度的单位，它以一克镭每秒钟的衰变数作为“1居里”居的符号为Ci。1居里(1 Ci)=3.7×10^{10}衰变数/s。

5. 放射性的统计涨落

什么是放射性衰变统计涨落，即放射性每分钟衰变掉的原子核数目是有多有少，有高有低的，我们把放射源在一定时间内衰变掉的原子核数目有高低和起伏的现象称为放射性衰变的统计涨落。

(1) 放射性统计涨落的规律

虽然放射性衰变有统计涨落，但是并不是没有规则的，而是比较集中在某一范围内波动的，即统计涨落是围绕着测量的平均值附近上下波动。由此可见，多次测量的平均值是能反映出原子核衰变的规律。

（2）放射性统计涨落的原因

造成放射性衰变统计涨落的原因有：一方面，由于每个原子核都有一定的衰变概率，另一方面，在大量原子核发生衰变时，单位时间内发生衰变的数量不会总是严格一致的。由于这两个因素同时作用的结果，单位时间内的衰变总是在数目上上下涨落的，这就是放射性衰变时产生的统计涨落。

二、铀及其化合物的性质

1. 铀在自然界中的存在

铀的化学性质十分活泼，易于迁移和分散，因此在自然界中的分布很广，它的含量要比金和银等金属都要高。

2. 铀的物理性质

铀是软的银白色的金属，它是一种不良导体，是一种可展和可延的金属，它的密度为19.214 g/cm^3，它的熔点为1 132.3 ℃。

3. 铀的化学性质

铀的相对原子质量为238，原子序数为92，属于第七周期中的锕系元素，金属铀通常用镁或钙还原以制备氧化铀。铀的氧化物有UO_2、U_3O_8、UO_3和U_4O_9，它们的氧化物比较稳定，在这些氧化物中，UO_2在核工业中具有特别重要的意义，目前广泛使用烧结二氧化铀加工制作反应堆的燃料元件。UO_2为褐色氧化物，其密度为10.96 g/cm^3，它的熔点为2 500～2 600 ℃，二氧化铀具有半导体的性质。

由于二氧化铀具有受强辐射时不发生各向异性变形，在高温下不引起晶体结构的变化，以及不与水发生化学反应等特性，因此广泛用来制造反应堆的燃料元件。

三、铀的同位素及其性质

1. 天然铀的同位素

天然铀的同位素有^{234}U、^{235}U和^{238}U。在天然铀中，铀^{234}U和^{238}U原子百分数之比为常数，即等于它们的半衰期之比。

2. 铀的同位素的核性质

大多数天然铀的样品中，^{238}U和^{235}U的原子百分数保持恒定不变，因此，用γ能谱仪来测量铀含量时，只要测量^{235}U放出185.7 keV的特征峰的放射性强度，再与标准比较后，便可以得出样品中的铀含量。表6-6列出了铀的同位素的核性质。

表6-6　铀的同位素核性质

质子数	232	233	234	235	236	237	238	239	240
原子量	232.046	233.048	234.050	235.053	236.055	237.058	238.060	239.063	240.066
天然富集度	—	—	0.005 8	0.720 0	—	—	99.274	—	—
半衰期/a	74	1.62×10^5	2.44×10^5	2.44×10^8	7.09×10^7	6.75 d	1.62×10^9	23.5 min	14.1 h

四、富集度检查基本概念

富集度的检测对象是核燃料元件也叫燃料棒，燃料棒是由包壳管、上下端塞、弹簧和UO_2芯块等组成。燃料棒的直径，为 9.5 mm 和 10.0 mm 两种，随着核电的发展，新型的燃料棒产品也随之增多。燃料棒的长度根据产品的不同而不同，一般在 3 200～3 867 mm 不等。燃料棒内装有UO_2芯块，这个部分称活性区，富集度检测就是检测活性区UO_2芯块的富集度及均匀性。

其检测的目的是保证燃料棒装配过程的质量。燃料棒在装配芯块的过程中，由于多种原因造成棒内的UO_2芯块的富集度与标称UO_2芯块的富集度不一致，或整根燃料棒的富集度不一致，造成了燃料棒的不合格，如果这种不合格的产品进入核反应堆，造成反应堆内的中子通量产生不均匀的分布，从而使热量的分布不均匀，在异常芯块位置导致包壳管局部肿胀，甚至破裂，对核反应堆的安全造成严重的威胁。因此，燃料棒^{235}U富集度检测是核燃料元件不可缺少的检测手段。

用富集度检测设备来检查UO_2芯块中^{235}U的含量，燃料棒的^{235}U富集度也就是芯块中浓缩铀的含量。由于UO_2芯块是一块一块排列装入到包壳管内的，芯块的数量一般在 270 块左右，装配完毕进行封装焊接，检测设备必须检测棒内的每一块芯块，而且不能破坏燃料棒，因此燃料棒富集度检测是一种无损检测，而且要进行 100％的检测。为了能测量燃料棒内的每一块芯块，检测设备需把燃料棒以均匀的速度通过设备的探测装置来检测。由于UO_2芯块中^{235}U的富集度和它自生衰变放出的 γ 射线强度是成正比关系，因此检测设备只要测量UO_2芯块内放出的 γ 强度就可以了，所以检测设备也称为燃料棒 γ 扫描设备。

第七章　数据处理

学习目标：通过本章的学习，应了解和掌握测量结果中测量误差的分析及可疑值的判断方法；了解部分核燃料元件零部件的检验技术指标。

第一节　测试结果复核要求

学习目标：通过学习，能掌握零部件检验结果的复核要求和方法。

零部件检验结果的复核

由于测量误差的存在，采用复核的办法，以减少测量误差。核燃料元件零部件的检验是依照"检验规程"进行的，检验人员也都应接受培训，具备上岗资格，这在某种程度上可以减少测量误差。由于零部件加工及公差的特点，加之其产量大，通常在正常生产情况下对产品不再进行复核检验，但在测量结果有怀疑时，如测量结果出现超差、接近极限或不正常等情况，或测量结果对后续生产影响大时，如首件检验，应对测量结果进行复检。通常的方法为：

(1) 用同样的方法重新对有怀疑的数据进行复检。

(2) 由另外一个检验员，采用同样的方法进行复检。

(3) 采用不同方法进行复检。

测量结果超差有产品本身的加工缺陷，但也不排除测量误差导致的误判。测量误差不但会导致产品超差，还会出现测量结果异常的好(数据不正常)。不是仅仅对超差的结果要进行复检，异常的测量结果均要进行复检。复检时要注意以下(不限于)几方面：

(1) 工件被测部位是否清洁；量具的测量面是否清洁；工作台及环境是否清洁等。

(2) 如果是精密测量，环境温度是否符合要求。

(3) 量器具是否正常(千分尺的零位、百分表的回零、测量面或测针的磨损或锈蚀等)。

(4) 自动测量设备的各项功能是否正常，测头装夹是否正常，设备运行是否正常。

(5) 被测工件装夹是否正常，夹具是否正常。

(6) 测量方法是否有问题(不符合阿贝原则、百分表或千分表的预压不合适等)。

第二节　分析一般检验误差产生的原因

学习目标：通过学习，能了解误差的分类，零部件检验误差产生的原因。

检验过程产生测量误差是必然的，对测试所得的数据进行正确处理，判断其可靠性，就必须进行误差分析，掌握产生误差的规律及改进方法，把误差减少到最小，提高分析结果的准确性。

一、误差的分类

就误差的性质和产生原因,可将误差分成三类:系统误差、偶然误差和过失误差。

1. 系统误差

系统误差是在重复条件下对同一被测量进行无限多次测量结果的平均值减去被测量的真值,是由于某些固定因素所引起的误差。这种误差在每次测定时均重复出现,其大小与正负在同一测试条件下是基本一致的。因此对分析测试的结果产生固定偏高或偏低的影响。系统误差的大小、正负在理论上是可以测的,又称为可测误差。系统误差的特性是在一定条件下恒定的,误差的符号偏向同一方向,即具有“单向性”。

产生系统误差的原因有以下几种:

(1) 方法误差

这种误差是由检验方法本身造成的,并由测试系统的特性所决定,无论分析者如何熟练,方法误差总是不可避免的。换言之,建立或选择方法时考虑不周,就会产生方法误差。

1) 测量器具选择不合适　如检验燃料棒上端塞配合面尺寸 $\phi(9.84\pm0.013)$ mm,按量具测量不确定度应满足被测尺寸公差的1/3～1/10的测量原则,所用量具的不确定度(或最大允许测量误差)应小于0.006 5 mm,由此可先用不确定度0.004 mm的千分尺进行测量。如果检验方法要求使用了不确定度0.03 mm的卡尺进行测量,就必然产生测量方法误差。

2) 测量步骤(测量工艺)不合适　如压紧系统的压紧弹簧各项尺寸仅在热处理前进行检验,没有考虑到热处理变形对产品尺寸带来的影响,从而导致测量结果与产品的实际尺寸相差甚远,就属于测量步骤不合适。

(2) 仪器的误差

测量仪器选择符合要求,但测量仪器本身的问题(如:计量仪器损坏,或使用的计量仪器没有经过定期校正;仪器的基线漂移,实际值与标示值不相符合;三坐标测量程序问题;不能正确选择或使用量块等标准)。

(3) 操作误差

操作误差是由检验员所掌握的操作技能与正确的操作要求存在一定差距造成的。往往在分析操作中虽按操作规程的步骤进行,但并不掌握操作要领或出现错误操作,如:用光滑极限量规检验管座导向管孔时,用力塞入、量规歪斜等;读数时,视线与刻线歪斜;测量外径时,千分尺测量方向与工件被测表面法线方向不一致,用万能角度尺测量锥面角度时,尺身与锥面的轴切面不重合等导致的测量误差。类似这些个人主观因素造成的习惯性的主观误差,属于操作误差。

2. 偶然误差

偶然误差又称随机误差,是测量结果减去在重复条件下对同一被测量进行无限多次测量结果的平均值,是由一些随机的、无法控制的偶然的因素造成的。例如测定试样时,室温、湿度、气压的变化;空气的流动性、振动性发生;仪器性能微小的变化等引起的误差。有时由于个人操作的随意性或感官的差异,如计量器具标示值的读取不一致引起的误差等。

由于偶然误差是由一些不确定的偶然因素造成的,不是固定的,同时又是可变的,有时大,有时小,有时正,有时负,因此偶然误差也称为不定误差。

偶然因素在分析测试过程中是不可避免的，都将使分析结果在一定范围内波动。偶然误差的产生往往难以找到确定的原因，似乎没有规律性。但是，我们在同一测试条件下，进行很多次重复测定，便会发现偶然误差的分布符合一般的统计规律，其规律为：

（1）大小相等的正负误差出现的概率相等，且呈对称性。

（2）小误差出现的概率大，而大误差出现的概率小。

（3）在平均值附近的测量值出现概率最大。

偶然误差的分布遵循正态分布规律，误差的正态分布曲线，见图 7-1。

从整体看，当测定次数较多时，其偶然误差的算术平均值等于零。若先消除了系统误差。测定次数越多，则平均值越接近于真值。因此，在实际工作中，我们采用算术平均值来表示分析结果是合理的。

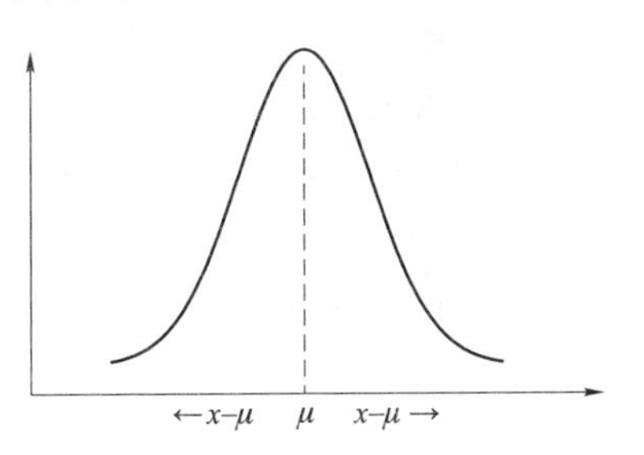

图 7-1　误差的正态分布曲线

3. 过失误差

过失误差是指工作中由于粗心、过度疲劳，不按操作规程操作等原因造成的。如：读错刻度、加错试剂、误操作、疏漏或增加操作步骤、记录或计算错误等。这种误差是不允许发生的，在工作上应属于责任事故。一般过失误差较大时，会出现个别离群的数据，甚至是荒诞的数据，或者根本得不到结果。当查明离群数据的出现是由于过失引起的误差，应该弃去该次测定的数据，但是如果没能查清过失原因则不能随意舍弃，应重新取样仔细分析来判断舍取。当然，由于过失，得不到分析结果时，只有重新取样，吸取教训，谨慎按操作规程操作。有的文献资料称过失误差为粗大误差。

综上所述，根据误差产生的原因和性质，系统误差是可以检定和校正的，偶然误差是可以控制的，而过失误差是完全可以避免的。

二、零部件检验误差产生的原因

1. 在零部件检验的过程中常见的测量误差

（1）产品清洁度、量器具清洁度、工装或工作台清洁度不好。

（2）工件有影响测量的毛刺，工件表面粗糙度不好或有外观缺陷。

（3）工件装夹、量器具使用不正确、操作失误。

（4）量器具失准。

（5）检验方法误差。

在使用三坐标测量管座等大件产品的时候，常遇到孔径不干净所造成的孔径超差及位置度超差。管座框板的检测往往因为三坐标的测尖小，而工件的表面粗糙度不好而给测量结果带来影响；在端塞等小零部件的检验方面，由于小孔内、螺纹内的不干净或毛刺、碎屑等造成通规不过等。所以，零部件送检之前通常都要安排清洗，以保证检验结果的正确。

用光学三坐标测量格架时，从四个支撑点上取放格架时，如不仔细会造成格架的基准面不平，给测量结果带来误差；使用高度仪在标定测针误差较大时测量孔径会带来误差；使用百分表、千分表时，压表是 1/2 圈还是 1/4 圈要视具体情况，多压少压都不合适，也会造成测量误差；测量不符合阿贝原则，如采用大量程千分尺测量长尺寸时，千分尺端不平或千分尺测量圆柱外径时,测量点不在直径上等,都会产生测量误差;检验员的疏忽失误,如看错读数(千分尺或百分表多看一圈或少看一圈),会产生测量误差。

如果量器具出现明显故障,如百分表指针乱跳、千分尺旋筒转动不畅或零位不准等,不使用故障量具并上报相关人员处理,则不会产生测量误差。但在测量端塞配合尺寸时,如果出现杠杆千分尺测量杆端部的测量平面边缘磨损、自加工的辅助测套棱边磨损等,均会给测量带来误差。而这种误差起初是不易被发现的。

在编写零部件检验规程时,对采用何种检验方法(原理、测量设备)等均要充分考虑各种测量设备的原理及特点,确定一个最合适的方法,但任何测量方法都有其局限的一面,都会有误差。通常光学设备,万能工具显微镜、投影仪、二维 CCD 等比较适宜薄型工件,如:格架条带等。如果使用投影仪测量较粗的直径,则会产生测量误差。接触式三坐标测量弧长小的直径,如连接柄翼板上部分圆柱的外径,往往测量值比实际值偏大。

另外,对于三坐标、高度仪等精度高的测量设备,在检测公差很小的量规(管座位置度综合量规)或对三坐标进行校准测量量块时,要注意环境温度和温度梯度的影响,被测件要在三坐标房间内恒温一定时间后方可进行测量,否则会造成测量误差。

2. 富集度检查误差产生的原因

(1) 有源 γ 扫描设备的检测误差

1) 燃料棒的传动速度对富集度测量误差有影响;

2) 在中子源强度变小时,燃料棒内 UO_2 芯块年龄对富集度测量误差会变大;

3) 核电子仪器的稳定性,仪器的预热时间对富集度测量误差有影响。

(2) 无源 γ 扫描设备的检测误差

1) 核电子仪器的稳定性,仪器的预热时间对富集度测量误差有影响;

2) NaI 探测器窗口变化对燃料棒的富集度测量误差有影响;

3) 燃料棒内 UO_2 芯块年龄对富集度测量有一定影响。

第三节　判断检验结果中出现的可疑值

学习目标:通过学习,能了解零部件检验结果可疑值的判断和燃料棒间隙及富集度检查结果可疑值的判断方法。

一、零部件检验结果可疑值的判断

前面曾提到,在手动测量时发现结果异常、可疑,可立即进行复测,如果仍然不能排除,可换同等精度的量具或更高精度的量具进行复测,或由其他检验员复测,以排除测量误差,得到实际值。

对三坐标等自动测量设备测量所得的测量数据及结果,通常自动测量设备具备按技术要求进行评定的功能,在测量数据中给出“合格”、“不合格”的结论,因此,比较方便发现数据超差。超差的数据可视为可疑值,首先要排除测量误差导致的超差。对于三坐标等自动测量设备出现的超差,除了前面所述的一些方法外,通常我们还采用如下方法排除测量误差:

(1) 检查工件的装夹或测量平台要符合要求,不能受力后移动或工作台移动时造成工件移动。

(2) 检查工件、工作台、测量设备的清洁度。

(3) 检查使用的测量程序及测针等应符合要求。

(4) 如果是对称分布的孔部分出现位置公差超差的问题，可旋转一定角度装夹后，重新测量超差项。

(5) 检查使用的标准测量模拟器或标准棒(管)等应符合要求。

当然，具体问题要具体分析，解决问题不是千篇一律的，也不限于上述方法。

超差的数据可视为可疑值，但不超差的数据就一定不是可疑值吗？用一事例说明，在使用三坐标测量管座平面度时，如果测点不够多或仅在被测面的局部测量，其测量值会很小，小到会令人怀疑。按平面度的测量要求，测点应充分的多且在整个被测平面上测量，方可反映出该平面的实际平面度。

总之，测量总会有误差，在零部件检测中，通过对检验规程的控制(编、审、批)，通过对检验过程的控制(人员、方法、量器具等)，尽量将测量误差减小到允许的范围内。需要注意的是那些公差较小且有配合要求的零部件，如燃料棒端塞的配合尺寸，管座导向管孔的直径等，如果测量结果接近极限，也应将其作为可疑值进行复测。

二、燃料棒间隙及富集度检查结果可疑值的判断

当燃料棒间隙检查完毕后，发现间隙或空腔长度检测结果异常，应把该燃料棒再次测量一次，如果结果仍然异常，则用间隙标准棒在设备上测量一次，如果测量正常，则把异常结果的燃料棒再检查一次，如果结果仍然异常，则判定该燃料棒不合格；如果标准棒测量不合格，则要停止设备检查，用标准棒对设备进行标定后，方可进行重新检查。

当富集度检查完成后，有以下几种不合格的情况，一是燃料棒的实测富集度与标称富集度不一致；二是在某一点位置有混料富集度芯块；三是在某一点位置有干扰点；出现这几种情况时，其结果都为不合格。当发现有不合格的燃料棒时，在第一种情况下，首先把该燃料棒在不同的通道测量一次，如果富集度仍然不合格，则用相同富集度的标准棒在设备上进行比对测量，如果两种结果符合，则被测燃料棒合格，否则，燃料棒不合格；如果是第二种和第三种情况，则要把该燃料棒在不同的检测通道连续测量二次，如果二次结果都是在相同的异常点位置，则判定该燃料棒存在有异常芯块，否则，该燃料棒结果合格。

第四节　检验技术指标及检验报告的审核

学习目标：通过学习，能了解燃料棒导向管、中子通量管骨架、燃料组件的检验技术指标和零部件检验报告的核查审核知识。

检验员应依据检验技术指标，对检验结果(测量数据、检验原始记录、检验报告单等)进行核查，以确保检验原始记录、检验报告单的完整性和正确性。前面曾提到对检验结果的复核，实际上零部件的复检对检验结果的正确性起到了重要作用，而此处的正确性和完整性应该偏重于检验记录、报告等的软件质量。

一、核燃料元件检验技术指标

以 17×17 核燃料组件检验技术指标为例。

1. 燃料棒检验技术指标(见表 7-1)

表 7-1 燃料棒检验技术指标

检查项目	检验技术指标
清洁度	棒上无油污、油泥或其它异物(标签除外)
标识	条形码应在包壳管有标记环的一端(燃料棒下端)
焊缝区外观	与批准的氧化色标样进行比对检查,氧化色不超过批准的标样。焊缝区表面无气孔、裂纹、沾污和未熔合,无使管子剩余壁厚小于管壁最小理论厚度的 90%的表凹或咬边。密封焊的熔化区应扩展在整个端面上或是大于已批准的金相截面的熔区标准
包壳管和端塞外观	尖锐碰伤、超过外观标样的凹坑缺陷的燃料棒报废。 燃料棒表面纵向允许有深度小于或等于 0.025 mm 的划伤,所有划痕的总宽度应小于包壳管周长的 10%;环向允许有深度小于或等于 0.025 mm 的划痕,但每条划痕的宽度应小于 4 mm,且在 300 mm 管壁长度上,划痕的总宽度不超过 5 mm。 端塞斜面光滑、无台阶,斜面与柱面倾角无缺陷
长度	燃料棒长度范围:3 861.6～3 868.5 mm
焊缝直径	焊缝直径不超过:9.69 mm
直线度	300 mm 长度内间隙值不超过 0.25 mm;如果棒的弯曲段超过 300 mm,测出弯曲部分的长度 L,这一段的间隙不能超过 $L/800$

2. 导向管、中子通量管检验技术指标(见表 7-2)

表 7-2 导向管、中子通量管检验技术指标

项目	检验技术指标
文件	导向管部件流通卡规定的工序均已完成;流通卡、合格证齐全;贴在导向管部件上的标签清晰可见;导向管部件上的标签与贴在流通卡上的标签对应一致
外观	用白绸布擦拭导向管部件、中子通量管外表面,保持本色为合格;导向管部件、中子通量管内无杂物;导向管部件表面不允许有裂纹、气孔、毛刺、裂缝;划痕、伤痕或凹陷等类型的缺陷在下列范围是可接受的:深 0.05 mm;宽 1.5 mm;长 25 mm;当缺陷出现在轴线垂直面时,允许长度为 3 mm。在端面上允许存在外观标样范围内的缺陷。(本项规定不涉及中子通量管)。棱边上的毛刺在满足下列条件时允许存在:a) 比最小内径小 0.01 mm 的塞规应自由插入管端。b) 比最大外径大 0.01 mm 的量规应自由通过管端
焊缝	焊缝处无气孔、裂缝及未熔合区;端塞焊缝的颜色不能为超过可接收外观标样的深黄色或蓝色
焊缝直径	用最大内径为 ϕ12.67 mm,长度至少为 20 mm,的环规检查能自由通过端塞焊缝处的直径
直线度	$\leqslant$0.4 mm/500 mm,弯曲长度 $L>500$ mm 时,则$\leqslant L/800$ mm
长度	具体数据见相应的图纸。
端塞端面跳动量	$\leqslant$0.1 mm

3. 骨架检验技术指标(见表 7-3)

表 7-3　骨架检验技术指标

检验项目	技术要求
文件	文件填写正确、完整
清洁度	白绸布擦拭骨架表面,保持本色
零部件方位	管座及格架的 Y 标识角处于同一角线上
R_b值	≤0.25 mm
胀接变形	胀接变形区域无裂纹
平面度	胀接平面度≤0.15 mm。若大于此值,套管与上管座的综合平面度≤0.25 mm
胀接特性	B1、G1:每个骨架抽测 4 个
	B2 具体数据见相应的图纸
通量管内径	ϕ11.3 mm,长度 20 mm 的过规应轻松顺利通过中子通量管的整个长度和导向管长度的"L"部分
导向管	ϕ11.3 mm,长度 20 mm 的过规应轻松顺利通过中子通量管的整个长度和导向管长度的"L"部分
导向管缩颈	ϕ10 mm,工作长度至少为 20 mm 的过规应能自由通过导向管缩颈段(产品鉴定进行)
格架外观	格架无损伤,导向翼无变形,外条带无变形,搅混翼无变形
格架位置	50 个骨架抽测 1 个并且每批生产时至少检查一次具体尺寸见图纸
骨架长度	骨架长度见相应的图纸
格架与骨架轴线垂直度	<0.5 mm(骨架产品鉴定)

4. 燃料组件检验技术指标(见表 7-4)

表 7-4　燃料组件检验技术指标

检验项目	技术要求
燃料棒端部与下管座间距	按适用图纸的要求
导向管与下管座间隙	≤0.04 mm(产品鉴定如有必要)
格架外观	格架外条带应无变形;格架上应无金属屑;导向翼和搅混翼不能与燃料棒接触
上、下管座外观	对于可见的缺陷如压痕、撞痕、锉痕、刻痕等,只要不超过下列要求,即认为是合格的:(1) 在所有点上的最大深度为 0.4 mm;(2) 每个管座的缺陷总面积最大为 30 mm^2;(3) 缺陷底部应是清洁的,无异物存在;缺陷不能凸出表面
标准控制棒组件插入力检查	≤67 N
零部件的取向和标识	管座和格架 Y 角对准一致,燃料棒定位方向一致,上下管座标识符合要求
燃料组件表面沾污	≤0.4 Bq/dm^2
导向管内异物	无任何外来异物
文件与实物	应一致
棒间距	按图纸规定测量(必要时)
燃料组件外形尺寸检查	按适用图纸的要求

续表

检验项目	技术要求
燃料组件外观和清洁度检查	无麻线、油、油脂或所有润滑油的痕迹，毛毡、锉屑、非粘固的碎屑、绣迹、氧化痕迹、焊缝附近金属非正常的氧化色及超过法玛通批准的允许缺陷标准的飞溅或划痕
阻力塞组件插入力检查	≤290 N

二、零部件检验报告的核查审核

检验员对检验结果的准确性负责，因此对检验报告单填写的内容的正确性、完整性负责。

对手动检验记录的测量数据、自动测量打印或显示在屏幕上的测量数据等，在测量完成之后要仔细检查核对，对有问题的数据要进行分辨，是明显的笔误，可不进行复检。对有必要进行复检的应进行复检。通常手动检验记录的测量数据、自动测量数据作为原始记录存储在检验部门，然后由检验人员根据测量结果出具“检验报告单”上报测量结果。

原始记录、检验报告的填写要注意：

(1) 原始记录(包括生产记录、流通卡、检测数据原始记录、交接记录等)填写及修改规范，所涉及的产品数量清晰，各工序符合时间顺序。

(2) 报告单上的图号或技术条件号及版本是否与检验规程上的一致，由此可证实报告单的版本是否正确。

(3) 报告单上的产品名称、产品数量、材料炉批号、材料放行单号与制造检验流通卡是否一致。

(4) 按所检验的项目逐项填写，多检的(无处可填)项目或未填的项目均属不正常，应及时报告相关人员。

(5) 在上报之前，检验人员应仔细核查报告单的填写是否正确、完整。

第五节 测量数据的处理

学习目标：通过学习，能了解平均值、标准偏差、相对标准偏差等常用数据处理的概念和方法。

一、平均值

算术平均值用于表明一组测量数据的中心位置，按下面公式计算：

$$\overline{x}=\frac{1}{n}\sum_{i=1}^{n}x_i \tag{7-1}$$

1. 同一样本多次测量值的算术平均值

单独一次的测定难以说明问题，通常都进行多次重复测定，然后取其算术平均值作为测试结果。

一般来说测定次数越多，所得的平均值越可靠，要正确表达平均值的可靠性，必涉及置信区间(或称置信界限)和置信度两个概念。用置信区间表示测试结果是目前应用较多的，即表述成 $\overline{x}\pm\frac{ts}{\sqrt{n}}$ 或 $\overline{x}\pm ts(\overline{x})$，其中，$s$ 为多次重复测量值的标准差，$s(\overline{x})$ 为平均值标准差。

2. 不同样本测量值的算术平均值

要想知道某一工序过程的中心位置，就需要对该工序的特性测量数据进行分析，计算其连续的不同样本测量值的算术平均值。此时，可以通过测量值的算术平均值，及时发现和排除该工序的系统性误差。在燃料棒端塞、管座导向管位置度、燃料组件垂直度等的检测中，就可以运用算术平均值来控制工序过程的中心。

3. 标准偏差

标准偏差用于表明一组测量数据的离散程度，按下面公式计算：

$$s=\sqrt{\frac{1}{n-1}\sum_{i=1}^{n}(x_i-\overline{x})^2} \tag{7-2}$$

实际检测过程中，也可按下面的简化公式计算：

$$s=\frac{1}{n-1}\left[\sum_{i=1}^{n}x_i^2-n\,\overline{x}^2\right] \tag{7-3}$$

一般情况下，核燃料元件零部件的各特性符合正态分布，其发布图为典型的钟形曲线，见图 7-1。其中 U 为分布中心，单样本量足够大时，U 接近样本平均值 $\overline{x}$ 。

正态分布的显著特点是：当标准偏差 s 越小时，表明样本特性越集中，过程越受控，此时，钟形曲线越显得“瘦而高”。当标准偏差 s 越大时，表明样本特性越分散，过程越不受控，此时，钟形曲线越显得“胖而矮”。

标准差是分析工序能力的必要参数。

二、相对标准偏差

单次测定结果的相对标准偏差（也称变异系数）可表示为：

$$相对标准偏差=\frac{s}{\overline{x}}\times 100\% \tag{7-4}$$

不难理解，当测定结果的单次标准偏差相异时，相对标准偏差越大，表明被测特性测量值越分散，反之相对标准偏差越小，表明被测特性测量值越集中。

三、其他数据处理

除了上述几种数据处理方法外，还可以通过中位数、众数等表明一组测量数据的位置特性，用极差表明一组测量数据的差异特性。

第六节　绘制和使用控制图

学习目标：通过学习，能了解控制图的基本原理，$\overline{x}$ 质量控制图，$\overline{x}$ 平均值质量控制图和 R 极差质量控制图的绘制和使用。

一、控制图的基本原理

1. 控制图的基本概念

控制图又叫管理图，一般用于分析和判断工序是否处于控制状态所使用的带有控制界限线的图,统称控制图。

控制图,用于分析和判断在一定的周期内,连续重复同一工序的检验过程是否处于控制状态。受控的过程的应处于相应控制图的控制界限线内。

控制图的控制界限线,需要通过较长时间内连续分析测试同一控制样品(又称管理样品)的某一质量特性,在数理统计的基础上才能绘制,同时需要根据系统因素(如工艺参数)的较大变化而相应调整。

控制图显示了在一定周期内,检验过程随着时间变化的质量波动。为了表示随着时间变化情况,控制图上的点应按时间顺序打上。通过控制图,分析和判断检验过程是由于偶然性原因(不可避免的变异)还是由于系统原因(可避免因素的变异)所造成的质量波动,从而及时提醒人们做出正确的对策,消除系统性原因的影响,保持检验过程处于稳定状态并进行动态控制。

2. 控制图原理

当检验过程处于控制状态时,连续分析测试同一控制样品(或标准物质)的某一质量特性的测试数据平均值分布一般服从正态分布,即是说整个检验过程引起的质量波动,只有偶然原因在起作用。由正态分布的性质可以知道,某一质量特性的质量指标值在$\pm 3\sigma$范围内的概率约为99.7%,而落在$\pm 3\sigma$以外的概率只有0.3%,这是一个小概率,按照小概率事件原理,在一次实践中超出$\pm 3\sigma$范围的小概率事件几乎是不会发生的。若发生了,说明检验过程已出现不稳定,也就是说有系统性原因在起作用。这时,提醒我们必须查找原因,采取纠正措施,有必要使检验过程恢复到受控状态。

利用控制图来判断检验过程是否稳定,实际是一种统计推断方法。不可避免会产生两种错误。第一类错误是将正常判为异常,即过程并没有发生异常,只是偶然性原因的影响,使质量波动过大而超过了界限性,而我们却错误地认为有系统性原因造成异常。从而因“虚报警”,判断分析测试数据异常。第二类错误是将异常判为正常,即过程已存在系统性因素影响,但由于某种原因,质量波动没有超过界限。当然,也不可能采取相应措施加以纠正。同样,由于“漏报警”导致不正常的分析测试数据,当作正常结果对待。不论那类错误,最终都会给生产造成损失。

数理统计学告诉我们,放宽控制界限线范围,可以减少犯第一类错误的机会,却会增加犯第二类错误的可能;反之,缩小控制界限线范围,可以减少第二类错误的机会,却会增加犯第一类错误的可能。显然,如何正确把握控制图界限线范围的确定,使之既经济又合理,应以两类错误的综合损失最小为原则。一般控制图当过程能力大于1时,不考虑第二类错误。3σ方法确定的控制图界限线被认为是最合适的。世界上大多数国家都采用这个方法,称之为“3σ原理”。

二、控制图的绘制和使用

1. $\bar{x}$控制图

(1) 搜集数据

在分析测试系统4M1E(人、机、料、法、环、测)处于稳定状态下,搜集近期连续重复测试同一控制样品,得到的某一质量特性值数据。数据至少20个以上。

(2) 数据处理

计算 $x_1, x_2、x_3, \cdots, x_n$ 的算术平均值 $\overline{x}_i$ 和标准偏差 s_i。

(3) 绘制控制图

纵坐标为质量特性值 x_i，横坐标为分析测试样品的时间。图上绘有三条线，上面一条虚线叫上控制界限线（简称上控制线），用符号 UCL 表示，$UCL = \overline{x} + 3\frac{S}{\sqrt{n}}$；中间一条实线叫中心线，用符号 CL 表示，CL$= \overline{x}$；下面一条虚线叫下控制界限线（简称下控制线），用 LCL 表示，$LCL = \overline{x} - 3\frac{S}{\sqrt{n}}$。

使用时，在分析送检样品的同时，分析测试控制样品，把测得的控制样品质量特性值用点子，按时间顺序一一描在图上。通过控制图上的点子是否超越上、下控制线和点子的排列情况来判断检验工序是否处于正常的控制状态，见图 7-2。

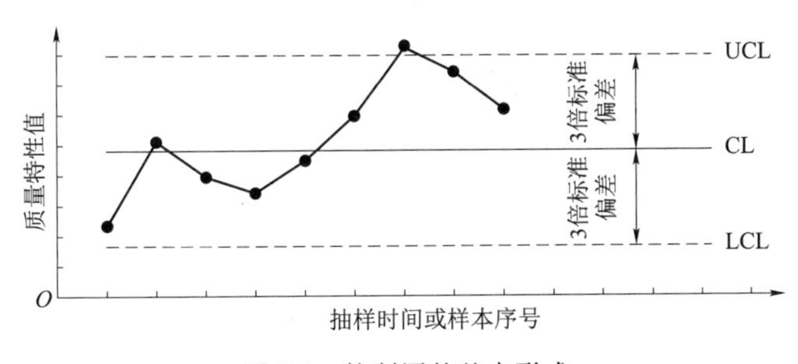

图 7-2　控制图的基本形式

$\overline{\chi}$ 质量控制图是控制图的基本形式，是实验室里最常用的一种控制图。

2. $\overline{x}-R$ 质量控制图

绘图方式基本与 $\overline{x}$ 质量控制图相同，不同处在于搜集数据一般取 100 个（最少 50 个以上），每次（同一时间）分析测试的样本个数用 n 表示，一般 $n=3\sim5$。组数（按时间顺序分组）用 k 表示。例如：每组样本个数 $n=5$，组数 $k=12$，则搜集了 60 个数据。此时纵坐标为质量特性值的平均值 $\overline{x}$（或极差 R），横坐标为分析测试样本的组号（按时间顺序）。

作图步骤如下：

(1) 计算各组平均值 $\overline{x}$ 和极差 R，得到 $\overline{x}_1, \overline{x}_2, \cdots, \overline{x}_5$ 及 $R_1, R_2, \cdots, R_5$。

平均值的有效数字应比原测量值多取一位小数。

(2) 计算 $\overline{\overline{x}}$ 和 $\overline{R}$，$\overline{\overline{x}} = \sum \overline{x}_j / k$，$\overline{R} = \sum R_i / k$

(3) 对 $\overline{x}$ 图：CL$= \overline{x}$，UCL$= \overline{\overline{x}} + A_2\overline{R}$，LCL$= \overline{\overline{x}} - A_2\overline{R}$

式中 A_2 为随每次抽取样本个数 n 而变化的系数。由《控制图系数选用表》（见表 7-5）查得。

表 7-5　控制图系数选用表

系数 \ n	2	3	4	5	6	7	8	9	10
A_2	1.880	1.023	0.729	0.577	0.483	0.419	0.373	0.337	0.308
D_4	3.267	2.575	2.282	2.115	2.004	1.924	1.864	1.816	1.777

续表

系数 \ n	2	3	4	5	6	7	8	9	10
E_2	2.660	1.772	1.457	1.290	1.134	1.109	1.054	1.010	0.975
m_3A_2	1.880	1.187	0.796	0.691	0.549	0.509	0.43	0.41	0.36
D_3	—	—	—	—	—	0.076	0.136	0.184	0.223
d_2	1.128	1.693	2.059	2.326	2.534	2.704	2.847	2.970	3.087

注:表中“—”表示不考虑。

对 R 图:$CL=\overline{R}$ $UCL=D_4\overline{R}$ $LCL=D_3\overline{R}$

式中 D_4、D_3 为随每次抽取样本个数 n 而变化的系数。同样由表查得。

一般把 $\overline{x}$ 质量控制图与 R 质量控制图上、下对应画在一起,称为 $\overline{x}-R$ 控制图。前者观察工序平均值的变化;后者观察数据的分散程度变化。两图同时使用(合称 $\overline{x}-R$ 质量控制图),可以综合了解质量特性数据的分布形态。

以某氯碱厂烧碱蒸发浓度为例,烧碱蒸发浓度数据记录见表 7-6。

表 7-6　烧碱蒸发浓度数据记录表

组号	时间	测定值						$\overline{x}$	R
		x_1	x_2	x_3	x_4	x_5			
1		420	419	415	418	418		418.0	5
2		419	424	423	420	421		421.4	5
3		420	420	419	418	420		419.4	2
4		421	421	420	419	417		419.6	4
5		420	423	422	420	419		420.8	4
6		420	420	420	419	421		420.0	2
7		423	423	419	421	418		420.8	5
8		418	417	419	415	423		418.4	8
9		423	420	418	420	421		420.4	5
10		416	418	420	419	417		418.0	4
11		417	418	416	420	423		418.8	7
12		421	420	418	413	421		418.6	8
							Σ	5 034.2	59

烧碱蒸发浓度控制图见图 7-3、图 7-4。

对 $\overline{x}$ 图:$CL=\overline{\overline{x}}=419.52$

$$UCL=\overline{\overline{x}}+A_2\cdot\overline{R}=419.52+0.577\times4.9=422.35$$

$$LCL=\overline{\overline{x}}-A_2\cdot\overline{R}=419.52-0.577\times4.9=416.69$$

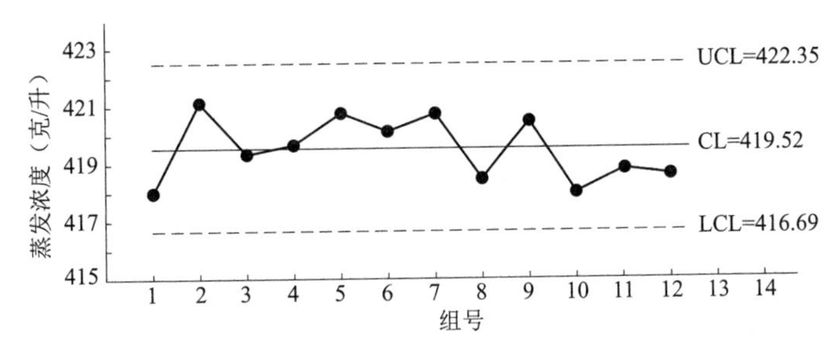

图 7-3　烧碱蒸发浓度 $\overline{x}$ 平均值控制图

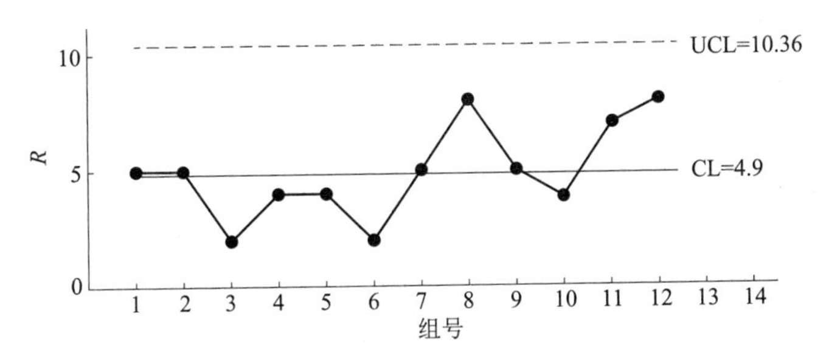

图 7-4　烧碱蒸发浓度 $\overline{R}$ 极差控制图

对 R 图：$CL=\overline{R}=4.9$

$UCL=D_4\overline{R}=2.115\times4.9=10.36$

$CLC=D_3\overline{R}$，查表 D_3 无值，不考虑。

第三部分　核燃料元件性能测试工技师技能

第八章　检验准备

学习目标：通过本章的学习，应了解和掌握核燃料组件在组装过程中的检验要求及方法。

第一节　核燃料组件总装检验要求

学习目标：通过学习，能了解 VVER-1000 型燃料组件、900 MW 燃料组件总装检验要求。

一、VVER-1000 型燃料组件总装检验

1. 燃料组件的结构

燃料组件的结构是在骨架的基础上，拉入燃料棒并装上上管座构成，相对骨架而言，增加了燃料棒部件。以 VVER-1000 型为例，其燃料组件的结构如图 8-1。

2. 总装检验

总装定义：按工艺规程将合格的零件和部件装配成最终产品的工艺过程称为总装。

总装检验依据：产品标准、装配工艺规程和产品图样以及检验规程。

总装检验方法：巡回检查。监督工人遵守装配工艺规程，监督检查每个装配工位，检查有无错装和漏装现象。

3. 总装检验一般要求和内容

(1) 装配场地

1) 装配场地必须整齐、清洁，不允许存放任何与装配无关的物品。

2) 光线要充足，通道要畅通。

(2) 零件、部件的检验

1) 零件、部件，必须符合产品图样、标准、工艺文件的要求，有放行单，不准装入产品图样规定以外任何多余物件。

2) 定位机构应保证准确、可靠。

3）力矩扳手应符合规定的要求。

二、300 MW燃料组件总装检验

1. 拉棒过程检验

所谓拉棒是指采用专用装置将燃料棒按规定顺序拉入骨架中，棒的数量取决于定位格架的栅元，可以整排拉入也可以一排分几次拉入。其检查有以下几项：

（1）拉棒前应检查元件盒与骨架的对中性，检查零部件、文件。

（2）每次拉棒后都应检查燃料棒的位置是否正确（保证燃料棒下端与下管座的间距为10 mm）。

（3）检查燃料棒表面的划伤深度不超过0.03 mm（目视法，必要时可用3～5倍放大镜），当棒表面划伤深度超过0.03 mm时，应停止拉棒，待查明原因后，要求工艺人员更换燃料棒，并更换相应的燃料棒流通卡。

（4）监视拉棒速度是否均匀。

（5）检查格架是否被损伤。

（6）用棒间距检查规，在相互垂直的两个方向上，逐排检查棒与棒间距，及棒与导向管的间距。

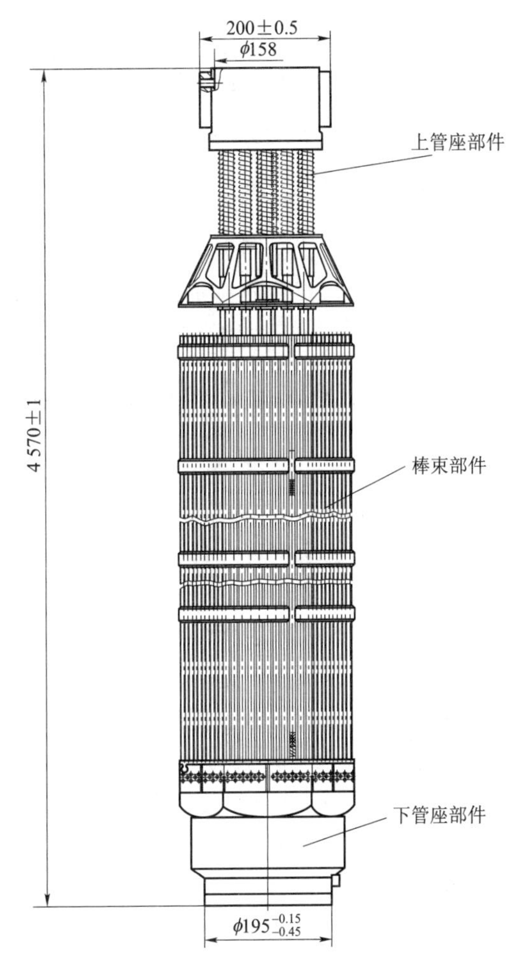

图8-1　VVER-1000型燃料组件结构

（7）检查燃料棒与格架的接触状态，用手逐支晃动燃料棒的两端，手感无松动时即为合格。当发现松动时，凭手感检查燃料棒与合格位置接触状态的差异，必要时应测燃料棒的直径及轴向拉力，最后确定是否需要更新燃料棒。

2. 上、下管座装配后的检验

（1）观察导向管连接螺栓与下管座的贴合情况，发现间隙时，应请工艺人员重新调整。

（2）检查锁紧螺母是否拧紧。

（3）观察下端锁紧螺母是否夹扁，毛刺是否去除干净。

（4）检查棒与下管座的间距（10 mm塞规）

（5）上下管座端面与两个装配基准面的垂直度主要靠上、下管座固定支架定位精度保证，因此在管座装配后，应对上下管座固定支架基准面的垂直度进行检查。必要时，可拆去固定支架，用直角尺与塞规检查两个方向的垂直度，当垂直度均小于0.1 mm时为合格。

（6）观察20支导向管与1支通量管伸出或凹入上管座的下格板平面的大小，必要时，可用深度尺测量该尺寸，凹入值小于0.05 mm为合格，伸出值应小于0.1 mm为合格，不符合要求时，应请工艺人员重新调整或修整。

3. 管板焊接的质量检验

(1) 按标样检查焊缝氧化色及焊缝成形质量。

(2) 用 ϕ11.7 mm 检验芯轴逐支插入管内,检查焊后管口内径,顺利通过,无卡住和拉毛现象为合格。当管口小于 11.7 mm 时,应请工艺人员进行修整,清洗干净后,重复以上测量检查,并检查其清洁度,无切屑留在管内。

(3) 拆去上管座固定支架后,用深度尺测量压紧弹簧压紧杆伸出上管座上平面的高度。

(4) 组件脱膜后的检查:对照标样检查燃料棒表面脱膜是否符合要求,用专用探测棒检查每支导向管内的残留液是否抽净。

三、900 MW 燃料组件总装检验

1. 拉棒过程中的检验

(1) 零部件、文件检查。

(2) 拉棒前应检查元件盒与骨架的对中性、燃料棒的标识和方向。

(3) 每次拉棒后都应检查燃料棒的位置是否正确。

(4) 检查燃料棒表面的划伤深度不超过 0.03 mm。

(5) 监视拉棒速度是否均匀。

(6) 检查格架是否被损伤。

2. 上下管座装配后检验

(1) 轴肩螺钉和套筒螺钉的紧固。

(2) 检查导向管端部与上管座连接板的接触情况。

(3) 套筒螺钉的胀形检查。

(4) 轴肩螺钉的胀形检查。

(5) 中子通量管内径检查。

(6) 检查燃料棒的夹持检查。

(7) 清洁度检验。

3. 燃料组件成品检验

对完成全部生产过程的产品所进行的全面检验,称为成品检验。成品检验依据:标准、产品图样、工艺规程和检验规程。成品检验要求是:

1) 有恒温恒湿要求的产品,必须在规定的恒温恒湿条件下进行检验,检验所用的量具检具也应在此环境下定温 2 h 以上。

2) 对没有特殊要求的产品,也要注意检验场地温度变化的影响,避免阳光直射、气流、忽冷、忽热对检验结果的影响。

3) 检验前,应将产品安装固定好,将产品调至水平位置。调整各部位处于正常位置。

4) 检验时,不应拆卸零、部件,应对产品整体进行检验。

5) 在检验的全过程中,不准任意调整凡是能影响产品性能、精度的零、部件和机构。检验后,应将产品封存保管好。

4. 900 MW 燃料组件的成品检查

现以 900 MW 燃料组件为例,介绍成品的检验项目及检验内容和方法。

（1）零部件、文件检查。

（2）外观、清洁度检查。

1）格架外观、清洁度检查。

2）管座外观、清洁度检查。

3）燃料棒外、清洁度观检查。

（3）最终尺寸检查

1）燃料棒与上管座之间间距，燃料棒与下管座之间的间距检查。

2）零件和标识的方位检查。

3）燃料棒与燃料棒、燃料棒与导向管的间距检查。

4）组件外形、上格架相对于上管座的扭转、最终垂直度、组件长度、长度差检查。见组件检查仪测量。

5）导向管内部的检查。

6）相关组件的抽插力。用抽插力测量装置检查。

7）沾污检查

各类型燃料组件检查的详细步骤参阅其相应的检验规程。

8）检测燃料棒内的富集度分布状态

第二节　数理统计控制图的应用

学习目标：通过学习，能了解控制图的确认和使用，控制图出现失控的原因分析方法。

一、控制图的确认

在使用前，首先应把绘图时搜集到的各组样本的平均值 $\overline{x}_i$ 和极差 R_i 值，分别在已画好的控制图上打点，一般在 $\overline{x}$ 图上用“·”表示，在 R 图上用“×”表示，并顺序连接各点，以确认生产（或检验）过程是否处于稳定状态。当发现点子超出控制线或控制线内的点子排列异常，应找出原因并加以消除，并剔除该点数据，重新按新的组数进行上述计算、重新绘制、打点和鉴别。当确认过程处于控制状态时，就可以把重新绘制的控制图用于对工序质量的控制。

由此也可说明，当测量条件（4M1E）因素必须改变时，切记必须及时调整控制界限线，使之适用于新的工序条件下对过程的是否受控进行分析和判断。

二、控制图的使用

在使用控制图时，按顺序，每搜集一组数就计算出 $\overline{x}$ 值与 R 值，（对 x 质量控制图则每搜集一个数据，不需计算），用点子描入相应的 $\overline{x}$ 控制图和 R 控制图中，并把打上去的点子按顺序直接连起来，对越出控制线的点，用圆圈将点子圈起来，如发现点子排列异常用大圈把异常部分圈起来。

具体使用控制图时，应遵循下列判断准则。

观察分析控制图上的点子，当同时满足下述条件时，可以认为检验过程处于统计的控制状态：

(1) 连续 25 个点中没有 1 个点在控制界限线外；或连续 35 个点中最多 1 个点在控制界限线外；或连续 100 个点中最多 2 个点在控制界限线外。

(2) 控制界限线内的点子排列无下述异常现象(见图 8-2)。

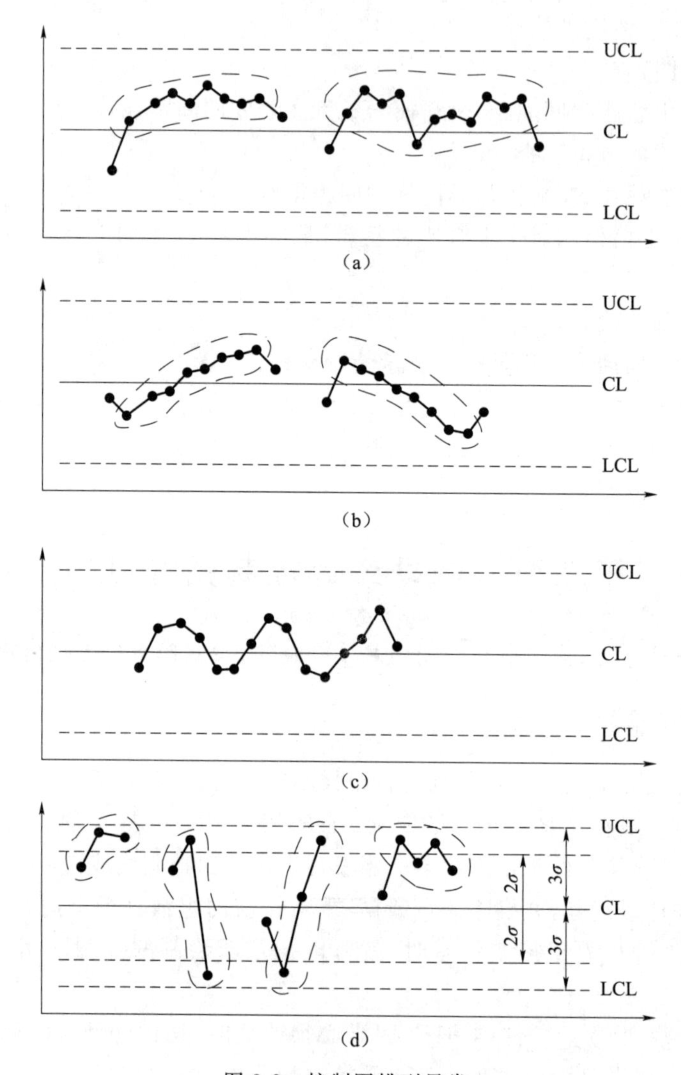

图 8-2　控制图排列异常

(a) 呈“链状”控制图；(b) 呈“趋势”控制图；(c) 有“周期性”变动控制图；(d) 点子靠近控制界限线的控制图

(a) 链状：连续 7 个点或更多点在中心线一侧；

连续 11 个点中至少有 10 个点在中心线一侧；

连续 14 个点中至少有 12 个点在中心线一侧；

连续 17 个点中至少有 14 个点在中心线一侧；

连续 20 个点中至少有 16 个点在中心线一侧；

(b) 趋势：连续 7 个点或更多的点具有上升或下降趋势；

(c) 呈周期变化：点的排列随时间的推移而呈周期性；

(d) 点子靠近控制界限线：连接 3 个点中有 2 个点或连续 7 个点中至少有 3 个点落在 2S 与 3S 区域内。

很明显，当点子落在控制界限线外或控制界限线上，或控制界限线内的点子排列有异常，都应视为检验过程出现异常。如何处理则应具体问题具体分析。

三、质量控制图出现失控的原因分析

按照数理统计中“小概率事件”的原理，超出 $\pm 3\sigma$ 范围的小概率事件几乎不会发生，若发生了，则说明测量过程已出现不稳定。也就是说测量过程中有系统性原因在起作用。控制图的使用无疑起了“预警”作用。

下面结合实践中经常遇到的事例进行讨论。

例 8-1：当我们分析测试控制样品中的硅含量时，点子落在控制界限线外或控制界限线上，显然，表明此时检验过程中出现了异常，但是是否能判断过程失控，则有待于对一段时间内连续重复测试该样品，通过观察按时间顺序描绘的点子分布，才能确认。如果前后连续 35 个点中，仅此 1 个点落在控制界限线外或控制界限线上，且无其他异常现象，根据判断准则不足以判断为过程失控。原因是很可能分析测试该样品当天，样品受到了沾污，或处理样品时，操作不当引起丢失。显然，由此我们不能得出一段时间以来检验过程处于不稳定状态的结论。这里所说的控制是分析和判断工序的质量动态控制，是连续运行过程中的动态控制，不是对某时刻瞬间的静态控制。

例 8-2：当我们使用的控制样品，保管不当，长期暴露在空气中，或在进行仪器分析时，主要分析设备关键电子元件逐渐老化，则在分析测试控制样品时，据此绘制的控制图，很可能出现，多个点在中心线一侧或点子排列趋势呈上升或下降趋势的异常现象。也许所有点子仍落在控制界限线内，但已表明检验过程有可能失控，处于不稳定状态，必须引起足够重视。

对于控制样品保管不当出现的异常，足以说明该控制样品已失去控制样品的特性(如均匀性、稳定性)，不能再用于绘制控制图的使用。对于电子元件老化问题，一般短时间内是很难察觉的，控制图则比较容易暴露类似“渐变”性的系统原因引起的过程失控。此时，必须及时进行仪器维修，更换电子元件。

由上述例子可以说明质量控制图主要用来分析和判断某一周期内同一工序的检验过程是否受控，这种控制指的是连续运行状态的动态控制。基于质量控制图，是依据分析测试条件处于稳定状态下，收集一段时间内连续重复测试同一控制样品得到的一系列数据，通过数理统计确认的控制界限线。显然，在应用控制图时，同样应通过测试相同控制样品获得的测量值按时间顺序描点，再根据判断准则正确判断。

此外，判断时，还应正确理解掌握判断准则，不能仅凭控制图上点子是否落在控制界限线上或内、外来认定工序是否失控，还应根据点子连线的形状、趋势，进行具体分析。

同时，使用的控制样品(又称管理样品)是类似于标准物质的样品，具有一定的质量特性值，且认为样品特性是均匀的。为了保证绘制的控制图正确有效，且在应用控制图时，不会因控制样品原因，引起判断失误。必须对控制样品的制备、保管、存放予以足够重视。

第三节 测试设备及测量软件的应用

学习目标:通过学习,能了解测量软件基础知识,开发的测量软件的基本结构及应用,测试设备及测量软件的应用。

一、测量软件基础知识

大型测量设备如:三坐标、轮廓仪、投影仪、组件检查仪、燃料棒芯块丰度测量设备等,通常带有计算机系统,也就配有必需的计算机软件。就与测量相关的计算机软件而言,可以大致分为两类,系统配置的测量软件和操作者开发的测量软件。

大型通用测量设备配置了大量的测量软件、子程序,例如三坐标测量机,配置了几乎所有长度测量的软件,点、线、面、圆……利用配置的测量软件或子程序,几乎可以测量所有的尺寸公差和形位公差。在系统软件的平台上,将配置的测量软件或子程序组合编制成适用于不同要求的测量软件,即为开发的测量软件。在三坐标测量机的应用方面,需要开发大量的测量软件,并实现自动测量。

大型专用测量设备,其测量对象基本固定,测量项目及要求基本不变,只需根据测量项目的要求配置专用的测量软件即可,通常不需开发或不能开发用于其他项目检测的测量软件。

核燃料元件零部件检验中,三坐标测量机测量软件的应用难度较大,操作者必须具备扎实的长度测量的基础知识、形位公差测量的基础知识、计算机及编程的基础知识及相关的编程语言相关知识等。通常调用测量程序(配置的或开发的)操作这些大型自动测量设备相对容易,要能够开发测量软件,尤其是能够将配置的测量软件及测量设备的各项功能用到极致,却是不易的。

应用测量软件应注意以下一些问题。

(1) 所有的计算机测量软件(配置的及开发的)均应建立测量程序清单进行控制。

(2) 开发的测量软件要经过编、审、批,进行确认后才能用于测量。

(3) 编制测量软件时要建立测量工艺卡,确定测量程序的调用路径。

(4) 使用测量程序时要按照测量工艺卡上的规定装夹工件、组合测头系统、建立初始位置、调用测量程序、输出或存储测量结果。

(5) 不能随意修改、变更已经过确认的测量软件。

二、开发的测量软件的基本结构及应用

1. 程序名

程序名一般表明应用范围代号、被测对象、工序号等,要求简短准确,可制定相关测量程序管理规定来要求测量程序名的编制规则。

2. 测量工艺卡

测量工艺卡表明测量程序的存储路径、测量参数(如测尖编号、传感器编号、标准物编号、测量基准的建立方法、测量路径或测量步骤等)

3. 计算机测量程序

计算机测量程序是测量软件的主体，测量软件的测量、数据处理、测量结果自动判断（如果具备）、生成测量报告等功能都是由计算机测量程序实现的。计算机测量程序的标准人员应具备互换性测量技术、英语、计算机语言的基础知识，同时应具备较强的逻辑思维能力。

4. 测量报告

测量报告是测量软件产生的结果，包括工件名称、检测日期、检验员、测量项目的技术指标、测量实测数据、测量结果等信息。

5. 测量报告的存储文件夹

测量软件还包括在指定路径下，分工程号、工序号，建立的相应文件夹。

在编审批过程中，有检验的、具备相应资质的技术人员或工程师必须对测量软件的上述各部分进行严谨认真的审核、以避免测量软件的漏洞带来的隐含的难于发现的系统性误差。

三、测试设备及测量软件的应用

1. 测试设备的应用

测试设备一般具备手动操作及自动运行两种操作模式。

手动操作模式是检验员必须掌握的基本技能，是学会编制测量软件的先决条件。测试设备的操作步骤及注意事项如下：

（1）开机前准备工作

按设备操作说明规定方法，擦拭运动导轨面。

确认无障碍物阻挡各运动部件。

所需压空、电源等条件符合要求。

（2）开机

开气源、电源。

设备回零点。

（3）标定设备

使用标准（如三坐标检定有效的标准球、定位格架G因子测量机的标准格架、芯块间隙检测设备的编制棒等）对测试设备进行标定。

（4）手动测量工件

手动测量工件时应注意符合测量的基本原则，如阿贝原则。

2. 测量软件的应用

技师对测量软件的操作，包括应用已有的测量软件，同时还包括根据新测量任务编制新的测量软件。这里主要介绍编制测量软件。

我们以三坐标测量机测量燃料组件上管座导向管孔位置度说明编制测量软件的方法。

图8-3是燃料组件上管座导向管孔位置度示意图。这里用三坐标测量机测量24个导向管孔相对于基准T和基准S的位置度 | ⌖ | ∅0.35 | T | S |。

现在我们来分析如何用三坐标测量机测量这个要素。

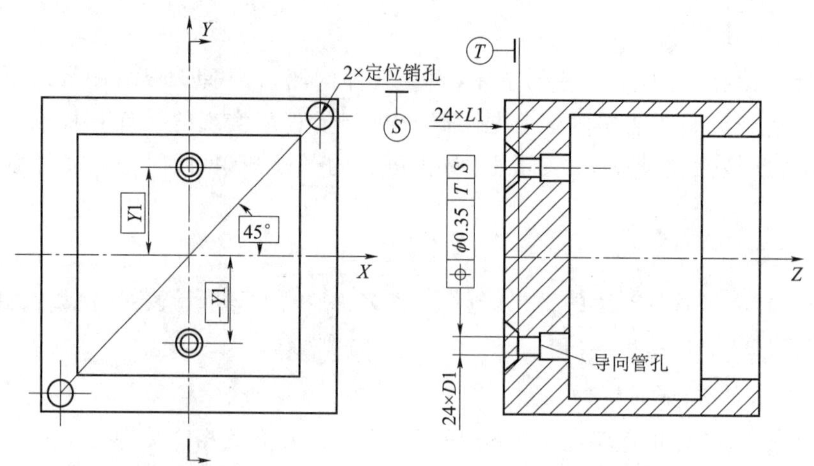

相对于基准S的被测位置要素的实际误差由2个定位销钉孔连线旋转45°后形成。

图 8-3　燃料组件上管座导向管孔位置度示意图

对于位置度 ⊕|∅0.35|T|S 的测量，首先应正确体现测量基准 T 和基准 S。基准 T 是该位置要素的第一基准，用于测量时建立第一基准坐标轴 Z，S 是该位置要素的第二基准，用于测量时建立第二坐标轴 X 和第三坐标轴 Y。分析图 8-3 后可知，T 基准是由 24 个导向管孔与锥形孔之间的 24 个台间面所形成的共面构成，即坐标轴 Z 由这个共面的法线方向形成。对于 S 基准，图中说明“相对于基准 S 的被测位置要素的实际误差由 2 个定位销钉孔连线旋转 45°后形成”，意思是坐标轴 X 和坐标轴 Y 由 2 个定位销钉孔连线旋转 45°后形成，坐标轴 X 和坐标轴 Y 的坐标原点由 2 个定位销钉孔的中心形成。

现在我们根据被测要素和基准要素来选择测针。进一步分析图 83，由于形成基准 T 的 24 个台阶面的圆环面宽度不超过 1 mm，所以测量基准 T 的测针直径不应超过 1 mm，可选择直径 0.5 mm 的测针，测针的可用测杆长度应大于锥孔的轴向长度。对于基准 S(2 个定位销钉孔)和被测导向管孔的直径都在 10 mm 以上，它们的测针可选择较大直径(如直径 4 mm)，测针的可用测杆长度应不小于被测孔的轴长。

现在我们根据被测要素和基准要素来选择三坐标测量机。由上述分析可知，测量时需要不同直径的测针，进一步分析图 8-3 可知，测量被测量导向管孔和测量基准 S 时，测针方向必须在互成 180°的两个方向才能完成，所以测量上管座时的三坐标测量机应能配置星形测针(同一个测针适配器上可连接最多 5 个方向的不同直径的测针)或具备自动更换测针和自动转变测针方向的功能。

现在我们根据被测要素和基准要素来选择测量夹具。由于需要从两个不同方向进行测量，所以夹具应方便测针从两个不同方向实现测量，测针可从左边测量 T 基准和导向管孔，从右边测量定位销钉孔。

接下来进行测量程序的编制。三坐标测量机的测量程序的编制步骤为：建立工件的粗基准(临时坐标系，由手动测量夹具或工件完成，第一次建立粗基准后，可在程序中自动保存该粗基准，在以后的测量中，如果夹具位置不移动，可在程序中调用以前的粗基准而不需要重新手动建立粗基准，减轻劳动强度)；自动测量和建立工件的精基准(先测量和建立第一基准，再测量建立第二和第三基准)；依次测量被测量要素，输出实际测量值或实际误差。当然，对于测量项次特别多的零件，如上数千项次，复核测量数据的工作量就很烦，也容易出错，所以在编制测量程序时，可编制检测报告程序，能实现自动判断、贮存、输出检验结果，得到如“共测量××项××次，其中合格××次，超差××次，处于极限状态的××次。”

总结上述测量过程，可见使用三坐标测量机编程的步骤为：

（1）分析图纸，明确基准元素和被测元素，确定测量基准和测量步骤；

（2）根据被测工件的特征选择合适的夹具装夹找正工件，保证工件定位可靠；

（3）根据图纸和测量任务书（操作卡、检验规程，用户口头要求）确定测量基准和测量工艺（测针、测量路径等）；

（4）手动或编程建立测量基准，建立工件坐标系；

（5）手动或编程测量被测要素；

（6）编写输出报告的程序。

其他测量设备的测量软件的应用，教学中可结合其使用说明书，以实践培训为主。

第四节　标准物质的使用

学习目标：通过学习，能了解零部件检测标准物质分类，燃料棒 UO_2 芯块间隙、空腔长度和富集度测量标准棒的相关知识。

一、零部件检测标准物质分类

零部件检测所用标准物质包括通用标准物质，如长度标准物质（量块）、力学标准物质（砝码）。

同时还有专用标准物质，如丰度检测的标准棒、燃料棒 UO_2 芯块间隙和空腔长度标准棒等。下面主要介绍专用标准物质。

二、燃料棒 UO_2 芯块间隙和空腔长度标准棒

1. 间隙标准棒

间隙标准棒是根据间隙检测技术要求，在燃料棒内的芯块之间装入的不同宽度的标准间隙片和空腔长度段组装而成的燃料棒叫间隙标准棒。

2. 间隙标准棒重要性

任何一种测量都是与之相适应的标准进行比较后来获得结果，因此燃料棒间隙测量必须要制作与之相适应的标准物质。间隙标准棒主要用于检测设备的标定和校验，同时确定检测设备的判废限、控制限和监督限，被测燃料棒测量结果必须与标准棒进行比较来作出判定结果。燃料棒芯块间隙标准棒是间隙检查必不可少的标准物质，也是燃料元件生产质量的评判标准。

3. 间隙标准棒的制作要求

间隙标准棒就是在燃料棒中按检测技术要求人为地在芯块之间装入不同大小的标准间隙片和空腔段所制成的燃料棒叫做间隙标准棒。标准间隙片和空腔段是由有机玻璃加工而成，由于有机玻璃具有对 γ 射线的吸收小，且易于加工等特点，因而常被采用。其标准间隙

片和空腔段用精密车床精心加工而成,间隙片的宽度和空腔段的长度根据技术要求的尺寸进行加工,加工的间隙片厚薄均匀,表面光洁,以及其端面垂直度好,直径与 UO_2 芯块的直径完全一致。图 8-4 为间隙标准棒设计图。

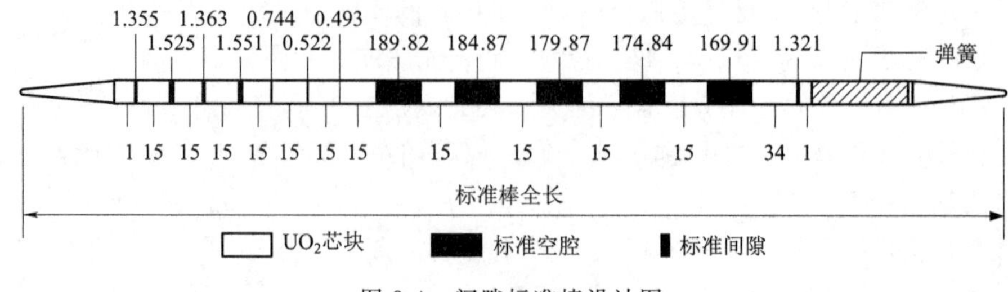

图 8-4　间隙标准棒设计图

4. 标准间隙片和空腔段的计量定值

标准间隙片和空腔段加工完成以后,经表面清洁,分装后编注对应编号,再送计量部门进行计量定值。计量部门的测量精度优于±0.001 mm。其定值数据就可以作为间隙标准棒标准值。

5. 间隙标准棒的装配

间隙标准棒装配时必须按照设计图的要求进行装配,装配过程和要求完全按照燃料棒的装配工艺进行,制作完成后必须标识出间隙标准棒的编号,编号由电刻笔标注在标准棒端部明显位置。

三、富集度测量标准棒

1. 均匀富集度标准棒

均匀富集度标准棒的设计与制作要达到以下要求:标准棒中的 UO_2 芯块的化学成分、密度、几何尺寸等应与燃料棒的 UO_2 芯块技术要求一致;标准棒的制造工艺应符合燃料棒的制造工艺要求;均匀富集度标准棒的富集度种类应不少于三种;应对装入标准棒内不同炉批号的 UO_2 芯块进行质谱取样分析;所有标准棒需由计量部门检定认可。

均匀富集度标准棒是用来标定检测设备 γ 计数的平均值,通过均匀富集度标准棒标定好设备后,就可以测得被测燃料棒的平均富集度。一般均匀富集度标准棒的富集度种类要求有 3 种以上。在均匀富集度的设计时,可以不考虑安装偏差芯块,均匀富集度标准棒设计图见图 8-5。

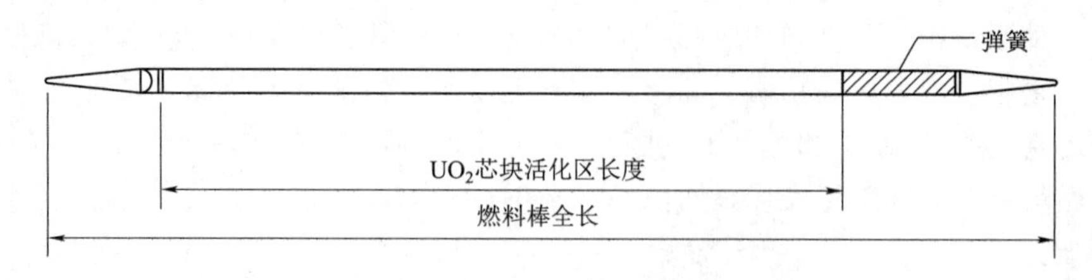

图 8-5　均匀富集度标准棒设计图

2. 混料富集度标准棒

混料富集度的设计与制作要达到以下要求:标准棒中的 UO_2 芯块的化学成分、密度、几何尺寸等应与燃料棒的 UO_2 芯块技术要求一致；标准棒的制造工艺应符合燃料棒的制造工艺要求；混料富集度标准棒内装入的混料 UO_2 芯块的富集度种类应不少于三种；应对装入标准棒内不同炉批号的 UO_2 芯块以及偏差芯块进行质谱取样分析；所有标准棒需由计量部门检定认可。

混料富集度标准棒是用来确定设备对被测燃料棒对偏差芯块的判废限，以及确定设备的监督限和控制限。在设计富集度标准棒时，要求装入标准棒内的偏差芯块的富集度偏差值尽量和技术条件相近。例如，在富集度技术条件中要求检测出±15.6%富集度偏差的单个异常芯块，因此，选择的偏差芯块和基体芯块的富集度偏差尽量接近。一根标准棒内一般至少装有 3 种偏差富集度。在选择偏差芯块的同时就要在同批芯块中取一个样，在安装这些芯块之前必须把这些样品送理化检验单位进行质谱分析，其质谱分析结果作为最终定值结果，在标定数据处理时作标准数据用途，图 8-6 为混料富集度标准棒的设计图。

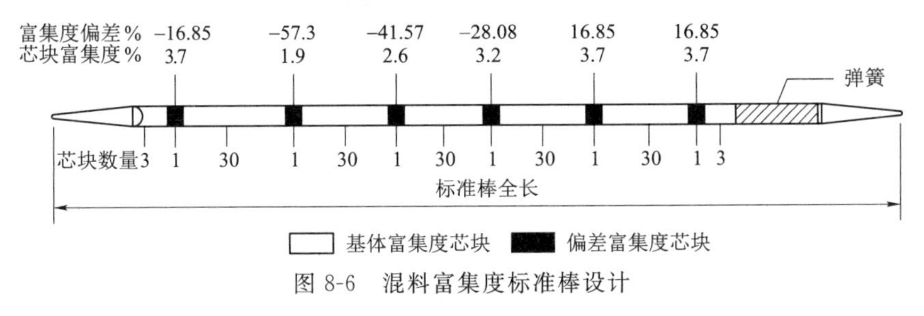

图 8-6　混料富集度标准棒设计

第五节　测试设备的校准

学习目标：通过棒夹持力测量装置校准的学习，能了解测试设备的校准条件和方法。

以燃料棒夹持力测量装置的校准为例来介绍测试设备的校准知识。

棒夹持力测量装置是用于测量定位格架燃料棒栅元对燃料棒的棒夹持力（简称棒夹持力）的设备，它包括压力传感器、测量仪表、夹具、自动运动机构（对于全自动测量设备）、标定装置等部分，属于专用测量设备。

棒夹持力测量装置是一种燃料元件零部件的专用压力测量设备，根据燃料棒夹持力的特点，参考国家压力传感器的校准规范，制定了如下校准方法：

（1）室内条件

温度：20 ℃±10 ℃

相对湿度：≤90%

（2）加载条件

加载装置应能对不同工作面尺寸（模拟燃料棒直径）的传感器实现定位，能实现负荷施加在传感器上的压力应变区域的中心区域，并且负荷方向与传感器工作面垂直。

（3）放置时间

校准前，测力装置应在第（1）条中要求的条件下放置不少于 8 h。

（4）预热

校准前，测力装置应开机预热不少于 30 min。

(5) 技术要求和校准方法

直线度 L ：±1%FS

滞　后 H ：±1%FS

重复性 R ：±1%FS

(6) 校准标准

经计量检定的重量砝码

(7) 校准方法

1) 检查条件是否满足第(1)、(2)、(3)、(4)条款中要求的条件。

2) 用圆头千分尺测量传感器工件面尺寸，应符合技术要求。

3) 施加预负荷 3 次，每次加载至额定负荷后退到零负荷。

4) 空载 1 min，将示值显示窗口清零。

5) 以基本相同的递增量施加递增负荷(进程)，直到额定负荷。级数不得少于 5 级(不包括零负荷)，在每一级加载后，保持 30 s 后再读取示值。

6) 以基本相同的递减量施加递减负荷(回程)，直到零负荷。级数不得少于 5 级(不包括额定负荷)，在每一级加载后，保持 30 s 后再读取示值。

7) 连续进行步骤(d)～(f) 3 次，并记录数据。

8) 根据所得数据按下列公式计算相应的结果，并记录数据。图 8-7 为各技术参数示意图。

$$\text{直线度} = \frac{\Delta\theta_L}{\theta_n} \times 100(\%FS)$$

式中：$\Delta\theta_L$ ——进程平均校准曲线与平均端点直线偏差的最大值；

θ_n ——测量装置的额定输出。

$$\text{滞后} H = \frac{\Delta\theta_H}{\theta_n} \times 100(\%FS)$$

式中：$\Delta\theta_H$ ——回程平均校准曲线与进程平均校准曲线偏差的最大值。

$$\text{重复性} R = \frac{\Delta\theta_R}{\theta_n} \times 100(\%FS)$$

式中：$\Delta\theta_R$ ——进程重复校准时，各负荷点输出极差的最大值。

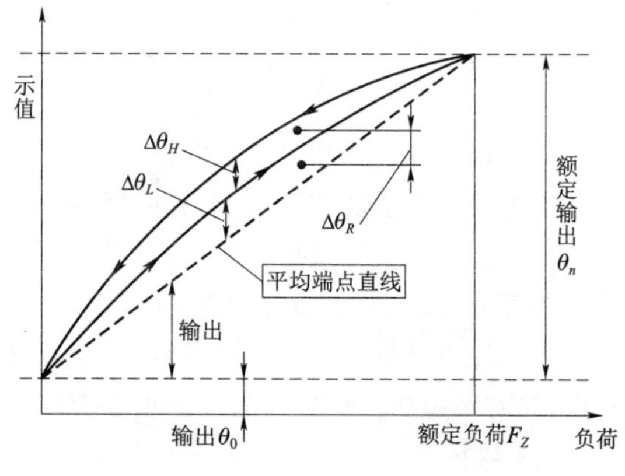

图 8-7　技术参数示意图

(8) 符合性评定

当直线度 L 、滞后 H 、重复性 R 满足第(5)条中的要求时，可以认为标定符合要求。

(9) 测量系统的验证

燃料棒夹持力测量系统所涉控制硬件，测量程序、传感器、夹具等部分，这几部分构成的系统是否满足燃料棒夹持力的测量要求，需要通过不确定度试验来验证，验证其测量报告的正确性，验证测量数据的准确性，验证夹具的实用性，验证系统的稳定性等，提交试验报告，获得审核批准后，方可用于正式测量。

第六节　原始记录、检验报告单的设计

学习目标：通过学习，能掌握原始记录格式要求，了解首件检验记录的设计要求。

一、设计原始记录

1. 原始记录格式要求

检验的原始记录包括首件检验记录、巡检记录等。原始记录必须具备以下信息：

(1) 工程号。

(2) 产品名称。

(3) 产品的检验批号。

(4) 取样时间。

(5) 工序号。

(6) 操作者签字及日期。

(7) 检验项目及技术指标。

(8) 检验数据。

(9) 检验结论。

(10) 检验员签字及日期。

2. 首件检验记录的设计

以首件检验记录的设计为例，说明原始记录的设计。

<table>
<tr><td colspan="2" rowspan="2">CJNF</td><td rowspan="3">××(产品名称)
首件检验记录</td><td>编号</td><td></td></tr>
<tr><td>版本</td><td></td></tr>
<tr><td>密级</td><td>无</td><td>页数</td><td></td></tr>
<tr><td>工序号</td><td></td><td>工序名称</td><td colspan="2"></td></tr>
<tr><td rowspan="3">首件类别</td><td colspan="2">□检验批开始时首件</td><td colspan="2">自检结果：</td></tr>
<tr><td colspan="2">□刀具、夹具或工艺调整后首件</td><td colspan="2">交检时间：</td></tr>
<tr><td colspan="2">□其他：</td><td colspan="2">检完时间：</td></tr>
<tr><td colspan="2">设备编号：</td><td>夹具编号：</td><td colspan="2">操作者/日期：</td></tr>
<tr><td>序号</td><td>项目代号</td><td>技术要求</td><td colspan="2">检测数据</td></tr>
<tr><td></td><td></td><td></td><td colspan="2"></td></tr>
<tr><td colspan="5">结论：
□该工序首件合格，可成批生产。
□××项不合格，调整后再送首件。
□××项接近极限，成批生产时注意调整。
□其他：
检验员/日期：
复验员/日期：</td></tr>
</table>

二、设计检验报告单

1. 检验报告单格式要求

根据不同的检验项目或检验过程，检验报告单的格式要求略有不同。一般应具备以下信息：

(1) 工程号。

(2) 产品名称。

(3) 产品的检验批号。

(4) 材料信息：材料名称、材料放行单号、材料炉批号。

(5) 产品数理信息：送检数、合格数。

(6) 不符合信息：返修单号、不符合项报告单号。

(7) 试样编号(必要时)。

(8) 热处理炉批号(必要时)。

(9) 检验项目、技术指标、检验结果。

(10) 检验数据或结果。

(11) 检验结论。

(12) 检验员、跟踪员、质量员、车间主任签字及日期，必要时增加检验专用章栏。

2. 检验报告单的设计

以下举例说明检验报告单的设计格式。

<table>
<tr><td colspan="2" rowspan="2">CJNF</td><td colspan="6" rowspan="3">××工程××组件××产品
检验报告单</td><td colspan="2">编号</td><td></td></tr>
<tr><td colspan="2">版本</td><td></td></tr>
<tr><td>表号</td><td></td><td colspan="2">页数</td><td></td></tr>
<tr><td colspan="5">图纸/版本：</td><td colspan="6">技术条件/版本：</td></tr>
<tr><td colspan="4">材料名称：</td><td colspan="3">材料放行单号：</td><td colspan="4">材料炉批号：</td></tr>
<tr><td colspan="6">送检批号：</td><td colspan="5">检验规程号：</td></tr>
<tr><td colspan="6">送检数量：</td><td colspan="5">合格数理：</td></tr>
<tr><td colspan="6">返修单号：</td><td colspan="5">不符合项报告单号：</td></tr>
<tr><td colspan="6">试样编号：</td><td colspan="5">热处理炉批号：</td></tr>
<tr><td>序号</td><td colspan="2">项目代号</td><td colspan="6">技术要求</td><td colspan="2">检测结果</td></tr>
<tr><td></td><td colspan="2"></td><td colspan="6"></td><td colspan="2"></td></tr>
<tr><td colspan="11">检验员/日期：</td></tr>
<tr><td colspan="11">备注：</td></tr>
<tr><td colspan="4" rowspan="2">结论：</td><td colspan="7">车间质量员/日期：</td></tr>
<tr><td colspan="7">车间主任/日期：</td></tr>
</table>

第九章　分析检测

学习目标：通过本章的学习，应了解和掌握量规的设计原则、尺寸链的计算方法；熟练掌握核燃料组件的成品检验方法及燃料棒 UO_2 芯块富集度检测方法；了解和掌握控制图的应用方法。

第一节　检测技术、方法的评价

学习目标：通过学习，能了解测量方法的评价方法。

核燃料组件及零部件性能测试常用的大型分析与检测仪器有组件检测仪、接触式三坐标测量仪、CCD 三坐标测量仪等。这些设备的相关检测技术和方法是否可靠，尤其是新检测技术和方法必须按相关新工艺、新技术管理程序的规定，经过严格评价后，才能投入使用。

通常通过评价相应测量系统的不确定度来确定新检测技术和方法的可靠性。

下面以研究实现准确高效的 AFA3G 定位格架 *G* 因子 CCD 三坐标测量仪新的检测方法为例，说明新检测技术和方法的评价过程。

一、测量系统

测量系统　测量系统一般由测量设备、测量夹具、测量程序（需要时）、测量环境、测量人员、测量日期等因素共同组成。

主要特征性能　测量系统的准确性和可靠性是测量系统的两个主要特征性能，也是确保核燃料元件组件及零部件性能测试水平的必要条件。

测量系统的管理常识　对于新测量系统，必须对其准确性进行验收。对于新的非标科研测量设备，或在标准测量设备上自主开发了新的测量功能时，除了验收相应的测量系统的准确性以外，还应该对系统的可靠性进行评价。

通过测量系统的不确定度评定是目前较为常用的评价系统可靠性的方法。

二、测量不确定度评定

有关测量不确定度评定的具体描述可参照国家建立技术规范《测量不确定度评定与表示》（JJF1059）。相关知识在《核燃料元件性能测试工　基础知识》做了中详尽介绍，这里做一些简要叙述。

一切测量结果都不可避免地具有不确定度。

[测量]不确定度（Uncertainty[of a measurement]）是表征合理地赋予被测量之值的分散性，与测量结果相联系的参数。

广义而言，测量不确定度意为对测量结果准确性的可疑程度。测量系统的测量不确定度越小，表明其可靠性越高。

当需要明确某一测量结果的不确定度时,可适当采用一个形容词,比如合成不确定度或扩张不确定度;必要时可用随机效应导致的不确定度和系统效应导致的不确定度,但不要用随机不确定度和系统不确定度这两个术语。

三、核燃料元件定位格架 G 因子测量系的可靠性评定

现以核燃料元件定位格架 G 因子测量系统为例,表述测量不确定度评定方法。需要说明的是,这里提供的测量不确定度评定方法仅对本例较为合适,在针对不同的测量系统时,允许用不同的测量不确定度评定的数学模型。

定位格架(如图 9-1 所示)在核反应堆中起连接骨架、支撑燃料棒、确保核燃料组件整体结构强度的作用,是核燃料组件的重要零部件。它是由 4 条外条带和若干条内条带组装、焊接而成的,由数百个方格组成的结构复杂的格架形状的零部件。刚凸高度差是评价格架关键特性"G 因子"时必不可少的数据。

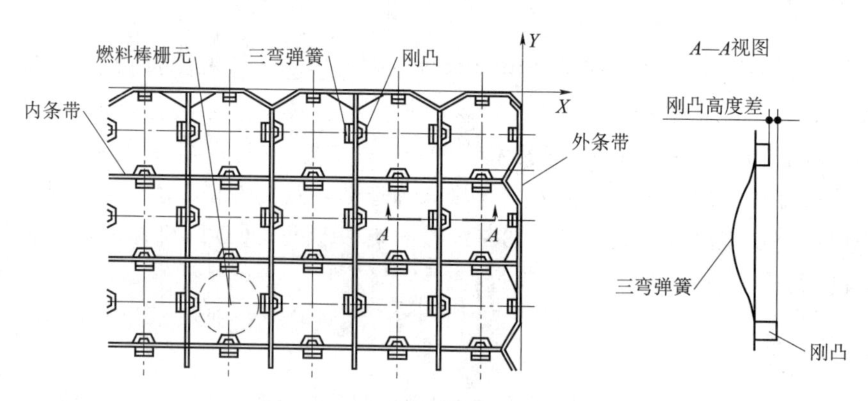

图 9-1 定位格架局部结构示意图

G 因子:如图 1 的 A-A 视图所示,G 因子是对数百个 X 向、Y 向刚凸高度差的平均值和标准偏差的几何平均值,G 因子的计算过程如下(公式 9-1):

$$\sigma_g = \sqrt{\frac{\sigma_x^2 + \sigma_y^2}{2}} \tag{9-1}$$

$$m_g = \sqrt{\frac{\overline{X}^2 + \overline{Y}^2}{2}} \tag{9-2}$$

$$\overline{G} = \sqrt{\sigma_g^2 + m_g^2} \tag{9-3}$$

式中:σ_g ——X 向、Y 向刚凸垂直度的标准偏差的均方根;

m_g ——X 向、Y 向刚凸垂直度的平均值的均方根;

$\overline{G}$ ——G 因子。

我们需要对 G 因子测量系统的可靠性进行评定,不确定度如下:

$$I = 2\sqrt{\frac{J^2}{3} + \sigma_f^2 + \sigma_r^2} \tag{9-4}$$

其中,J 为刚凸高度差测量的准确性,准确性是新检测技术多次测量所获得的测量数据与传统已知可靠的方法所获得的标准值的偏差的平均值。可通过已知方法可靠的接触式

三坐标多次测量样品定位格架的刚凸高度差，其测量数据标准差满足设定的要求，如标准差$\leqslant 0.005$ mm时，测量值的平均值可确定为标准值。

σ_f 为刚凸高度差测量的重复性，即在相同的测量条件下最短时间内获得的测量结果的标准偏差。相同的测量条件包括相同的外部光照条件、同一检验员、同一次装夹、最短时间内多次测量(如4次)。

σ_r 为刚凸高度差测量的复现性，即在不同的测量条件下内获得的测量结果的标准偏差。不同的测量条件包括不同的外部光照条件、不同检验员、不同次装夹、不同日期的多次测量(如4次)。

在可靠性评定时，注意到了检验人员、测量日期、装夹、外部光照条件的相同与不同可能造成的测量结果的变动，并通过多次试验获得的数据来计算不确定度。

通过准确性、重复性、复现性的综合影响来评定测量系统的可靠性，是较为客观的评定方法，在此向大家推荐应用于其他核燃料元件零部件性能的新测试系统的稳定性评定中。

第二节　量规设计原则

学习目标：通过学习，能了解功能量规的概念及其设计和使用原则。

一、功能量规

功能量规的作用和性质：判断被测实际轮廓是否超越其给定的边界。生产中通常设计和制造一种专用量规即功能量规来模拟体现给定的边界，功能量规可以检验被测要素的局部实际尺寸和形位误差的综合效应是否超越边界，以满足综合公差带极限的要求和保证零件互换性。此外，功能量规的使用极为方便，检验效率高，对检验工人的操作技术水平要求不高。因此，在成批和大量生产的机械行业中，功能量规便成为一种重要的专用检验工具，也是贯彻图样上采用包容要求和最大实体要求的技术保证。

功能量规设计即其形状和尺寸的确定，是以被测零件的给定边界为依据的，因此功能量规是一种全形通端量规，如果它能自由通过零件上的被测要素和(或)基准要素，就表示被测要素的局部实际尺寸和形位误差的体外综合效应遵守给定的边界，因此被测零件合格。但是，综合量规不能具体测出被测要素的局部实际尺寸和形位误差值的大小。

零件上的基准要素是确定被测要素方向或位置的基础，但它本身又有尺寸公差和形位公差要求。这就是说，对基准要素也要按其本身的图样要求，把它看成是被测要素而进行检验。鉴此，功能量规存在两种检验方式。一种方式是功能量规只检验被测要素，量规定位部位的职能仅用作模拟基准，而基准要素本身的尺寸和(或)形位公差要求需用另一个功能量规或光滑极限量规的通规先行检验，这种方式称为依次检验。它主要适用于单个要素和按流水生产线逐道工序进行加工和检验的场合。另一种方式是被测要素和基准要素使用同一个功能量规检验，这种量规的定位部位即用作检验被测要素时的模拟基准，又用作检验基准要素本身的形位误差是否符合图样要求，这种方式称为共同检验。它主要适用于成组要素和利用组合机床、加工中心或其他多工位专业化设备集中加工和检验的场合。

二、功能量规的设计和使用原则

1. 功能量规的工作部位

检验被测单一要素用的功能量规(如轴线直线度量规等),其工作部位应与被测要素相对应,由检验部位组成,如图 9-2(b)的直线度量规应具有检验部位(测量销)。检验关联被测要素用的功能量规(如同轴度量规、位置度量规等),其工作部位应与被测要素及其基准要素相对应,由检验部位和定位部位组成,它们之间应保持图样上给定的几何关系。如图 9-2(b)的位置度量规,应具有检验部位(4 个测量销)和定位部位(定位平面 A 和定位销 B),且四个测量销均布于由定位平面 A 和定位销 B 模拟体现的基准体系和相应理论正确尺寸所确定的理想位置上。

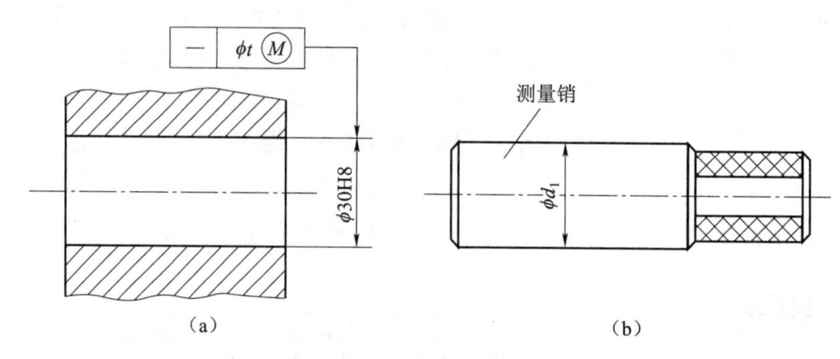

图 9-2 直线度量规

为便于检验或定位,有时综合量规工作部位中还具有导向部位。具有导向部位的综合量规称为插入型量规。对于插入型量规,其导向部位是成对配置的,其中一个是活动的,称活动件另一个是固定的称固定件。导向部位的固定件只有一个用于导向的工作部位,一般为光滑导向孔(销);导向部位的活动件具有两个部位,一个部位与固定件配对用于导向,另一部位进入被测(或基准)要素用于检验(或定位),它可随量规结构不同具有不同的型式。尽管活动件型式各异,但可将它归纳为两类。一类活动件的两个部位是具有同一形状和尺寸的连续表面,称为无台阶式,其导向销兼作检验部位或定位部位[见图 9-3(b)],或其导向孔兼作检验部位或定位部件[见图 9-3(b)]。另一类活动件的两个部位是具有不同形状和(或)不同尺寸的两个非连续表面,统称为台阶式,其导向部位不能兼作检验部位或定位部位[见图 9-4(c),图 9-5(c),图 9-6(b)]。

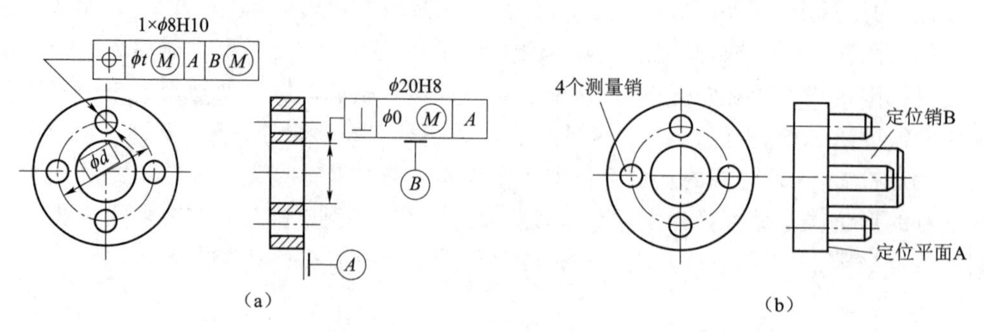

图 9-3 位置度综合量规

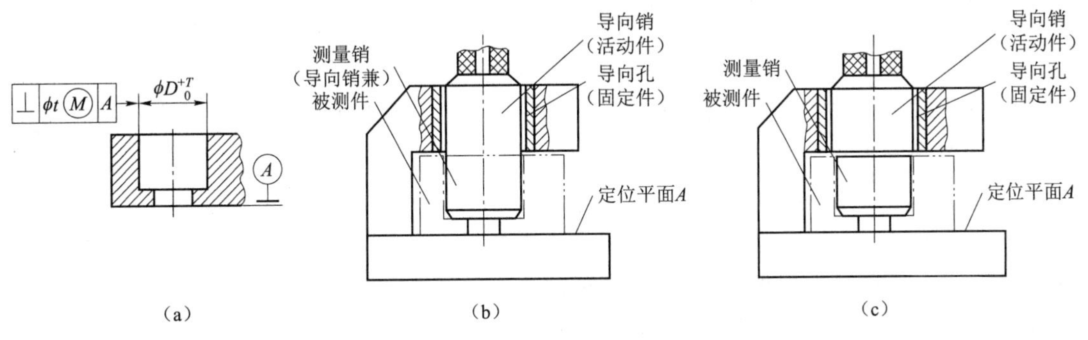

图 9-4 导向部位示意图 1

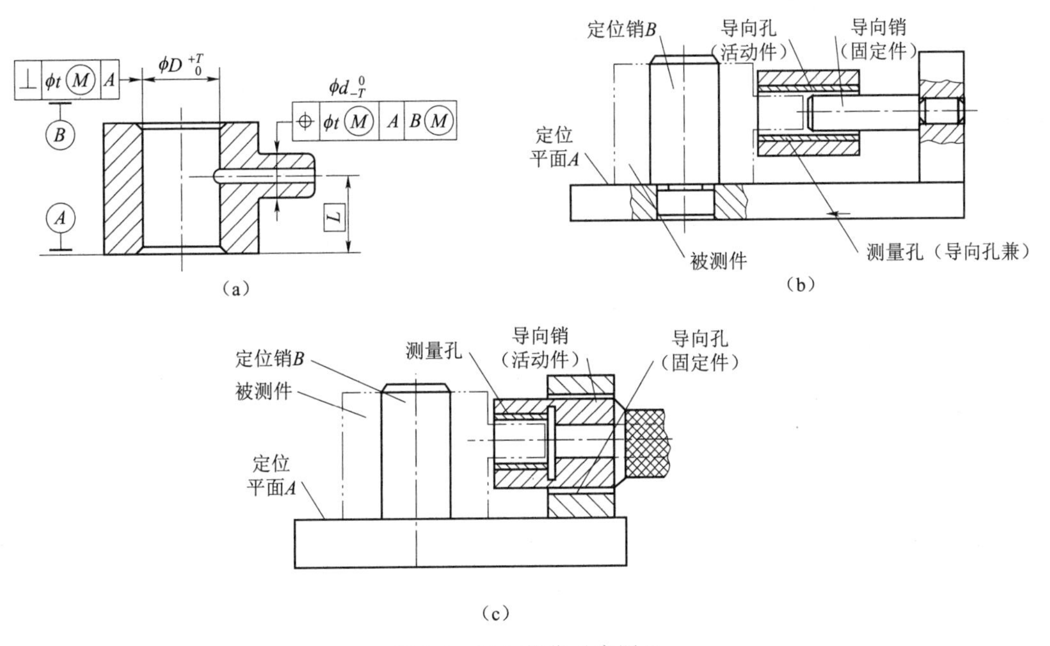

图 9-5 导向部位示意图 2

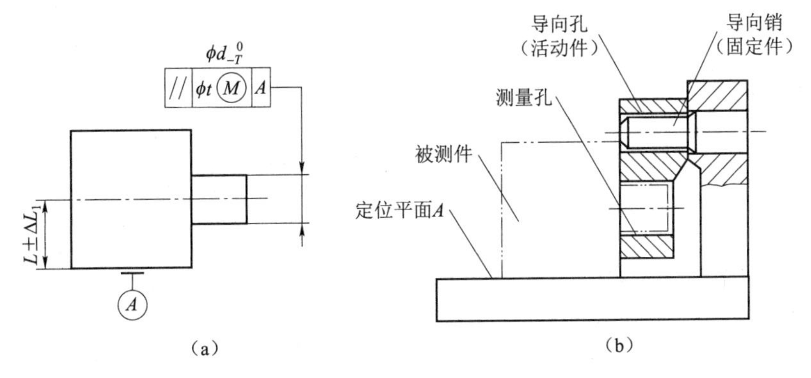

图 9-6 导向部位示意图 3

对于单个被测要素，功能量规检验部位的形状应与被测要素的给定边界的形状一致，其定形尺寸(直径或宽度)应等于边界尺寸，其长度应不小于被测要素的给定长度。

对于成组被测要素，量规各检验部位的形状、定形尺寸和长度的确定方法与检验单个被测要素的检验部位相同，而它们之间的定位尺寸应等于零件图样上对成组被测要素间的位置所给定的理论正确尺寸。

2. 功能量规的使用和仲裁

(1) 功能量规若能自由通过被测零件[包括被测要素和(或)基准要素]，则表示被测要素的实际轮廓未超越给定的边界，即为合格。

(2) 在一般情况下，被测要素和基准要素的尺寸(如孔和轴的直径，槽和凸台的宽度等)检验合格后，再使用功能量规检验。

(3) 当关联被测要素采用在 MMC 下的零形位公差时，可用功能量规代替光滑极限量规的通规。

(4) 检验零件时，操作者应使用新的或磨损较小的功能量规，检验者应使用与操作者相同型式且磨损较多的功能量规，用户代表应使用磨损更多且接近磨损极限的功能量规。

当使用符合本节规定的相同型式的功能量规检验有争议时，只要其中任一功能量规检验合格即为合格。

第三节　基准重合等测量原则

学习目标：通过学习，能了解基准重合原则、最小变形原则、最短测量链原则、阿贝原则等基础知识。

本节简单介绍长度测量技术的几个主要基本原则。

一、基准重合原则

基准重合原则是指在设计时根据设计要求选定的设计基础、加工时根据工艺要求选定的工艺基础、装配时根据零件作用功能要求确定的安装基础以及测量时根据测量要求选定的测量基础，原则上应尽量一致。遵循基准重合原则，便可以避免和减小因基准不同而产生的误差影响。

二、最小变形原则

在测量过程中，由于环境温度的变化、测量力和本身自重的影响，被测件和测量器具都会产生热变形和弹性变形，它们之间的相对变形将影响测量结果的精确度。因此在测量过程中，要求被测工件与测量器具之间的相对变形应为最小。

三、最短测量链原则

对于一个测量系统来说，从感受被测量到指示装置示出测值，其传动链分为测量链、指示链及辅助链。测量链是感受被测量，其误差对测量结果的影响是 1∶1 的关系。测量链是由若干个环节组成，故其误差是由各组成环节的误差积累而成。显然，组成的环节越少，各环节本身的误差越小，即测量链越短，则测量链的误差就越小，此即为最短测量链原则。

四、阿贝原则

在测量长度时，被测件 B 与标尺 A 应沿测量轴线成一直线排列，此即称之阿贝原则。当导轨有间隙或有直线度误差时，将产生转角。

第四节　尺寸链的计算方法

学习目标：通过学习，能了解尺寸链的概念，掌握尺寸链的计算方法。

一、尺寸链的组成

1. 尺寸链的定义

在机器装配或零件加工过程中，由相互连接的尺寸形成封闭的尺寸组，称为尺寸链。

在加工过程中，同一零件工艺尺寸所形成的尺寸链，称为工艺尺寸链。图 9-7 工艺尺寸链所示的套，在加工时，车端二面控制设计尺寸 A_1，车孔时控制工艺尺寸 A_2，间接保证设计尺寸 A_0，尺寸 A_1，A_2，A_0，形成工艺尺寸链。

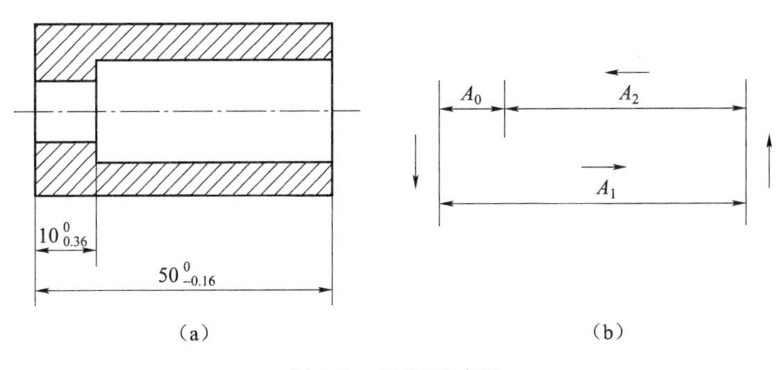

图 9-7　工艺尺寸链

(a) 工件简图；(b) 尺寸链图

2. 尺寸链的组成

(1) 环尺寸链中的每一尺寸，称为环。图 9-7 中，A_1，A_2，A_0都是环。

(2) 封闭环　尺寸链中，间接保证尺寸的环，称为封闭环。图 9-7 中，A_0是封闭环。

(3) 组成环　在尺寸链中，能人为地控制或直接获得的环，称为组成环。图 9-7 中，A_1、A_2是组成环。组成环可分为增环和减环。

(4) 增环　某组成环增大而其他组成环不变，使封闭环随之增大，则此组成环为增环，图 9-7 中 A_1是增环，记 $\overline{x}$ 。

(5) 减环　某组成环增大而其他组成环不变，使封闭环随之减小，则此组成环为减环。图 9-7 中，A_2是减环，记为 $\overleftarrow{A_2}$ 。

3. 尺寸链图

将尺寸链中各相应的环，单独表示出来，按大致比例画出的尺寸图，称为尺寸链图。图 9-7 为尺寸链图。

为迅速判别增环和减环,在画尺寸链图时,可假定封闭环是减环,从封闭环开始,用首尾相接的单向箭头顺序表示各组成环。与封闭环箭头方向相同的组成环是减环,与封闭环箭头方向相反的组成环是增环。

二、尺寸链的特性

封闭性 尺寸链是由一个封闭环和若干个相互连接的组成环构成的封闭尺寸组,不封闭就不成为尺寸链。

关联性 尺寸链中的所有组成环只要一个尺寸变动,均会引起封闭环的尺寸变动。组成环是自变量,封闭环是因变量。

三、尺寸链的计算方法

尺寸链的计算方法分为极值法和统计(概率)法两类。下面介绍用极值法解工艺尺寸链。

计算尺寸链时,首先要画出尺寸链图,找出封闭环,判别增环、减环,然后计算基本尺寸,再计算极限尺寸。

封闭环基本尺寸计算公式:

$$A_0 = \sum_{i=1}^{m} \overrightarrow{A}_i - \sum_{i=1}^{n} \overleftarrow{A}_i \tag{9-5}$$

式中:A_0——封闭环的基本尺寸,mm;

$\overrightarrow{A}_i$——各增环的基本尺寸,mm;

$\overleftarrow{A}_i$——各减环的基本尺寸,mm;

m——增环的环数;

n——减环的环数。

四、工艺尺寸链计算实例

例 9-1:工件设计图如图 9-7,图样标注 $A_1 = 50^{0}_{-0.16}$ mm 和 $A_0 = 10^{0}_{-0.36}$ mm,大孔深度未注。测量时,测量 A_1和 A_2,间接得到 A_0,确定 A_2的尺寸及公差。

解:尺寸 A_1、A_2和 A_0形成工艺尺寸链,尺寸链图如图 9-7 所示,$A_1 = 50^{0}_{-0.16}$ mm 为增环,A_2为减环,$A_0 = 10^{0}_{-0.36}$ mm 为封闭环。

$$A_0 = A_1 - A_2 \qquad A_2 = A_1 - A_0 = 50 - 10 = 40 \text{ mm}$$

可用极限尺寸计算

$$\overleftarrow{A}_{0\max} = \overrightarrow{A}_{1\max} - \overleftarrow{A}_{2\min}$$

$$\overleftarrow{A}_{2\min} = \overrightarrow{A}_{1\max} - A_{0\max}$$

$$A_{0\min} = \overrightarrow{A}_{1\min} - \overleftarrow{A}_{2\max}$$

$$\overleftarrow{A}_{2\max} = \overrightarrow{A}_{1\min} - A_{0\min} = 49.84 - 9.64 = 40.20 \text{ mm}$$

也可用极限偏差计算

$ES_0 = ES_1 - EI_2$,则 $EI_2 = ES_1 - ES_0 = 0 - 0 = 0$ mm

$EI_0 = EI_1 - ES_2$，则 $ES_2 = EI_1 - EI_0 = -0.16 - (-0.36) = +0.20$ mm
$A_2 = 40_0^{+0.2}$ mm。

第五节　精密测量基础知识

学习目标：通过学习，能了解实现核燃料零部件精密检测中，通常要注意的几个问题。

对于长度测量而言，精密测量通常用于测量尺寸公差或形位公差很严格的被测项。在精密测量中，要将测量误差降至最小，就要严格控制可能造成误差的每一个环节，控制好测量设备误差、测量环境误差、测量方法误差、测量人员误差。在核燃料零部件精密检测中，通常要注意以下几个问题：

(1) 根据被测项的形状选用最适宜的测量设备。薄形工件尺寸采用光学方法测量，较大的柱形、方形尺寸采用接触式测量等。

(2) 按照测量设备的选用原则，测量设备（包括标准件、附件）的误差占被测项公差的 1/3～1/10。

(3) 控制好环境温度，温度对测量精度影响最大，特别是绝对测量时。减小或消除温度误差的主要途径有：

(a) 选择与被测量工件线性膨胀系数一致或相近的计量器具进行测量。

(b) 经定温后进行测量。如果被测工件与计量器具的线膨胀系数相同，则将被测工件和计量器具置于同一温度下，经过一定时间，使二者与周围的温度相一致，然后再进行测量。

(c) 在标准温度下进行测量。几何量测量的标准温度为 20 ℃。高精度的测量应在[20±(0.1～0.5)]℃的室内进行。测量前，应在恒温室内定温一段时间。

(4) 尽量采用人为影响小的测量方法，如自动测量。

(5) 测量时要注意几个原则：基准统一原则、最小变形原则、最短测量链原则、阿贝原则。

第六节　大型测量设备的使用

学习目标：通过学习，能了解燃料棒 UO_2 芯块富集度的概念，及其检测设备的调试、标定和使用方法。

一、燃料棒 UO_2 芯块富集度检查

1. 富集度检测原理

二氧化铀芯块中 ^{235}U 同位素在自发衰变过程中释放出能量为 185.7 keV 的特征 γ 射线。当芯块厚度大于 3.5 mm 时，特征 γ 射线的强度与 ^{235}U 富集度成正比。当燃料棒以恒定的速度通过一个探测器时，二氧化铀芯块放出的 γ 射线激发探测器产生脉冲电信号被电子仪器定时采集接收。将燃料棒划分成近似一个芯块长度（10～12 mm）的小段，作为一个测量点。用双窗法测量出燃料棒的 γ 计数率，把测得的 γ 计数率同均匀富集度标准棒计数率进行比较，得到被测燃料棒的 ^{235}U 富集度。用混料富集度标准棒计算出的判废限来判断

燃料棒内是否混入异常富集度芯块。

目前富集度检测有两种检测手段,一种是无源式 γ 扫描,也称被动式富集度检测,即测量燃料棒内 UO_2 芯块自发衰变过程中放出的 γ 射线强度。这种测量方式是检测设备的成本低,放射性辐射防护简单,但它自身的放射性强度较低,检测速度较慢,设备灵敏度低。另一种是有源式 γ 扫描,也称主动式富集度检测,即利用 ^{252}Cf(锎)放射源所放出的中子射线来激发燃料棒中 ^{235}U 原子核产生裂变反应,从而放出大量的 γ 射线,测得的 γ 射线强度正比于 ^{235}U 的富集度。这种测量方式是检测设备的结构复杂,设备的运行成本较高,放射性辐射防护困难,但检测速度较快,设备灵敏度高,这种设备适用于产量较大的生产线。

2. 富集度标准棒

富集度检测标准棒用来标定和校验检测设备,以此来测量被测燃料棒,检测设备把被测燃料棒的测量值与标准棒进行比较来进行测量。富集度标准棒分为混料富集度标准棒和均匀富集度标准棒。混料富集度标准棒用来确定设备检测技术条件的判废限,另外可以计算出监督检测设备灵敏度的监督限和控制限。我们把与基体芯块的 ^{235}U 富集度不同的 UO_2 芯块,按照技术条件将它们混装在基体芯块之间所制造的燃料棒称混料富集度标准棒。把同一种 ^{235}U 富集度的 UO_2 芯块装入一根棒内所制造的燃料棒称均匀富集度标准棒。

3. 富集度检测设备控制图

监视检测仪器灵敏度的控制图表称为检测设备控制图。用混料富集度标准棒对检测设备进行标定,计算出监督限和控制限,由监督限和控制限绘制出设备的控制图。完成控制图后每天的第一个班次用混料富集度标准棒在设备上测量一次,把需用监督的测量值填入控制图,确定设备能不能进行检测。

4. 异常芯块

在富集度检测中发现燃料棒内的 UO_2 芯块富集度与燃料棒基体芯块不一致的富集度就是异常芯块,当异常芯块的偏差超过技术条件要求的范围,则燃料棒被判废。

二、富集度检测设备

1. 检测设备组成

检测设备包括探测装置、机械传动装置、核电子仪器、计算机自动控制测量系统。图 9-8 为富集度检测系统方框图。

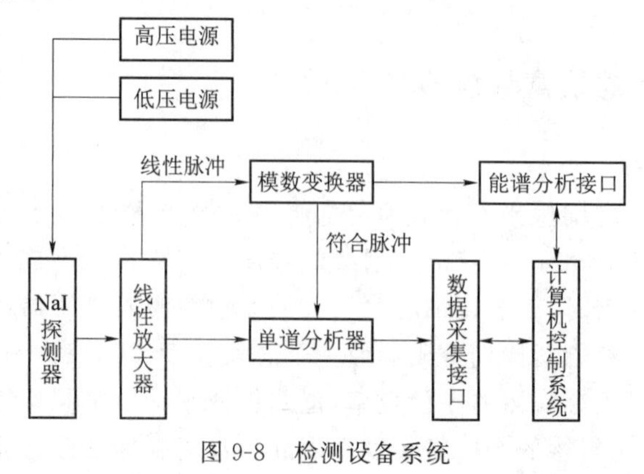

图 9-8　检测设备系统

2. 探测装置

富集度检测探测装置由有空 NaI 晶体探测器、铅屏蔽装置、钨准直器组成。NaI 晶体安装于铅屏蔽罩的内部，钨准直器安装于探测器测量通道的两侧，中间留有 25 mm 左右的探测窗口。当燃料棒匀速通过测量窗口时，燃料棒内 UO_2芯块放出的 γ 射线穿过测量窗口被 NaI 晶体探测器接收。探测器外的铅屏蔽罩是防止外部放射性 γ 射线对测量的影响，对 γ 射线起到屏蔽作用。钨准直器使探测器形成一个测量窗口，另外也能防止外部 γ 射线的影响，同时对燃料棒起到导向作用。

3. 机械传动装置

机械传动装置由电机驱动丝杠运转，把燃料棒以均匀的速度推进探测器。传动速度要均匀稳定，在传动过程中不得使燃料棒产生抖动。燃料棒扫描的正向传动速度为 50～200 mm/min 范围内连续可调，反向传动速度 500～2 000 mm/min 范围内连续可调。

4. 上下料机构

上下料机构负责上料和下料，一次上料或下料为 8 根燃料棒，采用步进式上料，动作 8 个循环把 8 根棒装入测量料架，上料完成后由电机正转时带动丝杠上的推臂将燃料棒匀速推入探测装置，当燃料棒推到下料架时，燃料棒的测量已经完成，这时对下料架动作 8 个循环把 8 根燃料棒从下料架上卸到下料小车。

5. 核电子仪器

核电子仪器由高压、低压电源、线性放大器、高压分配器、单道幅度分析器、1 024 道模数转换器组成。主要作用是把探测器的输出信号，经核电子仪器信号整形，转换、变成有用的信号，再送到计算机数据采集接口系统。

低压电源是给核电子仪器插件进行供电，它分别有±6 V，±12 V，±24 V 直流电压输出，高压电源是给 NaI 探测器的光电倍增管提供电压，高压电源稳定性优于 0.01%，输出高压在 0～3 kV 内连续可调。线性放大器是把探测器中前置放大器的输出的脉冲信号进行整形放大，放大器的线性度优于 0.5%，放大倍数 1～256 连续可调。高压电源。模数变换器用于燃料棒内 UO_2芯块自发衰变的 185.7 keV 的特征 γ 射线能谱分析。其道宽 8 mV，分析脉冲幅度范围(0～1 024)mV×8 mV。单道分析器是把线放输出的脉冲信号，经过单道分析器的上下阈甄别器把 γ 射线的特征峰确定出来。数据采集电路是把单道分析器输出的信号送计算机数据采集接口板进行数据采集。

6. 计算机自动控制测量系统

计算机自动控制测量系统包括计算机、数据采集接口、输入信号接口和输出信号接口组成。主要任务是完成燃料棒的上料、下料、测量、数据处理、数据存储和数据打印等任务。

三、富集度检测设备的调试

1. 探测器窗口的调试

用于测量燃料棒内 UO_2芯块自发衰变的 γ 射线强度，它由带孔 NaI 晶体探测器、钨准直器。NaI 晶体探测器位于铅屏蔽室中，燃料棒从探测器的孔中通过，在探测器与燃料棒通道之间装有钨准直器，钨准直器安装于探测器的两端，两个钨准直器之间的宽度就是探测窗口,调整其大小即可调整探测的灵敏度,也就是调整了设备对燃料棒异常芯块的分辨能力。

2. 燃料棒测量速度的选定

因为无源式 γ 扫描受燃料棒 UO_2 芯块放出的 γ 射线强度的限制,其探测速度受到了限制,因此,在调试测量速度时要考虑燃料棒富集度检测的技术条件,也就是说设备在满足技术条件的前提下的最大速度,作为设备检测的速度。在选定速度时,要用混料富集度标准棒在设备上进行反复测量,并做出多种速度下的对标准棒的测量数据,最终计算出满足技术条件的最快的测量速度。

3. 核电子仪器的调试

核电子仪器包括了线性放大器、高压电源、模数变换器和单道分析器,通过调节核仪器设备,把燃料棒 UO_2 芯块中 ^{235}U 同位素所放出的 185.7 keV 能量的能谱曲线调试出来。

用专用的能谱测量仪把 ^{235}U 的能谱测量出出来。富集度测量为双窗测量,即用两路单道分析器同时测量一个探测器输出的信号,其中一个单道窗口测量 185.7 keV 峰 P_2 的 γ 射线强度,另一个单道窗口测量它的背底峰 P_3 的 γ 射线强度。

先选择一个检测通道,调节双窗测量的窗口宽度,把切换开关切换至检测通道的 ^{235}U 特征峰测量窗口,将该通道单道分析器的上、下阈甄别阀全部放开,测量出棒内 UO_2 芯块 γ 射线的全能谱,用 1 024 道变换器的反符合功能键,调节单道分析器的上、下阈值,确定出 ^{235}U 特征峰的位置和宽度 W_1;把切换开关切换至该通道的背底峰,将该通道单道分析器的上、下阈甄别阀全部放开,测量出棒内 UO_2 芯块 γ 射线的全能谱,用 1024 道变换器的反符合功能键,调节单道分析器的上、下阈值,确定出背底峰的位置和宽度 W_2,要求背底峰的峰宽为特征峰峰宽的 1.5～2 倍。其他检测通道按同样方法进行调节。

四、富集度检测设备的标定

1. 设备的标定要求

设备的定期标定要求每 3 个月进行一次。

设备的不定期标定:

(1) 仪器设备关键部件出现故障修复完之后,应进行重新标定。

(2) 改变仪器设备的检测参数之后,应进行重新标定。

(3) 更换燃料棒的富集度时,应进行重新标定。

(4) 标准棒的校对值在控制图的不合格区,或者校对值两次在控制图的临界区,应进行重新标定。

2. 富集度测量标定方法

(1) 标准棒的检测

在相同的检测参数和检测条件下,将均匀富集度标准棒和混料富集度标准棒在每个通道中进行重复测。标准棒的检测次数应大于或等于 10 次,并把每次检测好的数据以相应的文件名存入磁盘。

(2) 均匀富集度标准棒的数据处理

求出均匀富集度标准棒的回归方程:

$$Y = \hat{a} + \hat{b}X \tag{9-6}$$

式中：Y ——燃料棒的平均 γ 计数率，1/s；

$\hat{a}$ ——回归方程的截距；

$\hat{b}$ ——回归方程的斜率；

X ——实测富集度，质量百分数。

（3）混料富集度标准棒的数据处理

1）混料富集度相对偏差

计算混料芯块的富集度相对偏差：

$$\Delta X_i = \frac{E_i - E_0}{E_0} \times \frac{M_i}{M_0} \times 100\% \tag{9-7}$$

式中：ΔX_i——第 i 种富集度相对偏差，相对百分数；

E_i——第 i 种混料芯块标称富集度，质量百分数；

E_0——基体芯块的标称富集度，质量百分数；

M_i——第 i 种混料芯块的质量，g；

M_0——基体芯块的质量，g。

2）基体芯块平均计数率和标准偏差

计算出单次检测的基体芯块均匀富集度的 γ 平均计数率以及它的标准偏差：

$$\overline{Y_k} = \frac{1}{n}\sum_{i=1}^{n} Y_i \tag{9-8}$$

式中：$\overline{Y_k}$ ——第 k 次测量的平均值，1/s；

i——取自然数 $i=1,2,3,\cdots,n$；

Y_i——第 i 个检测点的 γ 计数率，1/s。

$$\sigma_k = \sqrt{\frac{1}{n-1}\sum_{i=1}^{n} (Y_i - \overline{Y_k})^2} \tag{9-9}$$

式中：σ_k ——第 k 次测量的标准偏差；

k——标准棒重复测量次数。

3）单次检测 γ 计数率的差值

计算出混料芯块 γ 计数率与基体芯块 γ 计数率平均值的差值：

$$\Delta Y_{j,k} = Y_j - \overline{Y_k} \tag{9-10}$$

式中：$\Delta Y_{j,k}$ ——第 j 种混料芯块第 k 次 γ 计数率与基体芯块 γ 计数平均值的差值，1/s；

Y_j ——第 j 种混料芯块的 γ 计数率，1/s。

4）多次测量 γ 计数平均值和标准偏差的平均值

计算出重复 t 次后检测的基体芯块 γ 计数平均值和标准偏差：

$$\overline{Y} = \frac{1}{t}\sum_{k=1}^{t} \overline{Y_k} \tag{9-11}$$

式中：$\overline{Y}$ —— t 次检测的基体芯块 γ 计数平均值，1/s；

t ——重复检测次数。

$$\overline{\sigma} = \sqrt{\frac{1}{t-1}\sum_{k=1}^{t} (\overline{Y_k} - \overline{Y})^2} \tag{9-12}$$

式中：$\overline{\sigma}$ —— t 次检测的基体芯块 γ 计数标准偏差。

5) γ计数率差值的平均值

计算出多次检测的基体芯块γ计数率与单个混料芯块γ计数率的差值的平均值$\overline{\Delta Y_j}$：

$$\overline{\Delta Y_j} = \frac{1}{t}\sum_{k=1}^{t}\Delta Y_{j,k} \tag{9-13}$$

6) 回归分析

计算混料芯块富集度相对偏差的平均值：

$$\overline{\Delta X} = \frac{1}{p}\sum_{j=1}^{p}\Delta X_j \tag{9-14}$$

式中：p——混料芯块的种类。

计算混料芯块的计数率差值的平均值：

$$\overline{\Delta Y} = \frac{1}{p}\sum_{j=1}^{p}\overline{\Delta Y_j} \tag{9-15}$$

求出富集度偏差ΔX与γ计数率差值ΔY的回归方程：

$$\Delta Y = \hat{a}_0 + \hat{b}_0 \times \Delta X \tag{9-16}$$

$$\hat{b}_0 = \frac{\sum_{j=1}^{p}(\Delta X_j - \overline{\Delta X})(\Delta Y_j - \overline{\Delta Y})}{\sum_{j=1}^{p}(\Delta X_j - \overline{\Delta X})^2} \tag{9-17}$$

$$\hat{a}_0 = \Delta Y - \hat{b}_0 \times \Delta X \tag{9-18}$$

式中：ΔY——γ计数率差值，1/s；

$\hat{a}_0$——回归方程的截距；

$\hat{b}_0$——回归方程的斜率；

ΔX——富集度相对偏差，质量百分数。

(4) 判废限、监督限和控制限的计算

1) 判废限的计算

富集度检测技术条件规定，燃料棒内混有单个富集度相对偏差±15.6%的检测置信度为95%和对富集度相对偏差±8%的检测置信度为2.5%，分别计算出两个可信度下的判废限。由于富集度正负偏差是对称的，按下式计算出负偏差情况下的两个判废限：

$$RL_{(-15.6\%)} = \Delta Y + 1.96 \times \overline{\sigma} \tag{9-19}$$

$$RL_{(-8\%)} = \Delta Y - 1 \times \overline{\sigma} \tag{9-20}$$

式中：$RL_{(-15.6\%)}$——−15.6%富集度相对偏差的判废限；

$RL_{(-8\%)}$——−8%富集度相对偏差的判废限。

计算出的两个判废限，最终取两个判废限中绝对值最小的一个作为最终判废限。

2) 监督限和控制限的计算

监督限和控制限是用来建立检测设备的控制图，并通过控制图来监视检测设备灵敏度是否在合格范围。监督限和控制限把控制图划分为三个区，大于等于监督限区域为合格区，小于监督限且大于等于控制限的区域为临界区，小于控制限的区域为不合格区。

按下式计算出监督限和控制限：

监督限(SL)

$$SL = \Delta Y - 1.65 \times \sqrt{2} \times \overline{\sigma} \tag{9-21}$$

控制限(CL)

$$CL = \Delta Y - 2.88 \times \sqrt{2} \times \bar{\sigma} \tag{9-22}$$

第七节 富集度检测设备控制图的制作

学习目标:通过学习,能了解富集度检测设备控制图的制作方法。

一、制作控制图目的

检测设备控制图是为了监视设备的检测功能及灵敏度,保证了检测设备对燃料棒富集度检查的正确性和可靠性,同时有效地保证了燃料棒的制造质量。富集度检测设备的控制图是动态监测设备有效性的有力工具,也是产品质量保证的主要手段,是产品检验中保证产品质量的必备的工具。

二、控制图制作要求

设备标定完成后,就可以确定出监视设备的监督限和控制限。用监督限和控制限这两个值可以绘制出每个通道的控制图,按检测技术条件的要求,从混料富集度标准棒的某一偏差芯块中选取一个偏差芯块作为监视设备的控制图,一般选择与技术条件相接近的富集度偏差芯块作监视值。由于每天要进行校验仪器,因此控制图表画成小格图表,控制图上必须有姓名和日期,在控制图的适当位置填入对应监督限和控制限,并标明合格区、临界区和不合格区,并在适当的位置由操作者填写校验值或校验值的标志。

三、控制图的绘制

富集度控制图的绘制是按照富集度标准棒的标定结果来制作,由于富集度检测有8个检测通道,每个通道探测器的探测效率不同,则每个通道的标定结果是不一样的,因此,要对每个探测通道绘制一张富集度控制图,图9-9为富集度第1通道的控制图表。该控制图表

富集度控制图　　第1通道　　中部3.7%富集度

姓名							
日期							
							不合格区
监督限							临界区
控制限							合格区

图 9-9 第1通道富集度控制图

是用4.45%标准棒标定后绘制的图表,图中3.7%富集度为标准棒中混入的偏差富集度芯块,根据标定结果,可以计算出这个偏差富集度的监督限和控制限,由于检测设备一共有8个检测通道,而每个检测通道的测量灵敏度不是完全相同,因此要计算出每个通道的监督限和控制限。

第八节 编制检验规程

学习目标:通过学习,能了解检验规程的作用及其编制步骤。

一、检验规程的作用

检验规程是专检人员对产品实施最终检验的指导性文件,向检验员指明了检验对象、实施检验活动所依据的图纸、技术条件的编号及其版次,明确了所需要的全部检验项目、技术要求、检验器具、检验方法、检验频率或检验周期等。

二、编制检验规程的基本步骤

(1) 读文件清单。根据已批准的适用文件清单,确定和领取所需要的相关文件,如核燃料组件总体设计书、相关标准、具体技术条件、图纸等。

(2) 读总体设计书。学习和理解核燃料组件总体设计书的相关要求,如对某一零部件或某类零部件的总体要求,包括材料性能、焊接性能、未注尺寸的公差要求、适用的相关标准、清洁度要求、外观缺陷(印迹、划伤、机械损伤)等。

(3) 读相关标准。收集、学习和理解相关标准,为将相关要求落实到检验规程做准备。

(4) 读技术条件。学习和理解零部件的具体技术条件。

(5) 读图纸。学习和理解零部件的图纸,掌握零部件的结构、熟悉每一项技术指标和技术要求。

(6) 确定检验项目。检验项目应包括总体设计书、相关标准、技术条件、图纸等文件对零部件的指标和要求。

(6) 确定检验步骤。检验步骤应体现检验效率和降低劳动强度。

(7) 设计和验证检验方法。确定检验方法主要体现对量器具的选择和优化,及使用检验器具的方法。特别强调,应核实现场是否具备所选的量器具和实施相应检验所需具备的检验环境。

(8) 确定检验频率。检验频率应满足技术条件对零部件产品检验频率的直接规定,或依据技术条件要求的AQL(或NQL)值和置信度,需要时还要结合实际产品的不相符水平范围,查找相关抽样标准表来确定检验频率。

(9) 编制检验规程。按照要求的格式,把已确定的检验项目、检验步骤、检验方法、检验频率、验收准则(必要时)等内容编写进检验规程中。

(10) 审核检验规程。编制的检验规程应交本部门有相关资历的人员或质量管理部有相关资历的人员审核,并答复他们提出的审核意见单。

(11) 批准检验规程。经审核通过的检验规程,交由质量管理部相关负责人批准。至此,完成检验规程的编制任务。经批准的检验规程方可下发给生产岗位用于指导检验。

三、检验规程编制实例

为了让大家对检验规程的编制有个具体的印象，下面以 AFA3G 核燃料组件上管座压紧弹簧为例，讲解零部件检验规程的编制，如图 9-10。

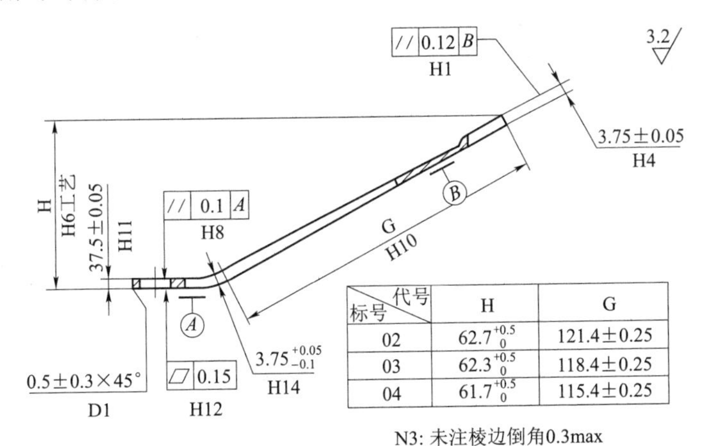

标号＼代号	H	G
02	$62.7^{+0.5}_{0}$	121.4±0.25
03	$62.3^{+0.5}_{0}$	118.4±0.25
04	$61.7^{+0.5}_{0}$	115.4±0.25

图 9-10　AFA3G 上管座压紧弹簧示意图

(1) 根据文件清单，借阅与压紧弹簧相关的材料技术条件，上管座部件制造技术条件、压紧弹簧图纸等文件资料，明确压紧弹簧的所有需要检测的项目(如外观、尺寸、理化性能等)、次序及频率。

(2) 根据各检测项目的特征及检测室的检测条件(场地、测量仪器等)确定每一检测项目的检测方法，并通过压紧弹簧样品的试验来验证和优化检测方法。

(3) 编、审、批检验规程。

(4) 经批准的检验规程方可下发给生产岗位用于指导检验。

(5) 通过生产实践，适时优化改进检验方法。

压紧弹簧检验规程示例如下(封面略)：

1. 适用范围

本规程适用于 AFA3G 燃料组件标号 02、03、04 上管座压紧弹簧的检验。

2. 引用文件

图纸/版本：略

技术条件/版本：略

3. 检验步骤

3.1　热处理前的检查

序号	代号	技术要求	检验方法与量具	频数(AQL)
1	N1	材料	核查流通卡上有材料放行单号	每批
2	文件	文件正确完整	核查流通卡上前面的工序均已完全正确填写	每批
3	N3(图注 3)	无毛刺，无锐边、无划伤等，可倒角或倒圆最大 0.3	目测	100%

续表

序号	代号	技术要求	检验方法与量具	频数(AQL)
4	N5	外观清洁度	目测工件整体清洁	100%
5	J7(图注 7)	18.05/18.35	千分尺	0.4
6	N2(图注 2)	其余粗糙度 Ra3.2	与粗糙度样块对比目测	100%
7	J4	6 处粗糙度 Ra6.3	与粗糙度样块对比目测	1.5
8	J2	n13.60/n13.70	量规(编号略)	0.4
9	J9	9.65/9.95	测量装置(编号略)或卡尺间接测量	100%
10	J10	9.0/9.2		100%
11	J8	2 处 R8.65/R8.95	量规(编号略)	100%
12	J6	6.45/6.55	量规(编号略)	100%
13	J1	12.45/12.75	量规(编号略)	100%
14	J3	4 处 R1.0/R1.5	R 规	1.5
15	J12	5.75/5.95	卡尺	100%
16	J5	3.25/3.75	卡尺	100%
17	H7	97/111	量规(编号略)	100%
18	C1	2 处倒圆 R0.5/R2.5	用 R 规比较检查	4
19	H2	16.75/17.25	量规(编号略)	100%
20	H5	R4.5/R5.5	R 规	1 件
21	H14	3.65/3.80	壁厚千分尺,沿法向测量	100%
22	H3	1.8/2.0	壁厚千分尺,沿法向测量	100%
23	H12	0.15	刀口尺+塞尺	100%
24	H11	3.70/3.80	千分尺	0.4
25	H8	0.1 A	千分尺	100%
26	H4	3.70/3.80	千分尺	0.4
27	H1	0.12	千分尺	100%
28	N7(图注 7)	弯曲区(H9 处)的宽度缩减(17.90 最小)	千分尺	100%
29	J11	标号:字高最大 2,字深最大 0.3	目测:位置与图纸的要求一致,标识清晰正确	100%
30	D1	弹簧倒角 0.2/0.8X45°或倒圆 R0.2/R0.8	目测	100%
31	N4	成形区无裂纹	目测	100%
32	H6 工艺	标号 02:$62.7^{+0.5}_{0}$; 标号 03:$62.3^{+0.5}_{0}$; 标号 04:$61.7^{+0.5}_{0}$	装置(编号略)+标准块(编号略)+百分表或高度仪	0.4

续表

3.2 热处理后的检查(打“ * ”号的项目在热处理前也应进行检查。)

3.2.1 标号 02 弹簧热处理后

序号	代号	技术要求	检验方法与量具	频数(AQL)
1	* H10	121.15/121.65	量规 07M06-58/02T 通 07M06-58/02Z 止	100%
2	* H13	14.7/15.5	投影仪+透明放大图 07QCM0205A 每批检 5 件,其余 H9 用量规 07M06-59/02 检、H13 用量规 07M06-60/02 检	100%
3	* H9	R16.85/R17.35		100%
4	* H6	62.2/63.2	装置 05M06-11+标准块 07M06-42+百分表或高度仪	0.4
5	N3(图注 3)	无毛刺,无锐边、无划伤等,可倒角或倒圆最大 0.3	目测	100%
6	N5	外观清洁度	目测工件清洁	100%
7	N4	成形区无裂纹	目测	100%
8	J2	ϕ13.60/ϕ13.70	量规 07M06-57	0.4

3.2.2 标号 03 弹簧热处理后

序号	代号	技术要求	检验方法与量具	频数(AQL)
1	* H10	118.15/118.65	量规 07M06-58/03T 通 07M06-58/03Z 止	100%
2	* H13	15.1/15.9	投影仪+透明放大图 07QCM0205A 每批检 5 件,其余 H9 用量规 07M06-59/03 检、H13 用量规 07M06-60/03 检	100%
3	* H9	R21.35/R21.85		100%
4	* H6	61.8/62.8	装置 05M06-11+标准块 07M06-42+百分表或高度仪	0.4
5	N3(图注 3)	无毛刺,无锐边、无划伤等,可倒角或倒圆最大 0.3	目测	100%
6	N5	外观清洁度	目测工件清洁	100%
7	N4	成形区无裂纹	目测	100%
8	J2	ϕ13.60/ϕ13.70	量规 07M06-57	0.4

3.2.3 标号 04 弹簧热处理后

序号	代号	技术要求	检验方法与量具	频数(AQL)
1	* H10	115.15/115.65	量规 07M06-58/04T 通 07M06-58/04Z 止	100%
2	* H13	15.5/16.3	投影仪+透明放大图 07QCM0205A 每批检 5 件,其余 H9 用量规 07M06-59/04 检、H13 用量规 07M06-60/04 检	100%

续表

序号	代号	技术要求	检验方法与量具	频数(AQL)
3	* H9	R25.75/R26.25		100%
4	* H6	61.2/62.2	装置05M06-11+标准块07M06-42+百分表或高度仪	0.4
5	N3(图注3)	无毛刺,无锐边、无划伤等,可倒角或倒圆最大0.3	目测	100%
6	N5	外观清洁度	目测工件清洁	100%
7	N4	成形区无裂纹	目测	100%
8	J2	ϕ13.60/ϕ13.70	量规07M06-57	0.4
注:当送检批量符合抽检要求时,按表1进行抽检。				

3.2.4 图注N6

对标号02、03、04上管座压紧弹簧按工艺卡的要求检查热处理曲线图。

3.3 返修后的检查

3.3.1 返修应是工艺允许的返修。

3.3.2 对返修后有会发生变化的尺寸、位置、表面状态,应按3.1和3.2中的规定重检,对于不产生变化的其他要素可不重检。

4 判定规则

符合3中所要求的标号02、03、04上管座压紧弹簧为合格产品。

表1 抽样数量与允许不合格数量的对应表

送检批量	抽检数量			允许的不合格数量		
N	AQL=0.4	AQL=1.5	AQL=4	AQL=0.4	AQL=1.5	AQL=4
91~150	32	32	20	0	1	2
151~280	32	32	32	0	1	3
281~500	32	50	50	0	2	5
501~1200	125	80	80	1	3	7
1201~3200	125	125	125	1	5	10

注:1 按GB 2828中一般检查水平Ⅱ进行一次取样;
2 如不合格数量超出表中的标准,则对送检批量进行100%返检。

第十章　数据处理

学习目标：技师通过本章的学习，应了解和掌握核燃料元件组件及零部件检测数据处理、测量误差基本理论知识，并能运用概率统计知识预测产品质量状况。

第一节　质量控制技术及检测结果的评价

学习目标：通过学习，能了解运用常规控制图、过程能力指数、标准物质来评价检测结果的方法。

一、常规控制图

常规控制图，即休哈特控制图。可应用记录和控制产品质量的波动，同时可用于记录和控制生产系统、生产工艺的波动。

控制图对过程的监视可能发生两种错误：第一种错误是过程正常，点子偶尔出界的虚发报警，其概率记为 α。第二种错误是过程异常，点子偶尔出现在界内的漏发报警，其概率记为 β。

α、β 的大小可通过调整上下界限 UCL、LCL 达到供需双方满意的结果，但无论如何调整，两种错误都不可能避免，即 α、β 都不可能为零。经验证明，休哈特提出的 3σ 方式能实现两种错误损失的最小化。3σ 方式是工艺控制中最常用的控制方式。

通常的统计一般采用 $\alpha=1\%,5\%,10\%$ 三级，但休哈特为了增加工厂使用的信心而把 α 取得特别小，这样 β 就大，从而增加漏发报警的可能，从而增加未能发现问题给供需双方造成的损失。为此，休哈特增加了第二类判异准则：界内点排列不随机判异（判异准则详见第八章）。

常规控制图归纳如表 10-1 所示。

二、用过程能力指数控制工艺过程

1. 双侧规范情况的过程能力指数

双侧规范情况的过程能力指数公式如下：

$$C_{\mathrm{p}}=\frac{T}{6\sigma}=\frac{T_{\mathrm{U}}-T_{\mathrm{L}}}{6\sigma}\approx\frac{T_{\mathrm{U}}-T_{\mathrm{L}}}{6s}$$

式中：T——技术规范的公差幅度；

T_{U}、T_{L}——上、下极限公差；

σ——总体标准差；

s——样本标准差。

表 10-1 常规控制图

分别	控制图代号	控制图名称	控制图界限	备 注
正态分布	$\overline{X}-R$	均值-极差控制图	$UCL_{\overline{X}}=\overline{\overline{X}}+A_2\overline{R}$ $UCL_R=D_4\overline{R}$ $LCL_R=D_3\overline{R}$	1. 正态分布的参数 μ 与 σ 互相独立,控制正态分布需要分别控制 μ 与 σ,故正态分布控制图有两张控制图,前者控制 μ,后者控制 σ 2. 二项分布与泊松分布则并非如此
	$\overline{X}-s$	均值-标准差控制图	$UCL_{\overline{X}}=\overline{\overline{X}}+A_3\overline{s}$ $UCL_s=B_4\overline{s}$ $LCL_s=B_3\overline{R}$	
	$\widetilde{X}-R$	中位数-极差控制图	$UCL_{\widetilde{X}}=\overline{\widetilde{X}}+m_3A_2\overline{R}$ $UCL_R=D_4\overline{R}$ $LCL_R=D_3\overline{R}$	
	$X-R_s$	单值-移动极差控制图	$UCL_X=\overline{X}+2.66\,\overline{R_s}$ $UCL_{R_s}=3.267\,\overline{R_s}$ $LCL_{R_s}=-$	
二项分布(计件值)	P	不合格率控制图	$UCL_p=\overline{p}+\sqrt{\overline{p}(1-\overline{p})/n}$	可用不合格品数 np_T 图代替
	N_p	不合品数控制图	$UCL_{np}=n\overline{p}+3\sqrt{n\overline{p}(1-\overline{p})}$	
泊松分布(计点值)	U	单位不合品数控制图	$UCL_u=\overline{u}+3\sqrt{\overline{u}/n}$	可用通用缺陷数 c_T 图代替
	c	不合数控制图	$UCL_c=\overline{c}+3\sqrt{\overline{c}}$	

2. 单侧规范情况的过程能力指数

只有上限要求的过程能力指数公式如下:

$$C_{pU}=\frac{T_U-\mu}{3\sigma}\approx\frac{T_U-\overline{X}}{3s}$$

只有下限要求的过程能力指数公式如下:

$$C_{pL}=\frac{\mu-T_L}{3\sigma}\approx\frac{\overline{X}-T_L}{3s}$$

3. 有偏离情况的过程能力指数 C_{pK}

此时,定义过程的分布中心 μ(及实际产品测量数据的平均值)与公差中心 M 的偏离 $\varepsilon=|M-\mu|$,μ 与 M 的偏离度 $K=\frac{\varepsilon}{T/2}=\frac{2\varepsilon}{T}$

则有偏离情况的过程能力指数公式如下:

$$C_{pK}=(1-K)C_P=(1-K)\frac{T}{6\sigma}\approx(1-K)\frac{T}{6s}$$

4. 过程能力指数 C_p 对工艺能力的评价参考

C_p 值的范围	级别	过程能力的评价参考
$C_p\geqslant1.67$	Ⅰ	过程能力过高(应视具体情况而定)
$1.67>C_p\geqslant1.33$	Ⅱ	过程能力充分,表示技术管理能力已很好,应继续维持。
$1.33>C_p\geqslant1.0$	Ⅲ	过程能力较差,表示技术管理能力较勉强,应设法提高为Ⅱ级。

续表

C_p 值的范围	级别	过程能力的评价参考
$1.0 > C_p \geqslant 0.67$	Ⅳ	过程能力不足，表示技术管理能力已应很差，应采取措施立即改善。
$C_p < 0.67$	Ⅴ	过程能力严重不足，表示采取紧急措和全面检查，必要时可停工整顿。

5. 过程能力指数 C_p 与 C_{pK} 对检测结果的评价

无偏离的 C_p 表示过程加工的均匀性，即“质量能力”，C_p 越大，则质量特性值的分布越“苗条”，即质量特性值越集中，反之亦然，C_p 反映了工艺过程的“质量能力”；而 C_{pK} 表示实际过程的分布中心 μ 与公差中心 M 有偏离时的过程能力指数，偏离越小（过程中心与公差中心越“瞄准”），则 C_{pK} 越大，反之亦然，C_{pK} 反映了质量管理能力。

将 C_p 与 C_{pK} 联合使用，可对产品的检测结果及质量水平有更全面的了解。可通过表10-2 和表 10-3 对检测结果进行评价。

表 10-2 k_σ 控制原则下的合格品率 p

K	不合格品率 p	k_σ 控制原则下的合格品率	C_p 值
1	$0.317\ 32 = 31.7 \times 10^{-2}$	1σ 控制原则的合格率为 68×10^{-2}	$C_p = 0.33$
2	$0.045\ 500 = 4.55 \times 10^{-2}$	2σ 控制原则的合格率为 95.4×10^{-2}	$C_p = 0.67$
3	$0.022\ 699\ 6 \approx 2.70 \times 10^{-3}$	3σ 控制原则的合格率为 99.73×10^{-2}	$C_p = 1.0$
4	$0.046\ 334\ 2 \approx 63.3$ ppm	4σ 控制原则的合格率为 99.994%	$C_p = 1.33$
5	$0.065\ 733\ 0 \approx 0.573$ ppm	5σ 控制原则的合格率为 99.999 9%	$C_p = 1.67$
6	$0.081\ 973\ 16 \approx 2$ ppb	6σ 控制原则的合格率为 100%	$C_p = 2$

表 10-3 联合应用 C_p 与 C_{pK} 所代表的合格率

C_{pK} \ C_p	0.33	0.67	1.00	1.33	1.67	2.00
0.33	68.268%	84.000%	84.134%	84.134%	84.134 47%	84.134 47%
0.67		95.450%	97.722%	97.725%	97.724 99%	97.724 99%
1.00			99.730%	99.865%	99.865 01%	99.865 01%
1.33				99.994%	99.996 83%	99.996 83%
1.67					99.999 94%	99.999 97%
2.00						99.999 999 8%

三、使用标准物质评价检测结果

1. 定义

标准物质（Reference Material）（RM）：具有一种或多种足够均匀和很好确定了的特性值，用以校准设备，评价测量方法或给材料赋值的材料或物质。

有证标准物质（Certified Reference Material）（CRM）：附有证书的标准物质，其一种或多种特性值用建立了溯源性的程序确定，使之可溯源到准确复现的用于表示该特性值的计量单位，而且每个标准值都附有给定置信水平的不确定度。

2. 标准物质在对检测结果的评价作用

标准物质是具有准确的特性量值、高度均匀与良好稳定性的测量标准，因此标准物质可以在时间和空间上进行量值传递。也就是说，当标准物质从一个地方被递交到另一个地方的测量过程，该标准物质的特性量值不因时间与空间的改变而改变，在这所说的"时间改变"是在该标准物质的有效期范围内。

(1) 标准物质作测量工作标准

正如标准物质定义所述：给物质或材料赋值。如同砝码通过天平确定被称物质的质量。在这种情况下应选用基体和量值与被测样品十分接近的标准物质。在测量仪器、测量条件和操作程序均正常的情况下，对标准物质与被测样品进行交替测量，或者每测 2～3 个样品插测一次标准物质。计算被测样品的特性量值。

$$x_{样} = \frac{y_{样}}{y_{标}} x_{标} \tag{10-1}$$

式中：$y_{标}$，$x_{标}$——分别表示标准物质在测量仪器上的测量值和标准值；

$y_{样}$，$x_{样}$——分别表示被测样品在测量仪器上的测量值和计算出的被测样品的量值。

被测样品的特性量值的不确定度为标准物质的特性量值的不确定度与用标准物质标定和测定被测样品的不确定度之合成。二级标准物质"UO_2芯块粉末中杂质元素系列成分分析标准物质"就是由国家一级标准物质"U_3O_8杂质元素系列标准物质"传递定值。

(2) 标准物质作校准标准

这里有两种情况，一是用标准物质检定测量仪器的计量性能是否合格。即关系到仪器的响应曲线、精密度、灵敏度等。在此情况需选用与仪器测量范围相宜、量值成梯度的几种系列标准物质。另一种情况是用标准物质做校准曲线，为实际样品测定建立定量关系。此时，应选用与被测样品基体相匹配的系列标准物质，以消除基体效应与干扰成分引入的系统误差。要用与测定样品相同的方法、测量过程与测量条件逐个测定标准物质。这两种情况的实验设计与数据处理均基于最小二乘法线性回归原理。

(3) 标准物质用作测量程序的评价

测量程序是指与某一测量有关的全部信息、设备和操作。这一概念包含了与测量实施和质量控制有关的各个方面，如原理、方法、过程、测量条件和测量标准等。在研究或引用一种测量程序时。需要通过实验对测量程序的重复性、再现性和准确性做出评价。采用标准物质评价测量程序的重复性、再现性与准确性是最客观、最简便的有效方法。

对测量程序的评价可分为由一个实验室进行评价和由实验室间计划进行评价两种情况。实验室间测量计划的详细过程请参见 ISO5725 和 ISO 指南 33:2000(E)。

(4) 标准物质用于测量的质量保证

测量的质量保证工作，围绕着质量控制与质量评价采取一系列的技术措施，运用统计学与系统工程原理保证测量结果的一致性和连续性。当测量的质量保证工作需要对测量结果的准确度做出评价时，使用标准物质是一种最明智的选择。在此情况下，标准物质有两种主要用法：

1) 用作外部质量评价的客观标准

内部质量评价的各种方法，只能评价测量过程是否处于统计控制之中，而不能提出使服务对象或者主管领导信服的，证明测量结果是准确的证据，因而，外部质量评价是十分必要的。目前国际上公认的用作外部质量评价最简便、最有效的办法是使用标准物质。由于标准物质还不能满足各个方面的需要，因而，近几年国际上又发展了一种熟练实验程序(Proficiency Testing Schemes)，用于外部质量评价。但这种方法只能评价参加实验室之间数据的一致性，对实验室的测量能力给予评价。使用标准物质作外部质量评价的方法很简单。质量保证负责人或者委托方，选择一种与被测物相近的标准物质，作为未知样品交给操作者测量；收集测量数据，计算出结果 $\overline{x} \pm t_{0.95}s$ ；然后，与所用标准物质的标准值 $A \pm u$ 进行比较。

若 $|\overline{x} - A| \leqslant \sqrt{u^2 + (ts)^2}$ ，则可以判定该实验室的测量过程无可察觉的系统误差、测量结果是准确的。若出现大于符号，则表明测量过程有可察觉的系统误差。

2）用于长期质量保证计划

当一个例行测量实验室承担某种经济或者社会意义重大的样品的长期测量任务时，质量保证负责人应使用相应标准物质做长期的准确度控制图，以及时发现与处理测量过程中的题，保证测量结果的准确性，具体方法见十五章的质量控制图。

(5) 标准物质在技术仲裁、控制分析与认证评价中的作用

在国内外贸易中，商品质量纠纷屡见不鲜，需要进行技术仲裁。在这种情况下，如果能选择到合适的，由公正和权威的机构审查批准的一级标准物质，进行仲裁分析，将十分有利于质量纠纷的裁决。裁决负责人将标准物质作为盲样，分发给纠纷双方出具商品检测数据的实验室，测得结果与标准物质的保证值在测量误差范围内相符合的一方，被判为正确方。这种仲裁分析，要比找第三方作商品的仲裁分析更客观、更直接，因而也更有说服力。

当一个测量实验室承担责重稀少样品的测量任务时，选择合适的标准物质作平行测量。根据标准物质测量结果正确与否，直接判断样品测量结果的可靠性。

近些年来，国内外十分重视出具公正数据测量实验室的认证工作，通过国家权威公正机构，对测量实验室承担某些检测任务的条件与能力进行全面的审查与评价，从而决定是否发授权证书。在审查、评价过程中，运用相应的标准物质是必不可少的。负责审查与评价的专家将标准物质作为盲样发给实验室，将其测量结果与标准物质的保证值进行比较。若在测量误差范围内一致，则表明该实验室有出具可靠数据的实际能力。

(6) 标准物质的正确使用

标准物质的正确使用包含正确的选择。正确使用(防止误用)和使用的注意事项。

1）标准物质使用者根据要进行的测量程序之目的从国家技术监督局发布的“标准物质目录”中选择相应种类的标准物质。

2）从“目录”中发布的标准物质特性量值选择与预期应用测试量值水平相适应的标准物质。使用者不应选用不确定度超过测量程序所容许水平的标准物质，在一般工作场所可以选用二级标准物质。对实验室认证、方法验证、产品评价与仲裁等可以选用高水平的一级标准物质。

3）使用者在使用标准物质前应仔细、全面地阅读标准物质证书，这一点十分重要。只有认真地阅读证书中所给出的信息，才能保证正确使用标准物质。

4）选用的标准物质基体应与测量程序所处理材料的基体一致，或者尽可能接近。同时注意标准物质的形态，是固体、液体还是气体，是测试片还是粉末，是方的还是圆的。

5）标准物质证书中所给的“标准物质的用途”信息应受到使用者的重视，当标准物质用于证书中所描述用途之外的其它用途可造成标准物质的误用。

6）选用的标准物质稳定性应满足整个实验计划的需要。凡已超过稳定性的标准物质切不可随便使用。

7）使用者应特别注意证书中所给该标准物质的最小取样量。最小取样量是标准物质均匀性的重要条件，当小于最小取样量使用时，标准物质的特性量值和不确定度等参数有可能不再有效。

8）在质量控制计划中把标准物质作为未知检验“盲样”来使用，有可能是误用，特别是一些专门技术领域中仅有少数标准物质，它们很容易被识别，因而达不到“盲样”的预期目的。此外，同一标准物质决不能即用于校准目的又作为在测量过程中未知检验样品的“盲样”。另外，当标准物质的供应不足或极昂贵时，这种使用确实是误用。

9）使用者应该认识到制备工作标准代替有证标准物质时需要附加的费用，特别是对化学成分定值的复杂成分物料，制备与实际样品组成匹配的工作标准，其花费可能超过购买有证标准物质。在这种情况下，推荐使用有证标准物质。使用者不可以用自己配制的工作标准代替标准物质。自己配制工作标准会造成过多的财力、物力和人力的浪费，更谈不上测量结果的准确性、可比性与溯源性。

10）所选用的标准物质数量应满足整个实验计划使用，必要时应保留一些储备，供实验计划后必要的使用。

11）选用标准物质除考虑其不确定度水平外还要考虑到标准物质的供应状况、价格以及化学的和物理的适用性。有的使用者不顾花费昂贵的价格与手续非要从国外进口标准物质来使用(测量程序所需而国内又没有的除外)，这也是标准物质的误用。

12）应在分析方法和操作过程处于正常稳定状态下，即处于统计控制中使用标准物质，否则会导致错误。

总而言之，标准物质必须始终地用于保证测量的可靠。正确使用标准物质可以保证量值准确、可靠。

第二节　异常数据及其处理

学习目标：通过学习，能了解异常数据产生的原因，系统误差发现及减少，异常数据的检验和处理方法。

一、异常数据产生的原因

在检验中，检验员、被检验对象、所用计量器具、检验方法和检验环境构成检验系统，此系统或多或少地存在误差，故任何检验均存在误差。检测误差超出可控范围，就会出现异常数据。

异常数据产生的原因：

(1) 检验员操作失误。检验员工作时的心情、责任心、疲劳、视力、听力、操作技术水平及操作固有不良习惯等，都会引起检验误差。

(2) 计量器具误差。一些计量器具在设计原理上存在近似关系或不符合原理而造成误差;又由于计量器具的零件的制造、装配质量存在误差给计量器具带来误差;在量值传递中带来的误差等。任何计量器具都存在误差。

(3) 标准件(物质)误差。在检定、校验计量器具中由于所用标准的误差给计量器具带来误差。

(4) 检验方法误差。由于所用检验方法不完善而引起检验误差。

(5) 检验环境误差,如检验周围的温度、湿度、尘埃、振动、光线等不符合规定要求而引起检验误差。

此外,尚有不明原因引起的检验误差。应从检验系统中去查找产生检验误差的各种原因。

二、系统误差发现及减少的方法

系统误差对检验结果的影响规律是其值大于零则检验结果值变大;其值小于零,则检验结果值变小。

1. 发现定值系统误差的方法

方法 1:如果一组测量是在两种条件下测得,在第一种条件的残差基本上保持同一种符号,而在第二种条件的残差改变符号,则可认为在测量结果中存在定值系统误差,表 10-4 是用两把量具测量的结果,其中前 5 个数值是用一把量具,后 5 个数值是用另一把量具。

从表 10-4 中可知这两把量具中至少有一把的示值超差或零位失准。

表 10-4 测量残差

序号	测量结果 x_i/mm	平均值 X/mm	残差 $V=x_i-x$/mm
1	25.885	25.889	−0.004
2	25.887		−0.002
3	25.884		−0.005
4	25.886		−0.003
5	25.895		−0.004
6	25.89		+0.007
7	25.893		+0.004
8	25.892		+0.003
9	25.891		+0.002
10	25.892		+0.003

方法 2:若对同一个被测量在不同条件下测量得两个值 Y_1、Y_2,设 $\Delta 1$ 和 $\Delta 2$ 为测量方法极限误差,如果 $|Y_1-Y_2|>\Delta 1+\Delta 2$,则可认为两次测量结果之间存在定值系统误差。

例如,在测长仪上对一个工件进行测量,由两个检验员分别读数,甲检验员读得 $Y_1=0.012\ 3$ mm,乙检验员读得 $Y_2=0.012\ 6$ mm,请检查他们读数之间是否存在定值系统误差?有经验的检验员估读的极限误差为 0.1 刻度,故 $\Delta 1=\Delta 2=0.001\times 0.1$ mm$=0.000\ 1$ mm (0.001 mm 是测长仪的分度值)。$\Delta 1+\Delta 2=0.000\ 2$ mm,而 $|Y_1-Y_2|=|0.012\ 3-0.012\ 6|=0.000\ 3$ mm,结果是:$|Y_1-Y_2|>\Delta 1+\Delta 2$,故认为他们之间的测量结果存在定值系统误差。

2. 发现变值系统误差的方法

进行多次测量后依次求出数列的残差，如果无系统误差，则残差的符号大体上是正负相间；如果残差的符号有规律地变化，如出现(＋＋＋＋－－－－)或(－－－－＋＋＋＋)情况则可认为存在累积系统误差；若符号有规律地由负逐渐趋正，再由正逐渐趋负，循环重复变化，则可认为存在周期性系统误差。

3. 减少系统误差的方法

(1) 修正法。取与误差值相等而符号相反的修正值对测量结果的数值进行修正，即得到不含有系统误差的检验结果，一些计量器具附有修正值表，供使用时修正。

(2) 抵消法。通过适当安排两次测量，使它们出现的误差值大小相等而符号相反取其平均值可消除系统误差。

(3) 替代法。测量后不改变测量装置的状态，以已知量代替被测量再次进行测量，使两次测量的示值相同，从而用已知量的大小确定被测量的大小。例如在天平上秤重量，由于天平的误差而影响到秤的结果。为了消除这一误差，可先用重量 M 与被测量 Y 准确平衡天平，然后将 Y 取下，选一个砝码 Q 放在天平上 Y 的位置使天平准确平衡，则 $Y=Q$。

(4) 半周期法。如果有周期性系统误差存在，则对任何一个位置而言，在与之相隔半个周期的位置再进行读数，取两次读数的平均值可消除系统误差。

4. 随机误差发现及减少的方法

随机误差变化的因素很多，变化很复杂，它们对误差影响有时小，有时大，有时符号为正，有时符号为负，其发生和变化是随机的。但是，在重复条件下，对同一量进行无限多次测量，其随机误差值的分布规律服从正态分布规律。即随机误差的特点服从正态分布.

在检验中增加测量次数是减少平均值随机误差的有效方法。

三、异常数据的检验和处理

1. 异常数值

在检验所得的一组数值中，有时会发现其中一个或某几个数值与其他大部分数值有明显差异，这种数值可能是异常数值(离群值)，也可能不是异常数值。

例如检验得 10 个数值；6.5，6.8，6.3，6.6，7.0，6.9，7.0，10.0，6.0，6.3。从中看到 10.0 比其他 9 个数大许多，它可能是异常数值，但是否是异常数值？必须经过检验后才能下结论。如果是异常数值，则必须对它进行处理，因为它严重歪曲了检验结果，过去将异常数值称为粗大误差、人为误差等。

产生异常数值的原因可能是生产中人、机、料、法、环突然发生变异所致。也可能是测量中测量条件和测量方法突然变异或者是检验员看错量具的示值或者是读错数、记录错所致。如果人、机、料、法、环、测突然发生变异，应立即停止生产。待恢复正常后再继续生产；如果是检验员失误应立即纠正。

在分析化学中分析测试的数据总有一定的离散性，这里由偶然误差引起的，是正常的。但往往有个别数据与其他数据相差甚远，这个数据如果是过失误差造成的就必须舍弃，但这个数据是否是由过失误差引起的，往往在实际工作中难于判断，只能说这种数据是可疑值。是否应舍去需要用数理统计方法进行处理，不可轻易取舍。

可疑值的取舍问题，实质上就是区分偶然误差和过失误差两种不同性质的误差问题，统计学处理可疑值的方法有很多种，下面介绍几种常用方法。

2."$4\bar{d}$"检验法

用"$4\bar{d}$"法判断可疑值的取舍步骤如下：

将可疑值除外，计算其余数据的平均值 $\bar{x}$；

将可疑值除外，计算其余数据的平均偏差 $\bar{d}$；

计算可疑数据 x 与平均值 $\bar{x}$ 之差的绝对值 $|x-\bar{x}|$；

判断：当 $|x-\bar{x}|>4\bar{d}$ 时，则数据 x 舍去，反之，则保留。

例 10-1：标定盐酸标准滴定溶液的浓度 $C_{(HCL)}$，得到下列数据：0.101 1、0.101 2、0.101 0、0.101 6，问第 4 次测定的数据是否保留？

解：除去 0.101 6 检验结果，平均值 $\bar{x}=0.1010$；平均偏差 $\bar{d}=0.00007$

则 $|0.1016-0.1011|=0.0005>4\bar{d}$ ($4\bar{d}=0.0003$)

故第 4 次测定数据应舍去。

3. Q 检验法

用 Q 检验法进行可疑值取舍的判断时，首先将一组数据由小到大排列为：$x_1, x_2, \cdots, x_{n-1}, x_n$，若 x_1 或 x_n 为可疑值，则根据统计量 Q 进行判断。

若 x_1 为可疑值时，

$$Q=\frac{x_2-x_1}{x_n-x_1} \tag{10-2}$$

若 x_n 为可疑值时，

$$Q=\frac{x_n-x_{n-1}}{x_n-x_1} \tag{10-3}$$

当 Q 值计算出后，再根据所要求的置信度查 Q 值表(见表 10-5)，若所得 Q 值大于表中的 Q 表值时，该可疑值应舍去，否则应予以保留。

表 10-5　Q 值表(置信度 90%和 95%)

测定次数(n)	2	3	4	5	6	7	8	9	10
$Q_{0.90}$	…	0.94	0.76	0.64	0.56	0.51	0.47	0.44	0.41
$Q_{0.95}$	…	1.53	1.05	0.86	0.76	0.69	0.64	0.60	0.58

例 10-2：用 Q 检验法判断上列中的数据 0.101 6 是否应舍去？

解：将测定数据由小到大排列为 0.101 0、0.101 1、0.101 2、0.101 6，

$$Q=\frac{0.1016-0.1012}{0.1016-0.1010}=0.67$$

查 Q 值表，当置信度为 95%，$n=4$ 时，$Q_{表}=1.05$。$Q<Q_{表}$，因此 0.101 6 这个数据应保留。

4. 格鲁布斯检验法

用格鲁布斯检验法进行可疑值取舍判断时，首先将一组数据由小到大排列为：$x_1, x_2, \cdots, x_{n-1}, x_n$。然后计算出该组数据的平均值及标准偏差，再根据统计量 $\lambda(\alpha, n)$ 进行判断。

若 x_1 为可疑值时，

$$\lambda=\frac{\overline{x}-x_1}{S} \tag{10-4}$$

若 x_n 为可疑值时，

$$\lambda=\frac{x_n-\overline{x}}{S} \tag{10-5}$$

当 λ 值计算出后，再根据其置信度查 λ 值表(见表 10-6)，若计算所得 λ 值大于 λ 值表中的 $\lambda_{表}$ 时，则可疑值应舍去，否则应予以保留。

表 10-6　$\lambda(\alpha,n)$数值表

测定次数 (n)	置信度 α		测定次数 (n)	置信度 α	
	95%	99%		95%	99%
3	1.15	1.15	10	2.18	2.41
4	1.46	1.49	11	2.23	2.48
5	1.67	1.75	12	2.29	2.55
6	1.82	1.94	13	2.33	2.61
7	1.94	2.10	14	2.37	2.66
8	2.03	2.22	15	2.41	2.71
9	2.11	2.32	20	2.56	2.88

例 10-3：用格鲁布斯法判断上列中的数据 0.101 6 是否应舍去(置信度 95%)。

解：将测定数据由小到大排列为 0.101 0、0.101 1、0.101 2、0.101 6。

$$\overline{x}=0.101\ 2,S=0.000\ 3,$$

$$\lambda=\frac{0.101\ 6-0.101\ 2}{0.000\ 3}=1.33$$

查 λ 值表，当置信度为 95%，$n=4$ 时，$\lambda_{(0.95,4)}=1.46$。$T<T_{(0.95,4)}$，因此 0.101 6 这个数据应保留。

由上面例题可见，三种方法对同一组数据中可疑值取舍进行判断时，得出的结论不同。这是由于 $4d$ 法虽然运算简单，但在数理上不够严格，有一定的局限性，这种方法先把可疑值排外，然后进行检验，因此容易把原来属于正常的数据舍去，目前已很少应用这种方法。Q 检验法符合数理统计原理，但原则上只适用于一组数据有一个可疑值的判断，且要求一组数据里应含 3～10 个数据，当测定数为 3 次时，最好补测 1～2 个数据再检验判断以定取舍。格鲁布斯法将正态分布中两个重要样本参数 $\overline{x}$ 和 S 引入进来，方法的准确度较好。因此三种方法通常以格鲁布斯法为准。

5. 狄克逊准则

狄克逊法是对 Q 检验法的改进，它是根据不同的测定次数范围，采用不同的统计量计算公式，因此比较严密。其检验步骤与 Q 检验法类似，这里不再详述。统计量 r 的计算公式见 Dixon 检验临界值表(见表 10-7)，同样，当计算的 $r<r_{表}$ 时，这个数据应保留，否则应舍去。

表 10-7 Dixon 检验临界值表

测定次数	置信度		统计量	
	95%	99%	x_1 为可疑值	x_n 为可疑值
3	0.941	0.988	$r_{10}=\dfrac{x_2-x_1}{x_n-x_1}$	$r_{10}=\dfrac{x_n-x_{n-1}}{x_n-x_1}$
4	0.765	0.889		
5	0.642	0.780		
6	0.560	0.698		
7	0.507	0.637		
8	0.554	0.683	$r_{11}=\dfrac{x_2-x_1}{x_{n-1}-x_1}$	$r_{11}=\dfrac{x_n-x_{n-1}}{x_n-x_2}$
9	0.512	0.635		
10	0.477	0.597		
11	0.576	0.679	$r_{12}=\dfrac{x_3-x_1}{x_{n-1}-x_1}$	$r_{12}=\dfrac{x_n-x_{n-2}}{x_n-x_2}$
12	0.546	0.642		
13	0.521	0.615		
14	0.546	0.641	$r_{22}=\dfrac{x_3-x_1}{x_{n-2}-x_1}$	$r_{22}=\dfrac{x_n-x_{n-2}}{x_n-x_3}$
15	0.525	0.616		
16	0.507	0.595		
17	0.490	0.577		
18	0.475	0.561		
19	0.462	0.547		
20	0.450	0.535		
21	0.440	0.524		
22	0.430	0.514		
23	0.421	0.505		
24	0.413	0.497		
25	0.406	0.489		

可疑值的剔除还有其他一些不常用的方法，如拉依达准则、肖维勒准则、罗马诺夫斯基准则、拉依达准则、χ^2 检验法等。

第十一章　仪器设备的维护保养

学习目标：技师通过本章的学习，应了解和掌握核燃料元件组件及零部件大型测试设备的现场安装、调试及性能评估，掌握常见故障的排除方法及核心配件的维护和更换知识。

第一节　检测设备的结构、原理、安装、调试及评价

学习目标：通过学习，能掌握三坐标测量机、轮廓综合测量仪、组件检查仪、抽插力测力装置的结构、原理、安装、调试及性能评价方法。

一、三坐标测量机

1．三坐标测量机的结构

三坐标测量机是一种三维坐标测量仪，三坐标测量机按测头类型可分接触式测量机（如IOTA 1102三坐标测量机、PERFORMANCE三坐标测量机）和非接触式测量机（如PMC500 CCD测量机）两种。三坐标测量机主要由支腿、工作平台（大理石平台）、龙门（或桥）、主轴、光栅、测头座、测针、测头库、控制柜、计算机、测量软件、操作盒等部分组成，三坐标测量机必须配备相当的电源和气源才能正常工作，其结构示意图如图11-1所示。

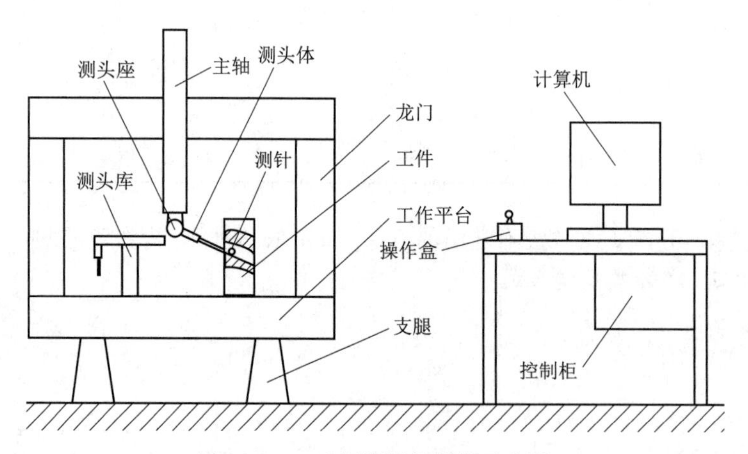

图11-1　三坐标测量机结构示意图

支腿用于支撑工作平台和龙门，调整工作台水平度，一般具有减震功能。

工作平台一般由大理石材料制作，大理石具有良好的热稳定性和强度，特别适用于制作精密设备的工作平台，用于支撑龙门，与龙门保持一定的垂直度关系，也是被测工件的定位平台。

龙门是一个门形框架，由一根水平横梁和两根竖直立柱组成，它的横梁与一根竖直主轴保持一定的垂直度关系。

工作平台、龙门和主轴相互间大部分安装有气垫轴承来实现相互间的定位和相互间的非接触位移，运动阻力很小。也有由丝杠传动，平面滚动副导轨定位和相互间接触运动的，这种方式的运动阻力较大，丝杠和平面滚动副导轨比气垫轴承容易出现故障。工作平台、龙门和主轴相互平移使三坐标测量机具有 X、Y、Z 三维坐标运动定位功能，再加上测头座在水平面上 360°范围及铅垂面上 180°范围的旋转能力，使得三坐标测量机具有很强的空间定位能力和空间测量能力。

光栅是一种十分精密的长度衡量器具，经过激光干涉仪和配套软件标定和补偿后，其长度计量误差可达到 0.1 μm 级。三坐标测量机正是通过工作平台和主轴上的光栅来实现精确定位和精确测量的。光栅是三坐标测量机的关键部件，要特别保护，严禁水、油、汗、尘、纤维的污染和硬物划伤。

测头库能存放测头体和测针的配合体，加上自动更换程序，使得三坐标测量机能适应测量结构复杂的工件且需要多种测针时的全自动测量。

控制柜、计算机、测量软件分别是三坐标测量机控制、计算、贮存单元，可通过计算机编程实现对其他部分的控制。

操作盒方便操作员手动操作三坐标测量机。

2. 三坐标测量机的性能

三坐标测量机适合于各种线性尺寸误差和形位误差(直线度、平面度、线轮廓度、面轮廓度、圆度、圆柱度、平行度，位置度、垂直度、倾斜度、对称度)的测量。当然，不同型号的三坐标测量机具备的功能不尽相同。

三坐标测量机可用手动完成测量任务，当被测量工件批量大时，也可通过计算机编程实现自动测量。

三坐标测量机的性能除了其能检测和评价的线性尺寸误差和形位误差的多少外，最为重要的性能是其测量精度。一般三坐标测量机的精度都在微米级别。

3. 三坐标测量机的安装及使用

三坐标测量机应安装无尘，具备恒温恒湿设备的环境下工作；精度需要时，还必须修建防震沟，以防止周围震动源通过地表传递给三坐标检测机，从而影响测量精度。

每天开机前用高织纱纯棉布沾无水乙醇清洁各轴导轨面，用高织纱纯棉布或高织纱纯棉布沾无水异丙酮清洁各光栅尺，保证各轴导轨面和光栅尺上无水、无尘、无油、无汗、无纤维，以防气垫轴承被堵塞而运动受阻，甚至造成导轨面被划伤致使精度丧失而无法工作。被测量工件应无水、无油、无尘，无毛刺。被测工件重量、环境温度和环境湿度应符合设备使用说明书或设备操作维护规程的规定。

二、轮廓综合测量仪

1. 轮廓综合测量仪的结构

轮廓综合测量仪是一种将工件表面轮廓放大后进行评价的测量仪器，特别适合于测量常规测量器具无法直接测量的复杂的内外表面轮廓。根据评价的方式不同，轮廓综合测量仪可分为手动轮廓综合测量仪和自动轮廓综合测量仪两种。轮廓综合测量仪主要由平台、立柱、测量单元、测针、控制单元、计算机、评价单元等部分组成。轮廓综合测量仪必须配备相当的电源才能正常工作。其结构示意图如图 11-2 所示。

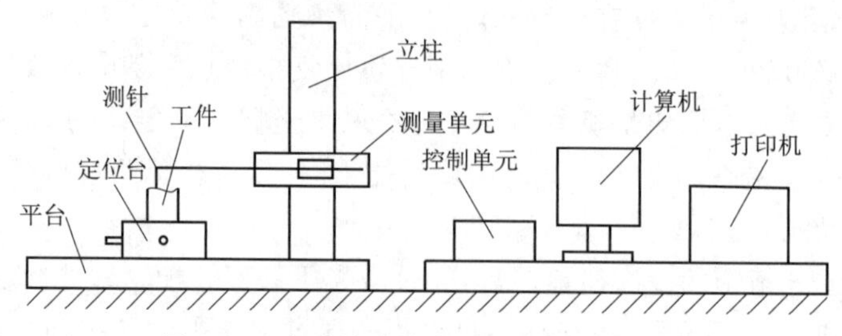

图 11-2 自动轮廓综合测量仪结构示意图

平台水平放置,上面有定位台,用于放置和定位工件,体现测量的水平基准。立柱与平台具有良好的垂直关系,体现测量的铅垂基准。

测量单元与立柱配合,可相对于立柱上下移动,测量单元可相对于立柱调整一定范围的角度,以实现需要特殊测量角的表面轮廓的测量,测量单元中的位移传感器能将测针细微的上下位移传给控制单元或评价单元。

测针与测量单元连接,与工件接触,在控制单元的控制下,与工件表面轮廓做相对移动,完成对工件表面轮廓的取样。

控制单元控制测量单元和测针的运动。对于手动轮廓综合测量仪,控制单元可按设置的放大比例画出工件表面轮廓曲线图,检验员可用直尺、量角器、R 规、卡尺等常规量具在工件的表面轮廓曲线图上间接测量出角度、距离、圆弧半径等工件表面轮廓特征。

评价单元,自动轮廓综合测量仪具有评价单元,它通过计算机和评价软件对工件表面轮廓进行放大,并实现角度、距离、圆弧半径、轮廓度、直线度等的自动评价,能实现编程测量,特别适合于批量自动测量,效率比手动轮廓综合测量仪的高很多。手动轮廓综合测量仪没有评价单元。

计算机,对于自动轮廓综合测量仪,用计算机来协调测量单元、测针、控制单元之间的相互工作关系,并协助评价单元完成对工件表面轮廓特征的自动评价,还可保存测量结果。与打印机联机后,可打印测量报告。

2. 轮廓综合测量仪的功能

手动轮廓综合测量仪能自动测绘和人工间接评价角度、距离、圆弧半径等工件表面轮廓特征。

自动轮廓综合测量仪能实现对角度、距离、圆弧半径、轮廓度、直线度等的自动测量和自动评价。

3. 轮廓综合测量仪的安装和使用

轮廓综合测量仪应在一定的温度环境下工作,在测量过程中,特别注意防止震动,震动会造成无法准确测量。测针和测量单元是轮廓综合测量仪的关键部件,受到碰撞后容易损坏,所以在使用时应特别加以保护。

我们通过测量燃料组件上管座导向管孔复杂的表面轮廓来说明轮廓综合测量仪的使用。

图 11-3 是燃料组件上管座导向管孔表面轮廓示示意图。需要测量仪 L_1、$R_{0.2}$最大、R_1

最大、30°等要素，由于测量空间较小，被测量轮廓复杂，所以选用轮廓综合测量仪来测量比较合适。

现在我们来分析如何用轮廓综合测量仪测量这些要素。

对于 L_1 和 30°，应该有评价基准，分析图 11-3 后可知，它们的评价基准是水平线。由此可知，测量时管座的装夹位置可与图示的位置一致。对于 $R_{0.2}$ 最大，如果测针水平移动，将测量不到根部圆角，因此应将测量单元倾斜一个合适的角度，使得测量时，测针与水平线有一定夹角移动(如图所示)，这样就能实现根部圆角 $R_{0.2}$ 最大的准确测量。

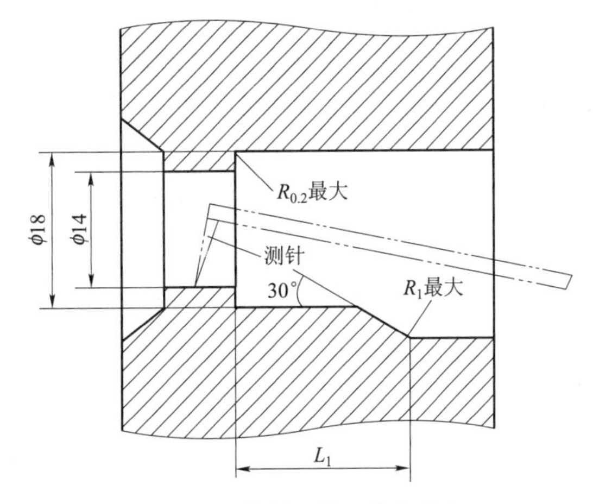

图 11-3 燃料组件上管座导向管孔表面轮廓示意图

我们应根据被测最小孔径来选择测针。从图 11-3 可知，被测最小孔径为 14 mm，所以测针的长度不能超过 14 mm，测量杆的长度也应长于被测量表面轮廓的全长。

分析图 11-3 后可知，被测表面轮廓在两个台阶圆柱内，与圆柱面的素线平行，所以在测量时，应将表面轮廓的走向与测针的运动平面平行，并且测针应处于圆柱面的横截面的极点上(本例应在圆柱面的最低点)，这样才能实现准确测量。

接下来进行测量。测量前设定合适的测量参数(测量速度、放大比例等)。

进行评价。对于没有自动评价功能的轮廓综合测量仪，需要人工对表面轮廓图样用直尺、卡尺、量角器，R 规进行评价。对于有自动评价功能的轮廓综合测量仪，测量后可直接在计算机屏幕上评价出相应的距离，角度，根部圆角等，并且可将设定好的测量参数和评价过程保存为测量程序，以便以后成批生产中实现自动测量和评价。

使用轮廓综合测量仪测量工件的步骤为：

(1) 分析图纸，明确基准元素和被测元素，确定测量基准和测量步骤；

(2) 选择合适的夹具来夹持和定位工件，确保轮廓表面的走向与测针的运动平面平行；

(3) 找正测针，测针应处于被测轮廓表面的横截面的极点上；

(4) 设定合适的测量参数并进行测量；

(5) 根据表面轮廓图样人工或自动评价各被测量要素，对于具备自动测量和评价功能的，可保存测量程序；

(6) 记录测量结果。

各种被测量要素的具体测量方法可详见其使用说明书。教学中以实践教学为主。

三、组件检查仪

组件检查仪是一种综合的检验设备，是用于测量 15×15 和 17×17 燃料组件外形尺寸的专用检测设备，该设备由三个主要部分构成，即机械构件、自控系统和计算机数据采集系统。它是一套融手动调整、自动测量、联锁保护、组件仪检定及报表打印等功能为一体的综合多功能工作站。其工作原理是通过 16 个电感探头对燃料组件外形尺寸进行测量，将测量值与理想方棱柱体进行比较,通过规定的数学模型进行数据处理,从而得到组件的偏差。

使用组件检查仪,检测组件在定中心及自由站立两种状态下的包络线、组件长度、组件上下端面平行度、垂直度、直线度、位置度等。

1. 主要性能指标

测量范围:190×190 mm～250×250 mm

最大长度:5 m

测量精度:±0.05 mm

2. 使用操作步骤:

(1) 系统上电。

(2) 测量探头走参考点。

(3) 探头向设定值的移动。

(4) 吊组件放置在标准垫块上,装上保护架。

(5) 调用检测程序,自动进入测量画面,输入所需参数。

(6) 上机头下压到位,取保护架,自动测量组件。

(7) 测量完毕,吊离组件,打印测量报告单。

燃料组件检查仪示意图如图 11-4。

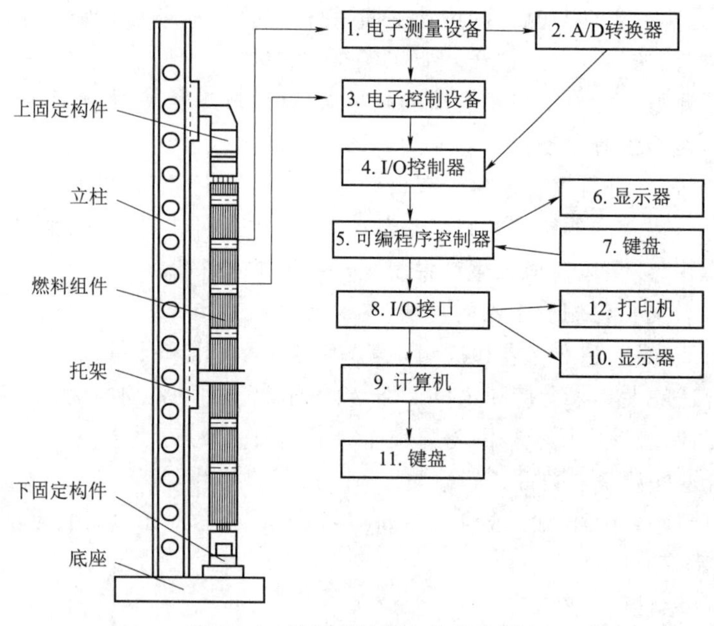

图 11-4　燃料组件检查仪示意图

四、抽插力测力装置

1. 结构

控制棒抽插测力装置用于测量燃料组件和相关组件的抽插力,它是由检查合格的标准控制棒组件或阻力塞阻件、升降装置、测力仪、组件固定装置等组成。测量时,标准控制棒组件以不变的速度插入，观察指示仪表上插入力的变化，记录其最大值。其示意图如图 11-5。

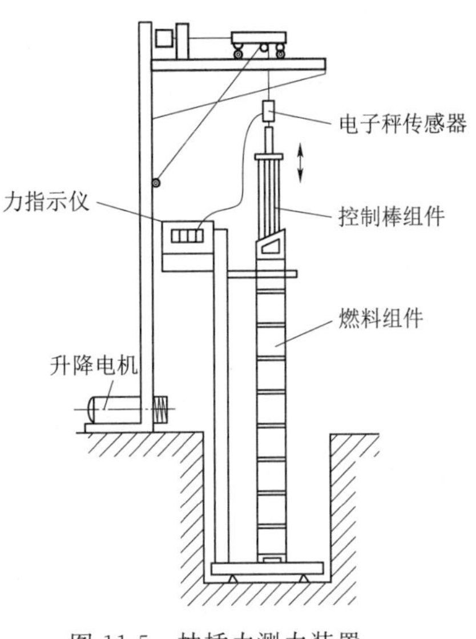

图 11-5　抽插力测力装置

2. 主要性能指标

伸缩臂有效行程：420 mm

起吊速度：0.8～2 m/min

起吊高度：6 700 mm

起吊重量：≤80 kg

起吊电机功率：N＝1.1 kW　频率可调及电动控制

测量范围：0～99.0 kgf

测量精度：0.1 kgf

3. 安装条件

控制棒抽插测力装置应安装在一定的恒温恒湿、防震环境下工作，安装环境的清洁度应确保对产品不造成污染。

4. 操作及调试步骤

(1) 系统上电。合电控制箱的电源开关，按下操作台上的运转按钮，开测力显示开关。

(2) 打开保护框夹，按操作台上“后缩”按钮，使伸缩臂后退到位停止。然后，吊燃料组件置定板上准确定位，再合上保护框夹，脱开吊具，升起吊车。

(3) 按操作台上“前伸”按钮，伸缩臂前伸到位停止。

(4) 将“点动联动”按钮置于“点动”状态(1 状态)，按下“下降”按钮，然后以点动方式，使控制棒组件慢慢下降，到规定位置。

(5) 在控制棒组件棒束之间插入导向梳，取下控制棒组件棒束定位板，借助导向梳，使控制棒组件棒束准确插入燃料组件导向管内的约 20 mm，然后，取下导向梳。

(6) 待棒束静止后，调测力显示器微调旋钮置 0.00，然后，将控制台上“点动、联动”按钮置于“联动”状态(0 状态)。这时，控制棒组件将沿着燃料组件导向管下移，直至到位后读测力显示器的显示值，按下“下降停”按钮。

(7) 按下“上升”按钮，控制棒组件上升，至规定位置停(由限位开关确定)。此时，仍有约 400 mm 长的棒束插在燃料组件导向管内。在控制棒组件棒束之间插入导向梳，然后，再按下“上升”按钮，控制棒组件继续上升，直至控制棒组件棒束全部抽出燃料组件，再按下“上升停”按钮。

5. 注意事项

(1) 吊燃料组件定位过程中，应十分小心，决不能碰伤组件。

(2) 控制棒组件在插入燃料组件导向管管口时，应采用“点动”方式绝对禁止采用“联动”方式。

(3) 控制电机的频率设定为 25 Hz，非经设备负责人许可，不能任意整改。

(4) 在操作过程中，必须有至少 2 人在场，并且要注意监视设备运行状态。

第二节 大型检测设备的常见故障及维修

学习目标:通过学习,能掌握三坐标测量机、轮廓综合测量仪、组件检查仪、抽插力测力装置的常见故障及维修方法。

一、三坐标测量机

1. 三坐标测量机的故障

三坐标测量机是性能稳定的通用测量设备,在核燃料元件零部件检测中广泛应用,一般不容易出现故障,但当使用不当,或环境条件达不到要求时,将会出现故障。

其常见故障有:

突然停电造成的故障 检测中断,检测数据丢失(轻微故障);突然停电的瞬间高电压造成设备控制电路板的电子元器件被击穿(严重故障)。

压缩空气质量问题造成的故障 压缩空气压力或流量不够,造成三坐标运行不不畅而无法正常检测(中等故障);有压缩空气中不洁净,含水、油量超标,三坐标的过滤系统失效,压空中的水或油进入设备的空气轴承,堵塞气路,造成三坐标不能运行,如不及时维修,将造成运动主轴(尤其是硬铝合金制造的 Z 轴)严重划伤而设备报废(严重故障);

操作失误造成的故障 操作者不熟练,造成测尖或测头体损坏,属于最常见的设备故障严重时会影响设备精度;操作者没有坚持每天对设备的清洁度进行维护,或维护不当(如采用不符合尤其的试剂擦拭导轨),造成导轨上的灰尘进入设备的空气轴承,堵塞气路,造成三坐标不能运行,长久如此,也可能造成运动主轴(尤其是硬铝合金制造的 Z 轴)严重划伤而设备报废(严重故障);操作者的不良习惯,搬运工件习惯将工件放在设备大理石平台的导轨区,造成导轨磨损而影响设备精度(严重故障)。

2. 三坐标测量机故障的维修

对于突然停电造成的检测中断,检测数据丢失,可通过测量软件的改进,或检测系统的升级,实现检测数据的中断保护功能;当然,实现有计划的停电,预防突然停电才是治本的方法。

对于突然停电造成的瞬间高电压造成设备控制电路板的电子元器件被击穿(严重故障),可通过更换相应电路板而及时恢复设备。配备合适的不间断电源(UPS)能很好地预防此类故障的发生。

对于压缩空气压力或流量不够,有两种情况:一是工厂提供压空本身不够,此时需要给三坐标检测设备配置专门的空气压缩设备;二是工厂压空没有问题,但与设备连接的空气输送管道直径太小造成压空流量不足,此时可更换直径更大的连接管道。

对于压缩空气中不洁净,含水、油量超标造成堵塞气路,此时应立即停止运行设备,可在重新获得干净的压空后,通过气路的软管加入适量的航空汽油,再接通干净的压空,将被堵塞的气路恢复畅通,必要时,还必须请设备厂商上门维修。

对于压缩空气中不洁净,含水、油量超标造成堵塞气路造成运动主轴严重划伤,此时设备精度将严重损失,设备必须进行大修,否则报废。

对于操作者不熟练，造成测尖或测头体损坏，可更换新的测尖或测头体，用标准球重新标定后即可；当碰撞严重，可能影响设备精度时，还必须用量块对设备精度进行验证。

对于操作者没有保持设备清洁度堵塞气路，也可用合适的航空汽油疏通。

对于操作者的不良习惯造成导轨磨损而影响设备精度，如果不严重，在用量块按检定规程检定，精度满足设备要求或使用要求，可继续使用，如果不能满足使用要求，甚至也不能满足降级使用条件，则设备需要大修。

二、轮廓综合测量仪

1. 轮廓综合测量仪的故障

轮廓综合测量仪主要特性是实现微小位移测量，所以对环境震动特别敏感，其测尖和驱动机构容易在撞击的情况下损坏。

其常见故障有：

操作不慎，测尖与被测工件碰撞或钩挂，导致测尖的测量刃口缺失，从而导致测尖报废（一般故障）。

维护不善，导致操作驱动器等运动部件受到撞击等而受损，从而在检测时出现阻塞或异响，但设备精度不受影响（中等故障）。

操作不慎，测量过程中，设备被轻微震动，导致检测结果失真（一般故障）。

测尖标定失误，包括没有标定，标定不准确且标定后没有验证，导致测尖参数不准确，从而导致测量结果不准确（严重故障）。

2. 轮廓综合测量仪的故障的维修

对于测尖与被测工件碰撞或钩挂造成故障，可更换新的测尖，并重新标定合格后投入使用。

对于驱动器等运动部件受到撞击等而受损但精度合格的故障，应及时通知管理部门组织设备商上门维修。

对于设备被轻微震动，导致检测结果失真，应小心操作，严防在检测过程中碰撞设备，并要求对工件重新进行检测。

对于测尖标定失误，导致测量结果不准确，是操作习惯不好造成的，也是非常不容易发觉，可能导致产品质量失控的严重故障，常在新员工中出现，需要加强对员工技能的培训，同时也可要求在开始使用、更换测尖的情况下，必须通过测量量块轮廓仪尺寸和角度的方式来验证的所用测尖的检测精度。

对于压缩空气中不洁净，含水、油量超标造成堵塞气路造成运动主轴严重划伤，此时设备精度将严重损失，设备必须进行大修，否则报废。

对于操作者不熟练，造成测尖或测头体损坏，可更换新的测尖或测头体，用标准球重新标定后即可；当碰撞严重，可能影响设备精度时，还必须用量块对设备精度进行验证。

对于操作者没有保持设备清洁度堵塞气路，也可用合适的航空汽油疏通。

三、组件检查仪的故障

1. 组件检查仪的故障

组件检查仪融手动调整、自动测量、联锁保护、组件仪检定及报表打印等功能为一体。

多电感探头(16个)应是故障的产生的关注点。

其常见故障有:

安装精度不够,设备整体垂直度不符合要求,影响检测精度(严重故障)。

操作不慎,手动操作时电感探头与被测组件碰撞,严重时导致电感探头报废(严重故障)。

技能不够,电感探头标定不准确,导致检测精度不够(严重故障)。

操作习惯不良,没有标定电感探头而检测组件(严重故障)。

维护不善,导致电感探头等运动部件在检测时出现阻塞或异响,但设备精度不受影响(中等故障)。

2. 组件检查仪故障的维修

对于安装精度不够,是难于发现的故障,可在设备鉴定规程中增加相应检测项目。一旦发现此类故障,设备应立即停止使用,并通知管理部门组织设备商进行维修调整。

对于电感探头与被测组件碰撞的故障,应更换新的电感探头,并重新标定和验证设备精度。

对于电感探头标定不准确和忘记标定电感探头的故障也是难于发现的,可要求在开始使用、更换电感探头的情况下,必须通过测量检定合格的标样来验证测量精度。如果在检测程序中加入标定功能,只有通过了正常标定,检测程序才能继续运行,就能杜绝此类故障。

对于导致电感探头等运动部件在检测时出现阻塞或异响的故障,应立即停止运行设备,认真分析阻塞或异响的根源,如果属于润滑不良,则及时按要求加润滑油,如果属于其他问题,应及时组织维修部门进行处理。

四、抽插力测力装置

1. 抽插力测力装置的故障

抽插力测力装置的升降装置、电子秤传感器、力指示仪、组件固定装置是故障的产生的关注点。

其常见故障有:

安装精度不够,设备整体垂直度不符合要求,影响检测精度(严重故障)。

升降装置缆绳防护不当,掉落灰尘或泥垢,导致组件污染(严重故障)。

电子秤传感器精度不良,导致检测精度不够(严重故障)。

力指示仪的示值误差过大,导致检测误差(严重故障)。

组件固定装置的松动,导致检测误差(严重故障)。

2. 抽插力测力装置的故障维修

对于安装精度不够,是难于发现的故障,可在设备鉴定规程中增加相应检测项目。一旦发现此类故障,设备应立即停止使用,并通知管理部门组织设备商进行维修调整。

对于升降装置缆绳防护不当的故障,应增设尘罩来排除故障。

对于电子秤传感器精度不良或力指示仪的示值误差过大的故障是难于发现的,可建立测力标样,在检测程序中加入标定标样,验证精度功能,只有通过了正常标定,检测程序才能继续运行,就能杜绝此类故障。

对于组件固定装置的松动的故障,应立即停止运行设备,及时组织维修部门进行处理。

第十二章　技术管理与创新

学习目标:技师通过本章的学习,应了解和掌握核燃料元件组件及零部件检测装置的结构、设计方法、评价、改进方法,熟悉相关机械制图、电工基础知识,并能完成检测设备的技术、设备操作及安全方面的文件编制工作。

第一节　检测装置的结构、设计方法、评价及改进

学习目标:通过学习,能了解功能量规、机电一体化检测装置的结构、设计方法、评价及改进方法。

一、功能量规的结构、设计方法、评价及改进

功能量规是最为常用高效的检测装置,在核燃料元件零部件检测中得到大量应用。

1. 定位部位的形状和尺寸

(1) 定位部位的形状

定位部位用作模拟基准,按照基准定义,基准要素为平面要素时,功能量规定位部位的形状应与图样上给定的基准平面的理想形状一致。基准要素为圆柱面轴线或两平行平面的中心平面时,定位部位应与基准要素相应边界的形状一致。采用基准目标时,对于基准目标点,用球面支承体现;对于基准目标线,用圆柱支承的素线体现;对于基准目标面,用平面支承体现。

(2) 定位部位的尺寸

1) 量规定位部位的定形尺寸(直径或宽度) 其确定方法如下:当基准要素为平面时,因平面本身无厚度尺寸,只要求定位,平面的长、宽尺寸(矩形)或直径尺寸(圆形)不小于相应基准要素的给定尺寸。对于基准目标面,平面支承的基本尺寸应等于图样上的给定尺寸;对于基准目标线,圆柱支承的直径按需要由设计人员选定,圆柱支承的长度应不小于相应基准目标线的长度;对于基准目标点,球面支承的球面半径按需要由设计人员选定。

当基准要素为圆柱面的轴线或两平行平面的中心平面,且形位公差框格中基准识别字母后加注符号 m 时,定位部位的定形尺寸应等于基准要素相应边界的边界尺寸。当形位公差框格中基准识别字母后面未加注符号 m,即被测要素的位置公差对基准要素的尺寸公差不相关时,定位部位的定形尺寸应能随实际基准要素而变化,其定位部位应采用如可胀式或锥形这类尺寸可以调整的结构。

2) 定位部位的长度尺寸　定位部位的长度尺寸应不小于相应基准要素的给定长度尺寸。

3) 成组基准要素的定位尺寸　与成组基准要素相应的量规定位部位,其各定位部位间的定位尺寸应等于零件图样上对成组基准要素的位置所给定的理论正确尺寸。

4) 基准目标的定位尺寸　与基准目标相应的量规定位部位或成组定位部位,其定位尺

寸或各定位部位间的定位尺寸应等于零件图样上对基准目标位置所给定的定位尺寸。

5）三平面基准体系的定向尺寸　体现三平面基准体系的量规各定位部位应互相垂直。

2. 检验部位相对于定位部位的位置

量规检验部位相对于定位部位的位置，由零件图样上表示被测要素与基准要素之间的几何关系来确定。

平行度量规，其检验部位应与定位部位平行，但由于被测要素与基准要素间的给定距离尺寸允许在一定范围内变动，所以检验部位与定位部位间的相对位置也应允许在一定范围内浮动，以适应它们的距离变化。

垂直度或倾斜度量规，其检验部位与定位部位间的角度应为90°或给定角度。

同轴度或对称度量规，其检验部位与定位部位的轴线或中心平面应重合，即应同轴或对称。

位置度量规，其检验部位与定位部位的位置应符合零件图样上规定的被测要素与基准要素的几何关系。

3. 导向部位的形状和尺寸

导向部位的形状一般与检验部位或定位部位的形状一致，其定形尺寸(直径或宽度)可以按需要选定。导向部位活动件的轴线或中心平面一般应与检验部位或定位部位的轴线或中心平面重合。导向部位固定件的位置按所引导的检验部位或定位部位的位置来确定。导向部位长度应尽量加长，一般不能小于被测或基准要素的给定长度。当被测或基准要素的给定长度较短，一般采用单面导向部位；较长时，为保证检验精度，应采用双面导向部位。在被测零件及量规结构允许的条件下，导向部位固定件应尽量靠近被测要素或基准要素。

4. 功能量规的公差

量规公差包括量规公差带的配置和量规公差的数值。本节参照国家标准GB/T 8069—1998《功能量规》阐述功能量规公差的有关问题。

5. 检验部位的尺寸公差带配置

量规检验部位模拟被测要素的给定边界。从满足功能要求出发，检验部位的尺寸公差带(包括制造公差和允许磨损量)应全部配置在被测要素给定边界之内，但这存在把合格零件误判为不合格品的可能性。反之，若把尺寸公差带全部配置在给定边界之外，则存在把不合格零件误判为合格品的可能性。由此可见，检验部位尺寸公差带的配置对检验结果、零件质量和经济性具有重大影响。

对于采用共同检验方式的功能量规，需要考虑检验部位的尺寸公差和允许磨损量，检验部位对定位部位的位置公差，导向部位的预留最小间隙、尺寸公差、允许磨损量和位置公差等对检验结果的影响。

对于采用依次检验方式的功能量规，除了考虑上述因素之外，还要考虑定位部位的尺寸公差、允许磨损量和位置公差等对检验结果的影响。因为采用这种方式的功能量规定位部位的尺寸公差带和允许磨损量必须配置于基准要素相应边界之外，以避免和检验基准实际要素的功能量规或光滑极限量规通规的尺寸公差带重叠而产生矛盾。

为了消除这些因素的累积效应对检验结果的影响，以保证零件质量，必须在检验部位的定形尺寸上预先附加一个称为功能量规基本偏差的修正值F_1。F_1是量规公差带起始线(零线)对被测要素边界尺寸的偏离值，使量规的尺寸公差带向被测要素体内配置。因此，被测要素为外表面时，检验部位的尺寸 D_1 按下式确定：

$$D_1 = [d_{MV}(\text{或 } d_M) - F_1]_0^{+T_1} = (d_B - F_1)_0^{+T_1}$$

式中：d_B ——被测外表面的边界尺寸。

被测要素为内表面时，检验部位的尺寸 d_1 按下式确定：

$$d_1 = [D_{MV}(\text{或 } D_M) + F_1]_{-T_1}^{0} = (D_B + F_1)_{-T_1}^{0}$$

式中：D_B ——被测内表面的边界尺寸。

量规检验部位的尺寸公差带配置方式见图 12-1。

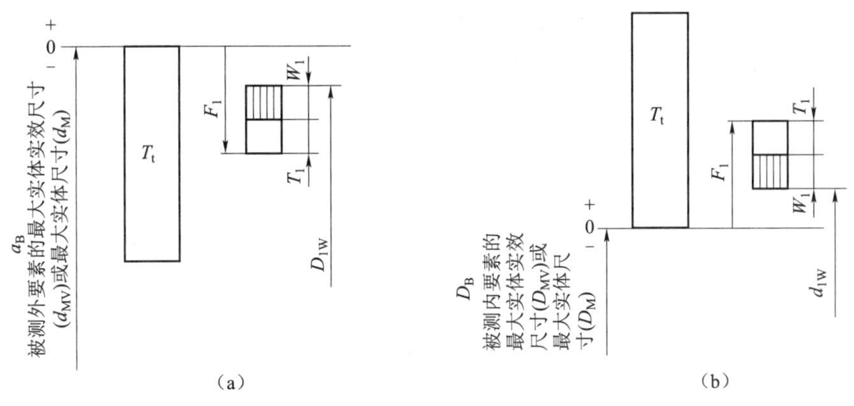

图 12-1　量规检验部位的尺寸公差带配置

(a) 用于被测轴；(b) 用于被测孔

6. 定位部位的量规公差带配置

(1) 共同检验方式

对于采用共同检验方式的功能量规，其定位部位的尺寸公差带配置与检验部位相同。

(2) 依次检验方式

对于依次检验方式的功能量规，其定位部位的量规公差带应配置于基准要素的相应边界之外。在这种情况下，定位部位的尺寸公差带按图 12-2 所示的方式来配置。

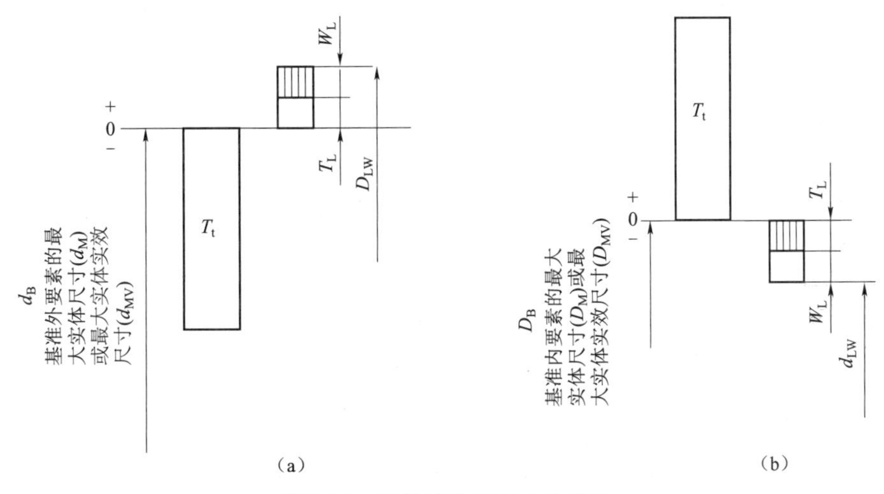

图 12-2　定位部位的尺寸公差带

(a) 用于基准轴；(b) 用于基准孔

因此,基准要素为外表面时,定位部位的尺寸 D_L 按下式确定:

$$D_L = [d_M(或\ d_{MV})]_{0}^{+T_L} = d_{B}{}_{0}^{+T_L}$$

式中:d_B ——基准外表面的边界尺寸。

基准要素为内表面时,定位部位的尺寸 d_L 按下式确定

$$d_L = [D_M(或\ D_{MV})]_{-T_L}^{0} = (D_B)_{-T_L}^{0}$$

式中:D_B ——基准内表面的边界尺寸。

7. 导向部位的尺寸公差带配置

导向部位由活动件和固定件组成,为便于活动件插入固定件,应在它们之间给定预留最小间隙 S_{min} 。

(1) 台阶式

对于台阶式导向部位,其导向部位的基本尺寸($d_{GB}=D_{GB}$)由设计者按需要确定,并尽量选用标准尺寸,尺寸公差带位置见图 12-3。

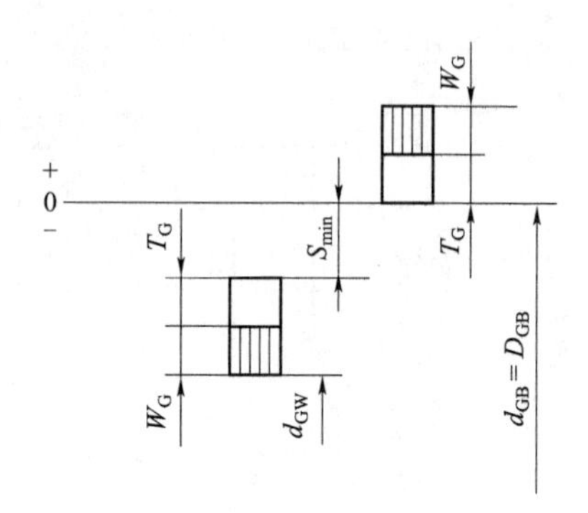

图 12-3　台阶式导向部位尺寸公差带位置

由此可见,导向孔和导向轴的尺寸分别为

$$D_G = D_{GB}{}_{0}^{+T_G}$$

$$d_G = (d_{GB} - S_{min})_{-T_G}^{0}$$

(2) 无台阶式

(a)导向销兼作检验部位或定位部位　对于无台阶式导向部位,它即是导向销,又是测量销。在以导向销兼作检验部位或定位部位的情况下,导向销的尺寸 d_G 应等于检验部位尺寸 d_1 或定位部位的尺寸 d_L 。其尺寸公差带位置见图 12-4,导向孔的尺寸 D_G 按下式计算:

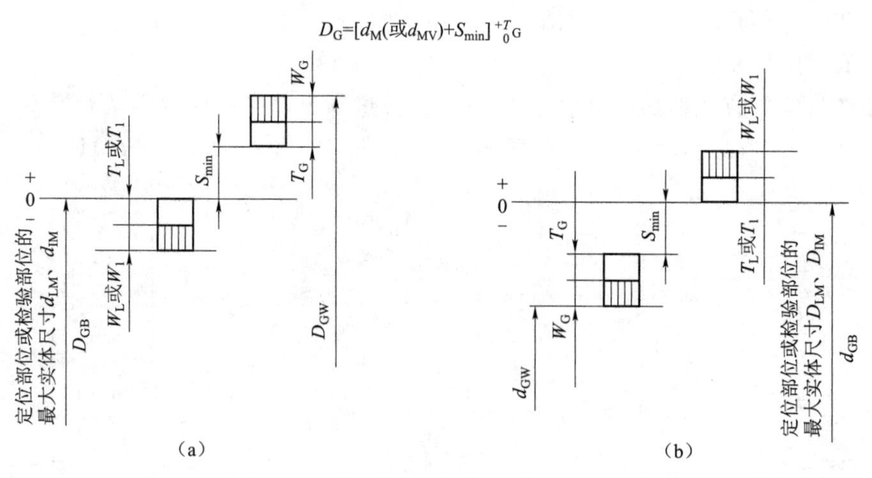

图 12-4　无台阶式导向部位尺寸公差带位置

(a) 导向销兼作检验部位或定位部位;(b) 导向孔兼作检验部位或定位部位

8. 量规公差的数值

(1) 工作部位定形尺寸的尺寸公差、允许磨损量和位置公差的数值

量规工作部位包括检验部位、定位部位和导向部位,它们定形尺寸的尺寸公差和允许磨

损量，各部位间相互位置的位置公差的数值列于表12-1。该表的主要特点是量规公差数值以被测要素的综合公差 T_t 为主参数来确定。这样，尽管被测要素采用不同的标准方案，只要其给定的边界尺寸相同，综合公差数值相同，按不同标注方案设计的功能量规，其尺寸及制造公差、允许磨损量和量规位置公差都完全相同。因此，采用综合公差作为选取量规公差数值的主参数，是一种合理的方法，也是综合公差带概念在确定功能量规公差数值方面的实际应用。

表12-1　各部位间相互位置的位置公差的数值

综合公差 T_t	检验部位		定位部位		导向部位			t_1、t_L、t_G	t'_G
	T_1	W_1	T_L	W_L	T_G	W_G	S_{min}		
≤16	1.5							2	
>16～25	2							3	
>25～40	2.5							4	
>40～63	3							5	
>63～100	4				2.5		3	6	2
>100～160	5				3			8	2.5
>160～250	6				4		4	10	3
>250～400	8				5			12	4
>400～630	10				6		5	16	5
>630～1 000	12				8			20	6
>1 000～1 600	16				10		6	25	8
>1 600～2 500	20				12			32	10

注：综合公差 T_t 等于被测要素或基准要素的尺寸公差（T_D、T_d）及其形位公差（tⓂ）之和，即 $T_t = T_D$（或 T_d）$+t$Ⓜ。

（2）工作部位的形状公差

量规工作部位的形状公差（包括圆柱要素的素线平行度公差和两平行平面要素的平行度公差）应不大于量规尺寸公差之半，且形状公差与尺寸公差的关系应采用包容要求Ⓔ。

9. 量规基本偏差的确定

（1）定位部位定形尺寸的尺寸公差 T_L 及允许磨损量 W_L 之和，用 α 表示。

（2）位于定位部位两端（或一端）的导向部位总间隙 $S_2=\alpha'+\alpha''+S_{min}$，式中 α' 和 α'' 分别为导向部位固定件和活动件定形尺寸的尺寸公差与允许磨损量之和，S_{min} 为导向部位预留最小间隙。

（3）检验部位定形尺寸的尺寸公差 T_1 与允许磨损量 W_1 之和。

（4）位于检验部位两端（或一端）的导向部位总间隙 $S_1=\beta'+\beta''+S_{min}$。式中 β' 和 β'' 分别为导向部位固定件和活动件定形尺寸的尺寸公差与允许磨损量之和，S_{min} 为导向部位预留最小间隙。

（5）成组定位部位间的位置公差。

（6）检验部位对定位部位的位置公差。

(7) 导向部位固定件对定位部位的位置公差。

(8) 相应于基准体系中第二或第三基准要素的量规定位部位的位置公差。

(9) 导向部位台阶式活动件的位置公差化。

考虑到量规各工作部位的局部实际尺寸和位置误差同时出现极值的可能性极小，为把修正值减至最小限度，量规基本偏差 F_1 应按统计法计算。计算值见表 12-2。

表 12-2 功能量规检验部位基本偏差的数值表

<table>
<tr><td>序号</td><td>0</td><td colspan="2">1</td><td colspan="2">2</td><td colspan="2">3</td><td colspan="2">4</td><td colspan="2">5</td></tr>
<tr><td rowspan="3">基准类型</td><td rowspan="3">无基准</td><td colspan="2" rowspan="2">无基准
(成组被测基准)</td><td colspan="2" rowspan="2">一个中心要素</td><td colspan="2">一个平表面和一个中心要素</td><td colspan="2">两个平表面和一个中心要素</td><td colspan="2">一个平表面和两个成组中心要素</td></tr>
<tr><td colspan="2">三个平面</td><td colspan="2">两个中心要素</td><td colspan="2">两个平表面和一个成组中心要素</td></tr>
<tr><td colspan="2">一个平表面</td><td colspan="2">两个平表面</td><td colspan="2">一个成组中心要素</td><td colspan="2">一个平表面和一个成组中心要素</td><td colspan="2">一个中心要素和一个成组中心要素</td></tr>
<tr><td>综合公差 T_t</td><td>整体型或组合型</td><td>整体型或组合型</td><td>插入型或活动型</td><td>整体型或组合型</td><td>插入型或活动型</td><td>整体型或组合型</td><td>插入型或活动型</td><td>整体型或组合型</td><td>插入型或活动型</td><td>整体型或组合型</td><td>插入型或活动型</td></tr>
<tr><td>≤16</td><td>3</td><td>4</td><td>—</td><td>5</td><td>—</td><td>5</td><td>—</td><td>6</td><td>—</td><td>7</td><td>—</td></tr>
<tr><td>>16~25</td><td>4</td><td>5</td><td>—</td><td>6</td><td>—</td><td>7</td><td>—</td><td>8</td><td>—</td><td>9</td><td>—</td></tr>
<tr><td>>25~40</td><td>5</td><td>6</td><td>—</td><td>8</td><td>—</td><td>9</td><td>—</td><td>10</td><td>—</td><td>11</td><td>—</td></tr>
<tr><td>>40~63</td><td>6</td><td>8</td><td>—</td><td>10</td><td>—</td><td>11</td><td>—</td><td>12</td><td>—</td><td>14</td><td>—</td></tr>
<tr><td>>63~100</td><td>8</td><td>10</td><td>16</td><td>12</td><td>18</td><td>14</td><td>20</td><td>16</td><td>20</td><td>18</td><td>22</td></tr>
<tr><td>>100~160</td><td>10</td><td>12</td><td>20</td><td>16</td><td>22</td><td>18</td><td>25</td><td>20</td><td>25</td><td>22</td><td>28</td></tr>
<tr><td>>160~25</td><td>12</td><td>16</td><td>25</td><td>20</td><td>28</td><td>22</td><td>32</td><td>25</td><td>32</td><td>28</td><td>36</td></tr>
<tr><td>>250~400</td><td>16</td><td>20</td><td>32</td><td>25</td><td>36</td><td>28</td><td>40</td><td>32</td><td>40</td><td>36</td><td>45</td></tr>
<tr><td>>400~630</td><td>20</td><td>25</td><td>40</td><td>32</td><td>45</td><td>36</td><td>50</td><td>40</td><td>50</td><td>45</td><td>56</td></tr>
<tr><td>>630~1 000</td><td>25</td><td>32</td><td>50</td><td>40</td><td>56</td><td>45</td><td>63</td><td>50</td><td>63</td><td>56</td><td>71</td></tr>
<tr><td>>1 000~1 600</td><td>32</td><td>40</td><td>63</td><td>50</td><td>71</td><td>56</td><td>80</td><td>63</td><td>80</td><td>71</td><td>90</td></tr>
<tr><td>>1 600~2 500</td><td>40</td><td>50</td><td>80</td><td>63</td><td>90</td><td>71</td><td>100</td><td>80</td><td>100</td><td>90</td><td>110</td></tr>
</table>

10. 量规工作部位的表面粗糙度

量规工作部位的表面粗糙度要求为轮廓算术平均偏差 R_a 不大于 0.2 μm，非工作部位的不大于 3.2 μm(用不去除材料方法获得的表面除外)。

11. 工作部位的磨损极限尺寸

综合量规的磨损极限尺寸用 D_W 或 d_W 表示。

工作表面为内表面时：

$$D_{LW}=(d_B-F_1)+(T_1+W_1) \text{ 或 } D_{LW}=d_B+(T_L+W_L)$$

$$\text{或} \quad D_{GW}=D_{GB}+(T_G+W_G) \quad \text{（台阶式）}$$

$$D_{GW}=[d_M(\text{或 } d_{MV})+S_{\min}]+(T_G+W_G) \quad \text{（无台阶式）}$$

工作部位为外表面时：

$$d_{LW}=(D_B+F_1)-(T_1+W_1) \text{ 或 } d_{LW}=D_B-(T_L+W_L)$$

$$d_{GW}=d_{GB}-S_{\min}-(T_G+W_G) \quad \text{（台阶式）}$$

$$d_{GW}=[D_M(\text{或 } D_{MV})-S_{\min}]-(T_G+W_G) \quad \text{（无台阶式）}$$

功能量规各工作部位的尺寸计算公式列于表 12-3。

表 12-3 功能量规各工作部位的尺寸计算公式表

工作部位		工作部位为外要素	工作部位为内要素
检验部位（或共同检验时的定位部位）		$d_{IB}=D_{MV}$（或 D_M） $d_I=(d_m+F_1)_{-T1}^{0}$ $d_{IW}=(d_{IB}+F_1)-(T_1+W_1)$	$D_{IB}=d_{MV}$（或 d_M） $D_1=(D_{IB}-F_1)_{0}^{+T1}$ $D_{IW}=(D_{IB}-F_1)+(T_1+W_1)$
定位部位（依次检验）		$d_{LB}=D_M$（或 D_{MV}） $d_L=d_{LB}{}_{-TL}^{0}$ $d_{LW}=d_{LB}-(T_L+W_L)$	$D_{LB}=d_M$（或 d_{MV}） $D_L=D_{LB}{}_{0}^{+TL}$ $D_{LW}=D_{LB}+(T_L+W_L)$
导向部位	台阶式	$d_{GB}=D_{GB}$ $d_G=(d_{GB}-S_{\min})_{-TG}^{0}$ $d_{GW}=(d_{GB}-S_{\min})-T_G+W_G$	D_{GB} 由设计者确定 $D_G=D_{GB}{}_{0}^{+TL}$ $D_{GW}=D_{GB}+(T_G+W_G)$
	无台阶式	$d_{GB}=D_{LM}$（或 D_{IM}） $d_G=(d_{GB}-S_{\min})_{-TG}^{0}$ $d_{GW}=(d_{GB}-S_{\min})-(T_G+W_G)$	$D_{GB}=d_{LM}$（或 d_{IM}） $D_G=(D_{GB}+S_{\min})_{0}^{+TG}$ $D_{GW}=(D_{GB}+S_{\min})+(T_G+W_G)$

12. 功能量规的使用和仲裁

(1) 功能量规若能自由通过被测零件〔包括被测要素和（或）基准要素〕，则表示被测要素的实际轮廓未超越给定的边界，即为合格。

(2) 在一般情况下，被测要素和基准要素的尺寸（如孔和轴的直径，槽和凸台的宽度等）检验合格后，再使用功能量规检验。

(3) 当关联被测要素采用在 MMC 下的零形位公差时，可用功能量规代替光滑极限量规的通规。

(4) 检验零件时，操作者应使用新的或磨损较小的功能量规，检验者应使用与操作者相同型式且磨损较多的功能量规，用户代表应使用磨损更多且接近磨损极限的功能量规。

当使用符合本节规定的相同型式的功能量规检验有争议时，只要其中任一功能量规检验合格即为合格。

13. 功能量规设计计算示例

示例中对零件所给定的尺寸及其公差都是任意选择的，仅用于说明量规的计算方法。另外，示例插图的图形有意地简化。

例 12-1：轴线直线度功能量规

图 12-5(a)为轴和孔的图样标注，图 12-5(b)为检验该轴和孔用的直线度功能量规简图。对于细长轴也可以使用图 12-5(c)所示的槽形量规，但检验时应将被测零件放在槽规中至少旋转一周，该零件必须在槽规中自由转动。

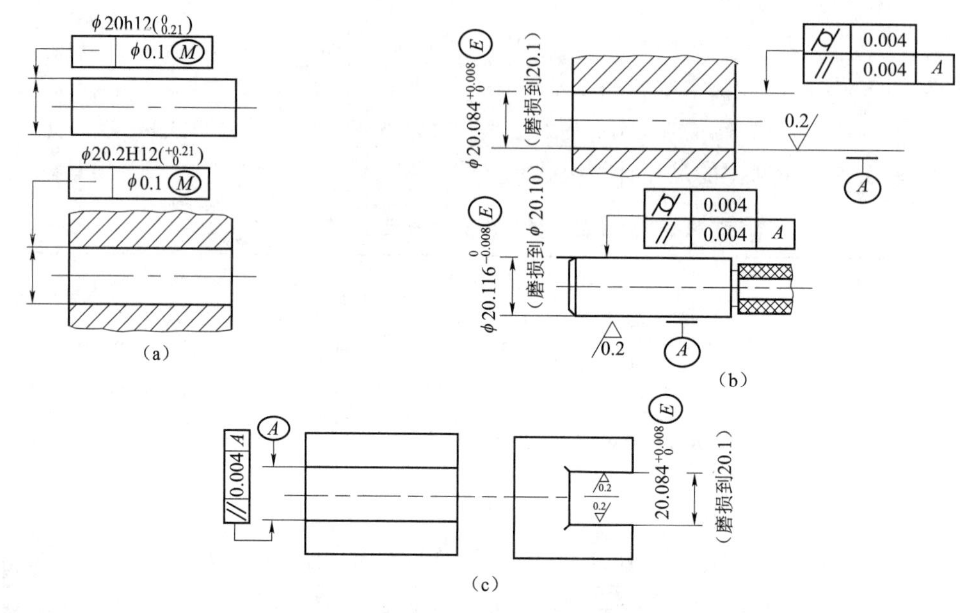

图 12-5　轴线直线度功能量规

(1) 孔的轴线直线度量规

按零件图样要求 $D_{MV}=20.2-0.1=20.1$ mm，$T_t=0.21+0.1=0.31$ mm。从表 12-1 查得 $T_1=W_1=0.008$ mm，从表 12-2 查得 $F_1=0.016$ mm。因此

$D_1=(20.1+0.016)^{\ 0}_{-0.008}$ mm$=20.116^{\ 0}_{-0.008}$ mm。量规圆柱度公差值和素线平行度公差值均为 $T_1/2=0.004$ mm，工作部位的表面粗糙度 R_a 值不大于 0.2 μm。

(2) 轴的轴线直线度量规

按零件图样，$d_{MV}=20+0.1=20.1$ mm，$T_t=0.21+0.1=0.31$ mm。从表 12-1 查得 $T_1=W_1=0.008$ mm，从表 12-2 的序号 0 查得 $F_1=0.016$ mm。

因此，$D_1=(20.1-0.016)^{+0.008}_{0}$ mm$=20.084^{+0.008}_{0}$ mm。磨损极限尺寸 $D_{LW}=20.084+(0.008+0.008)=20.1$ mm。

量规圆柱度公差值和素线平行度公差值(对于全形环规)或两平行平面的平行度公差值(对于槽规)均为 $T_1/2=0.004$ mm，工作部位的表面粗糙度 R_a 值不大于 0.2 μm。

二、机电一体化检测装置的结构、设计方法、评价及改进

核燃料元件零部件主要有几何尺寸检测、力学检测、物理量检测方面的机电一体化检测装置。如用于几何尺寸检测的组件检查仪，用于力学检测的燃料棒夹持力检测装置、控制组件抽插力检测装置，用于物理量检测的芯块富集度检测装置。这些检测装置都是非标准设备，需要我们进行设计及评价。这里以组件检测仪为例进行说明。

1. 组件检查仪的结构(图 12-6)

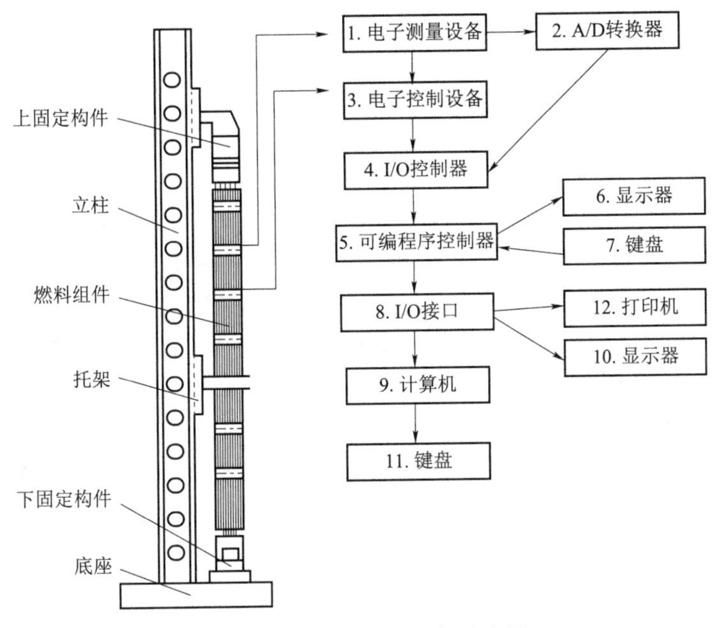

图 12-6　燃料组件检查仪示意图

2. 组件检查仪的设计

组件检查仪的结构见图 5-7 和图 5-8。

立柱与底座的设计　立柱与底座的材料可选铸铁、硬铝合金、大理石(精度高,成本高),一般形状铸铁材料加防锈漆。硬铝合金材料的优点是质轻,机械强度合适,缺点是热稳定性差,需要在严格的恒温恒湿环境下使用,必要时还需设计稳定补偿系统,使得设计较为复杂。大理石是性能稳定的检查装置材料,常用于平台,导轨、基座等部件的设计,但价格昂贵。立柱与底座的关键性能指标为稳定性(防形状、位置变化)及立柱与底座的相互垂直度误差。垂直度误差应不超过被测组件垂直度等形位公差的 1/3,一般应满足 1/6。

上下固定件的设计　上下固定件与组件直接接触,其材料一般选择基本一定机械强度的不锈钢结构调整热处理,如 3Cr13 等。上下固定件的关键性能指标为平面度误差、上、下固定件工作平面之间的平行度误差,同样推荐按被测组件垂直度等形位公差的 1/6 控制。

托架的设计　托架是装有 12 支用于检查之间形位误差的探头,其材料要求具备相应的稳定性和机械强度,可用 3Cr13 等不锈钢材料。托架的关键性能指标为上下运动的灵活性,装配 12 支探头的装配孔与理想组件四面体的垂直度误差及上下运动的直线度,同样推荐按被测组件垂直度等形位公差的 1/6 控制。

探头的设计　探头是组件检查仪的核心部件,是一种位移传感器,设计时根据需要,直接相配标规格位移传感器即可。

上下标准块的设计　上下标准块起支撑和定位组件的关键作用,与组件直接接触,材料应为不锈钢,如 3Cr13 等。上下标准块的关键性能指标为平面度误差,上、下固定件工作平面之间的平行度误差,同样推荐按被测组件垂直度等形位公差的 1/6 控制。

控制系统的设计　控制系统包括电子测量设备(用于测量、显示数据)、电子控制设备

(用于控制检查装置的运动)、可编程序控制器等。设计原则是准确、可靠、方便操作、高效。

3. 组件检查仪的评价及改进

组件检查仪在投入使用前，必须通过合格性评价。由于燃料组件的外形尺寸较大(约3 000 mm×220 mm×220 mm)，制作同尺寸的标样来检定设备是不现实的。生产中用简化的经过检定认证了标准块(其外形尺寸比如50 mm×220 mm×220 mm)来模拟燃料组件，对检查仪进行检定和评价。

评价的要点　检定托架上的探头装配孔的形位误差应满足设计要求；观察托架上下运动的灵活性，必要时用激光干涉仪检查托架上下运动的直线度应满足设计要求。检定所有探头的检查精度应满足设计要求。检定上下标准块的形位精度应满足设计要求。检查控制系统的功能满足设计要求。有标准块检定探头装配后组件检测仪的检查精度，要求通过重复性试验、复现性试验来考察组件检查仪的准确性、重复性和复现性精度，计算其不确定度误差，以满足设计要求。评价方法可参考第九章 G 因子检查方法的可靠性评价。

改进　现在，大型的标准几何检查设备已经非常普遍，在新建燃料元件生产厂时，建议不设计制造非标的组件检测仪，而是选购标准的大型接触式三坐标检测仪对组件的几何特性进行检查。其优点是不需要复杂的设计，标准设备的准确性和可靠性通过了国家或国际的专业计量认证，其稳定性接受了市场运用的考验，其采购周期及成本都远远优于非标设计。

第二节　检测装置技术文件的编制

学习目标：通过学习，能初步了解检测装置的设备安全操作维护规程、检测设备工艺鉴定文件、检测工艺鉴定文件的编制要求。

检测装置的技术文件包括：设备安全操作规程、设备操作维护保养规程、设备鉴定工艺文件、设备校准规范等。

一、设备安全操作维护规程

对于芯块丰度检测装置，尤其是有源检测方法的设备，必须编制可靠的设备安全操作规程。

检验装置的设备安全操作维护规程格式包括以下几部分：

目的　为了避免某设备在生产过程中对人员的伤害，保证设备运行正常安全。

适用范围　适用于某单位某设备检测过程人员健康安全管理。

引用文件　劳动法、公司的相关安全生产责任制、设备的操作维护保养规程等

定义　对特殊概念进行说明，如丰度检测的定义等。

责任　规定公司安全管理部门、车间安全管理人员、设备操作者的相关责任。

管理办法　说明检测设备可能发生的人员伤害，如有源丰度检测的射线辐照伤害等，规定检测设备的场所的安全措施，如安全警告标志，设备报警灯，操作人员按要求佩带剂量计，对非岗位人员的入岗要求，对检测人员的身体条件、文化素质、资质认证及安全培训的规定。

操作要求　规定新设备投入使用前的安全鉴定要求、设备安全操作的步骤、设备应急处

理方法、安全应急的处理方法、检测过程产生的废旧物品的处理的等要求。

记录归档 规定所产生的设备安全记录的归档要求。

二、检测设备工艺鉴定文件

准确操作检测设备，必须要有生产设备的操作维护保养规程，编制设备的操作维护保养规程是检测技术必备的技能。

检验装置的设备操作维护规程格式包括以下几部分：

目的 为了正确操作和维护某检测设备，确保检测设备提供准确、可靠的检测数据。

适用范围 适用于某单位某检测设备的维护保养。

引用文件 公司的相关管理程序、设备的操作说明书等。

定义 对特殊概念进行说明，如定位格架 G 因子、日常标定的定义等。

责任 规定操作者对设备运行记录的填写要求、对设备的清洁度维护，对运动部件及导轨的润滑方法及保养的周期等。

操作要求 规定设备开机关机的步骤，设备的标定步骤，设备异常情况的处理方法，测量程序的使用和管理方法等。

三、检测工艺鉴定文件

对于非标检测设备，如燃料棒夹持力测量装置、控制组件连结柄承载试验装置等检测设备，及一些特殊检测项目的检测设备，如测量 G 因子的非接触式三坐标测量机等，都需要编制设备鉴定工艺文件。

检测工艺鉴定文件的包括合格性鉴定大纲、鉴定流通卡、鉴定参数卡、鉴定操作卡、合格性鉴定报告等文件。

合格性鉴定大纲 合格性鉴定大纲应明确鉴定项目(如某检测工艺的鉴定)，所有设备名称、技术条件及其版本，图纸编号及其版本，制造检验流通卡编号及版本，参数卡及版本，工装名称及编号，所需材料或试样及其数量，鉴定项目及数量，参考的文件等，格式上应有技术部门、质保部门及总工程师的意见及签名。

鉴定制造检验流通卡 规定了鉴定的制造检验工艺流程，应编号工程编号、鉴定内容、设备名称、工序号机工序内容，工序操作卡及版本，同时具备操作者、检验员签名及日期、检验结论等。

鉴定参数卡 应明确规定所有设备名称及编号，工装及测头编号，具体的检测参数(如光照强度、测量框的尺寸、压空的压力和流量、分辨率、运动速度、工装的精度要求等)。

鉴定操作卡 鉴定操作卡应规定鉴定项目、工序号及工序名称，工序操作内容(对工装器具的使用规定、参数设置要求、操作步骤、数据记录要求等)，检验项目及检验方法的规定、工序插图及记录表格等。

鉴定报告 根据鉴定试验及获得的数据，编制鉴定报告，内容包括工程号、鉴定项目名称、检测项目及检测结果、对鉴定数据的统计评价(附相关的检测数据及统计图表)，鉴定试验结论。

上述检测工艺鉴定文件应有文件编号及版本，而且按程序通过编制、审核和批准。

第十三章　实验室管理

学习目标：技师通过本章的学习，应了解和掌握核燃料元件组件及零部件性能测试实验室所需的标准物质、计量器具的配置及管理技能、熟悉测试工作的质量控制知识及QC活动管理知识。

第一节　试剂、标准物质及计量器具的配置

学习目标：通过学习，能初步了解化学试剂的规格及等级、标准量块规格及等级试剂、标准物质及计量器具的配置、实验室的安全和环境控制等基础知识。

一、化学试剂的规格及等级

化学试剂是化验中不可缺少的物质。试剂选择与用量是否恰当，将直接影响化验结果的好坏。对于化验工作者来说，了解试剂的性质、分类、规程及使用常识是非常必要的。

对于试剂质量，我国有国家标准或部颁标准，规定了各级化学试剂的纯度及杂质含量，并规定了标准分析方法。我国生产的试剂质量分为四级，表13-1列出了我国化学试剂的分级。

表13-1　我国化学试剂的分级

级别	中文标志	英文标志	标签颜色	附注
一级	保证试剂，优级纯	GR	深绿色	纯度很高，适用于精确分析和研究工作，有的可作为基准物
二级	分析试剂，分析纯	AR	红色	纯度较高，适用于一般分析及科研用
三级	化学试剂，化学纯	CP	蓝色	适用于工业分析与化学试验
四级	实验试剂	LR	棕色	只适用于一般化学实验用

此外，还有光谱纯试剂（符号S.P.）、基准试剂、色谱纯试剂等。光谱纯试剂的杂质含量用光谱分析法已测不出来，已低于某一限度。这种试剂用来作为光谱分析中的标准物质。基准试剂的纯度相当于或高于保证试剂。用基准试剂作为滴定分析中的基准物质是非常方便的，也可用于直接配制标准滴定溶液。

国外试剂规格有的和我国相同，有的不一致，可根据标签上所列杂质的含量对照加以判断。如常用的ACS（American Chemical Society）为美国化学协会分析试剂规格。"Spacpure"为英国Johnson Malthey出品的超纯试剂。德国的E. Merck生产有Suprapur（超纯试剂）。美国G. T. Baker有Ultex等。

化学试剂的包装单位的大小是根据化学试剂的性质、用途和经济价值决定的。

我国化学试剂规定以下列五类包装单位包装：

第一类：0.1 g、0.25 g、0.5 g、5 g或0.5 mL、1 mL；

第二类：5 g、10 g、25 g或5 mL、10 mL、25 mL；

第三类：25 g、50 g、100 g或20 mL、25 mL、50 mL、100 mL；

第四类：100 g、250 g、500 g 或 100 mL、250 mL、500 mL；

第五类：500 g、1 000 g 至 5 000 g（每 500 g 为一间隔）或 500 mL、1 L、2.5 L、5 L。

根据实际工作中对某种试剂的需要量决定采购化学试剂的量。如一般无机盐类以 500 g，有机溶剂以 500 mL 包装的较多。而指示剂、有机试剂多购买小包装，如 5 g、10 g、25 g 等。高纯试剂、贵金属、稀有元素等多采用小包装。

二、标准量块规格及等级

标准量块通常是作为工厂的长度基准，用来进行长度量值的传递、检定或校对量具量仪，以保证长度量值的统一。量块制造极精确，按精确等级分 0、1、2、3 四级。量块生产都是成套的，我国量块成套系列，有 83 块、46 块、38 块、20 块、10 块、8 块、5 块、4 块。核燃料元件零部件检验中最常用的是 83 块的，常与杠杆千分尺配合使用，如用于测量燃料棒端塞配合尺寸等精度要求较高的检测项目。另外，8 块的也常用于对三坐标等测量设备的校准。表 13-2 列出了 83 块、8 块这两套量块的尺寸。

表 13-2　量块的尺寸

套别	总块数	级别	基本尺寸系列/mm	间隔/mm	块数
1	83	0,1,2,3	0.5	—	1
			1	—	1
			1.005	—	1
			1.01,1.02,…,1.49	0.01	49
			1.5,1.6,…,1.9	0.1	5
			2.0,2.5,…,9.5	0.5	16
			10,20,…,100	10	10
2	8	0,1,2,3	125,150,175,200	25	4
			250,300,400,500	—	4

其他标准物质，如平台、砝码、粗糙度样块、R 规等规定及等级可参考学习相关国家标准。

三、试剂、标准物质及计量器具的配置

性能测量的实验室要正常工作，必须具备温控、湿度控制条件、具备清洁度保持的条件，具备必需的试剂、标准物质及计量器具。如何给检测实验室配置合适规格、等级和数理的试剂、标准物质及计量器具，是检测技师应该掌握的技能。

1. 试剂的配置

全面列出检查项目任务清单，分析检测特性的技术要求，确定所需试剂的类型、规格和等级（必要时通过试验来验证试剂的实用性），根据检测任务量计算所需试剂的配置量。

以核燃料元件管座焊缝的渗透着色检测的探伤剂的配置为例。技术条件要求探伤剂的分辨率等级＜0.005 μm，为了非标清洗，还要求水溶型试剂。市场上有分辨率等级最高 0.001 μm 的探伤剂供我们选购。探伤剂有三种配套的试剂：清洗剂、渗透剂、显像剂，根据试验证明，管座焊缝的渗透着色检测所需的清洗剂、渗透剂、显像剂的数量配置比例为 2∶1∶1，

根据渗透检测规程要求的标准操作方法,按此比例配置的一套试剂可误差 4 件管座焊缝的渗透检测,根据年燃料元件生产数量,便可以决定需要配置的探伤剂的数量。

2. 标准物质的配置

标准量块的配置 标准量块在零部件性能测试中起量子传递的作用,是测量的标准,根据实验室应有的检测设备的和精度要求,以及被测工件的尺寸及公差要求,来确定需要配置的标准量块的等级、数量和规格。

如实验室有量程最大为 1 000 mm 的三坐标测量机,根据三坐标测量机检测规范的要求,三坐标校准或标定时,计量标准的长度最大不得小于检测设备量程的 70%,最小不得超过 30 mm,因此,实验室配置的标准量块的长度应包含 30～700 mm 的系列。在零部件检测实验室使用的量块的等级一般为 3 等。

标准球的配置 标准球经过上级计量检定表明的检定,可用于三坐标等检测设备探测误差的校准。标准球也用于轮廓仪等设备的校准。设备用标准球一般作为设备标准配置顺着设备仪器采购。

3. 计量器具的配置

计量器具的配置,最能显示检测技师的技能水平。全面掌握产品图纸及技术指标,熟悉产品的结构特点,产量要求、效率要求、检测设备的结构及性能、实验室的场地情况、检验平台的规格尺寸、温控及湿度控制条件、人员配置等情况,同时还要了解最新的检测技术发展动态,向厂商收集或通过网络收集足够的计量器具产品目录。

准确、高效、经济是计量器具的配置原则。计量器具的不确定度一般应满足被测元素的公差的 1/3～1/10,常选用 1/4～1/6,公差非常小时,一般计量器具的精度难于满足要求,这时可选用 1/2。配置计量器具时,应特别注意其对实验室的温度、湿度、清洁度、光照度等条件的要求,不能配置实验室条件满足不了其使用条件的计量器具。

量规作为一种高效、简便的检测手段,值得在实验室广泛使用。量规的设计参考本书的相关章节。

四、实验室的安全和环境控制

1. 化学设计使用安全及环境全及保护

根据实验室常用的各种化学试剂的特性,应分别具备相应的安全防护措施。

需要防火防爆的试剂 酒精、丙酮等;

需要防人员灼伤的试剂 硫酸等;

对环境有污染的试剂 硫酸、渗透试剂等。

因此,实验室应配备防火器材、防灼伤的劳动保护样品,废旧试剂的管理程序等。

2. 实验室的温控、湿度控制条件

对于配置三坐标测量机、万能工具显微镜、影像测量仪等微米级检测设备的实验室,应具备保温的绝热层的墙壁,具备恒温恒湿度的温控及除湿设备,必要时,还应具备防震的防震沟。

根据需要,配置影像测量仪、万能工具显微镜等光学检测仪器的实验室,其光照不宜太强。相反,用于外观目视检测的实验室,光照条件一般不小于 500 lux,1 000 lux 更好。

核燃料元件零部件性能测试实验室的清洁度仪器非常高,一般要求具备一定的密保性,以防止外界的灰尘进入。防老鼠等虫害也是实验室建设应该考虑的重要关注点。

3. 计量器具的检定要求

前面已经介绍过，计量器具根据其精密度、所检产品的重要程度、所的检验场所(如属于加工者自检所用的计量器具，还是专检人员所用的计量器具，是控制设备关键测试的计量器具，还是控制非关键的计量器具)，可分为 A、B、C 三类。

对于 A 类计量器具，是最重要的关键计量器具，直接用于控制产品质量，或用于控制影响产品质量的关键设备的关键参数。其检定周期一般规定为 1 年，特别重要、而且使用频率特别高的，检定周期可规定为 6 个月甚至 3 个月不等。

B 类计量器具，是较重要的计量器具，如加工者自检用于检测较易控制的公差较大尺寸的卡尺等。其检定周期一般为 1 年或更长。

C 类计量器具，是不太重要的计量器具，如用于控制设备的非关键的电压、电流、压空等的仪表，其对产品质量或设备安全没有影响。其检定周期一般为 3 年或长期有效。

计量器具除了按规定的检定周期检定外，更为重要的是，在日常使用过程中，应留意计量器具的实际状况，发现有任何不准确的情况，都应及时重新检定，并对可能受到影响的产品质量采取倒追复验的措施进行确认。

第二节 实验室的质量控制知识

学习目标：通过学习，能初步了解实验室的质量控制机构、质量控制文件体系、计量管理、文件管理、记录管理、测量设备管理、人员培训等基础知识。

一、实验室的质量控制机构

质量控制需要组织机构才能得到落实。

公司的实验室或检验岗位，从质量控制的角度上讲，都是公司质量管理体系的一部分，一般由质量管理部直接管理或监管。

实验室的人员配备：

质量负责人，总体负责实验室的管理工作。

经过培训认证的有检验资格的人员从事测试任务。

专职或兼职的计量员负责实验室的计量器具的量子传递管理工作。

必要时配备专职或兼职的检定人员对检测仪器的校准。

专职或兼职的质量跟踪员负责实验室的软件(记录报告、检验报告)质量、试样和产品(合格品及不合格品)跟踪及管理。

配备专职或兼职的档案员对实验室软件资料的收集、归档和保管。

二、实验室的质量控制文件体系

实验室各类人员的职责规定 明确人员的责任及工作标准。

质量计划、质量目标及考核规定 实验室通过制订质量计划、质量目标及考核规定，确定其年度、短期的质量控制目标及考核办法。

实验室安全操作规程 明确实验室安全运行的规章制度。

计量器具管理规定 明确计量器具的分类细致、计量周期管理制度计量器具的质量状态管理办法等。

测试设备操作维护保养规范　明确检验员操作各类测试设备的具体步骤、注意事项、质量保证的具体要求。

各类产品的检验规程　规定产品的检测特性,所有的检测仪器、检测频率、检测步骤等。

检测设备校准规范　对于非标检测设备,如果没有国家和行业相关的具体校准规范,实验室还要依据国家计量法的要求,编制非标检测设备的校准规范。

记录控制程序　规定编制记录表格的要求、填写记录的规定、收集和归档保管记录的要求等。

其他质量控制文件。

三、实验室的计量管理

计量管理是实验室实施质量控制的重要手段。计量管理的重要工作是确保量子传递准确、有效地得到实施,防止检测设备精度失控,从而为获得准确的检测数据提供保障条件。

标准物质是量子传递的载体,核燃料元件零部件检测中常用的标准物质,如量块、标准球、富集度检测标准棒、燃料棒空腔长度检测标准棒等。

对标准物质必须定期送上级检定部门检定,确保标准物质标定值的准确性。标准物质检定不合格时,必须对用其标定的检测设备进行重新标定确认,如果重新确认发现检测设备不合格,则必须对该检测设备所检测的产品从即时起进行倒追复查。

四、实验室的文件管理

应记录实验室文件管理程序,对文件质量、文件收发、文件版本适用性等作出具体规定,确保实验室在用文件的准确有效,避免文件管控质量带来质量问题。

五、实验室的记录管理

建立记录管理程序,对各类记录的建档、保存场所的条件、保存年限、销毁管理等作出规定,做到有过程就有记录。

六、实验室的检测设备管理

实验室对关键的检测设备(重要检测设备、大型检测设备),应指定有丰富检验的检验员专门负责设备的调试。同时每个使用检测设备的检验员都必须按设备操作维护保养规程进行操作和维护保养。

七、实验室的人员培训

人员培训是保证实验室质量控制的基本条件之一。

检验员在有组织的系统的技能培训的前提下,应参加专业的劳动技能鉴定,取得相应等级的资质证,并通过上岗考核合格,获得上岗证书后,才能独立上岗,从事相关检验工作。

人员培训的时机应该符合预先培训的原则。在新任务开始前的培训、在新检测设备投入使用前的培训、在任务间隔长时间后重新生产前的培训、在检测工艺有变化时的培训等。这些培训都体现了预先培训的原则,目的是预防检验员对检测工艺不熟练可能带来的质量不可控事件的发生。

第三节 实验室的QC活动

学习目标:通过学习,能了解组建QC小组的原则、QC小组的注册、QC课题类型、QC小组活动的推进等基础知识。

一、实验室组建QC小组的原则

QC小组(QC Circles),全场质量管理小组活动,是员工参与全面质量管理的一种非常重要的组织形式。

组建QC小组,QC活动就已启动。QC小组的组建原则是:"自愿参加,上下结合"、"实事求是,灵活多样"。

自愿参加,上下结合。当实验室成员面对难题,大家都有愿望想解决问题,是体现QC活动自愿参加原则的条件。这样组建的QC小组饱含无私奉献的主人翁精神,人人都充分发挥自己的积极性、主动性、创造性,不向企业要特殊条件,而是自己挤时间、创造条件自主地开展活动,小组成员能自我学习、相互启发、共同研究、协力合作、自我提高,这样的QC小组是有活力的,也必将见成效。当然,实验室负责人同时要做好QC活动的知识培训,组织、引导与启发职工群众的自觉自愿,组建QC小组。

实事求是,灵活多样。建立QC小组,应根据实验室的具体情况,以解决实际问题,不拘一格,灵活多样的建立。切忌照搬别人的模式,切忌统一模式,一刀切。不要急于追求"普及率",而应该先试点,再推广。

QC小组活动包括小组和课题等级、活动记录、成果报告与发表、成果评价与奖励等。

二、QC小组的注册登记

注册登记表由企业QC小组活动主管部门(一般为质量管理部门)负责发放、登记编号和统一管理。QC小组的注册登记不是一劳永逸的,而是每年进行一次重新登记,以便确认该QC小组是否还存在,或有什么变动。

这里应注意,QC小组的注册登记与QC小组活动的课题的注册登记是不同的注册登记。QC小组每年注册登记一次,QC小组活动的课题注册登记则是课题开展前进行一次登记,一个QC小组可选多个课题。在每年一次的QC小组注册登记时,要向QC小组以书面形式说明上年度未完成的课题的情况。

三、QC小组活动的课题类型

QC小组的课题来源一般有三个方面:一是上级下达的指令;二是质量管理部门推荐的指导性课题;三是自主性课题。

课题分为现场型、服务型、攻关型、管理型、创新性。

现场型:通常以稳定工序质量、改进产品质量、降低消耗、改善生产环境为目的。是课题小,难度小,周期短,见效快,容易出成果而经济效益不一定大。

服务型课题:通常以推动服务工作标准化、程序化、科学化、提高服务质量和效益为目的。是课题小,难度小,周期短,见效快,经济效益不一定大,但社会效益比较明显。

攻关型课题:通常以解决技术关键问题为目的。课题难度大,活动周期较长,投入资源多,经济效益显著。

管理型课题:通常以提高工作质量、解决管理中存在的问题、提高管理水平为目的。课题有大有小,如只涉及本部门具体业务工作的改进课题就小一些,而涉及多部门协作的,课题就大一些,难度不尽相同,效果差别较大。

创新性课题:QC小组成员运用新思维方式和新视觉、采用新方法,开发新技术、新产品、新市场、新方法而实现预期目标的课题。由于课题是以往不曾有过的,因此通常无现状可查。

QC小组活动课题的分类应突出广泛性、多样性,便于分类发表交流、评价选优。但分类方法不能绝对化,以免束缚思维,不利于小组成员积极性、创造性的发挥。

四、QC小组活动的推进

要有效地推进实验室的QC小组活动,应抓好以下五个方面的工作:

(1) 自始至终抓好质量教育。

(2) 制定实验室年度的QC小组活动推进方针与计划。

(3) 提供开展活动的环境条件。

(4) 对QC小组活动给予具体指导。

(5) 建立健全QC小组活动管理办法。

五、QC小组活动的推进程序

(1) 按PDCA循环,现场型、服务型、攻关型、管理型QC小组的活动程序可划分为10个步骤,具体如图13-1、图13-2所示。

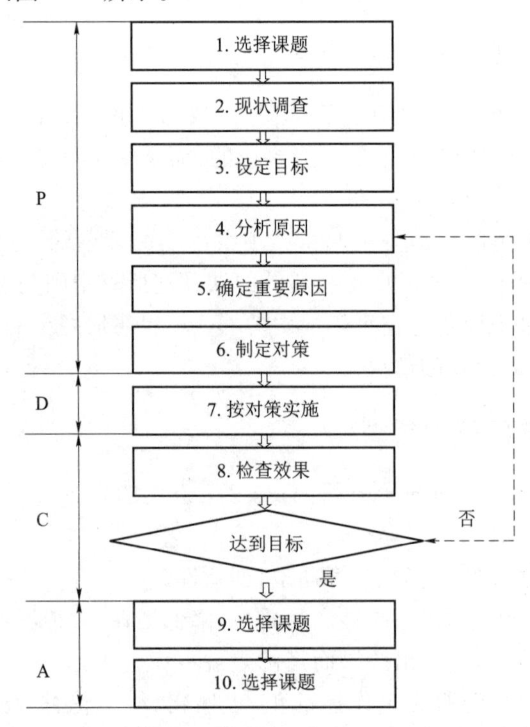

图13-1 现场型、服务型、攻关型、管理型QC小组的活动程序

（2）按 PDCA 循环，创新型 QC 小组的活动程序可划分为 8 个步骤，具体如图 13-2 所示。

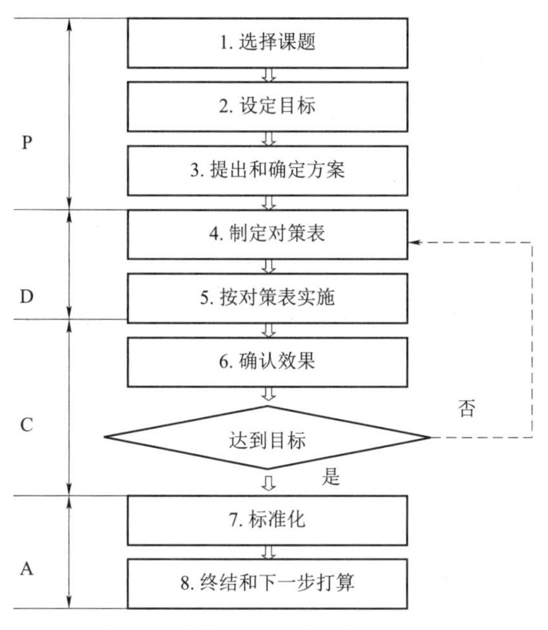

图 13-2　创新型 QC 小组的活动程序

第四节　质量分析报告的编写

学习目标：通过学习，能掌握质量分析报告的格式、内容、编制方法。

当重要产品生产一段时间（一般在 6 个月或 12 个月），其质量水平如何，存在的问题，改进的措施，对前期该产品质量水平的结论等，用质量分析报告的形式进行评价。

一、质量分析报告的格式

1. 封面

封面应包含：报告名称（应指明产品名称、必要时还应指明所用的主要工艺设备）、报告编号、报告版本、编审批人员及签名、编制日期、分发要求等信息。

2. 内容

（1）概述　说明报告针对的时间段、产品数量、废品、合格数、成品数、相应工装等情况。

（2）依据的技术文件　相关的图纸、技术条件和相关的管理文件等。

（3）数据分析（报告主要部分）　按技术文件的要求，对相应性能特性的检测数据进行分析、统计，报告其检测结果的符合性，统计其分布的分散度（标准差），分布中心（平均值）、工艺水平（工艺能力指数）等。对目前存在的问题进行分析说明（可从人、机、料、法、环、测方面进行分析）。

（4）改进措施（报告的主要部分）　针对关键原因提出具体的改进措施。

(5) 结论　对目前该产品的质量水平做出结论,说明是否满足继续生产的要求。

3. 具体写法

(1) 概述

例 13-1:从 2012 年 12 月 1 日到 2013 年 5 月 13 日,AFA3G 定位格架线电子束焊机共生产了 Zr-4 改进型格架××件,M5 改进项格架××件(生产情况可用表格形式表达)。

(2) 依据的技术文件(略)。

(3) 数据分析

例 13-2:对 AFA3G 定位格架十字拉伸试样破断力的数据统计分析(十字拉伸试样破断力用于评价定位格架焊点的焊接强度)。可用折线图进行形象统计,同时以表格形式计算列出标准差、平均值、最大值、最小值、工序能力指数等统计数据,并指明对该项特性统计分析的结论,如经对 AFA3G 定位格架十字拉伸试样破断力的数据统计分析表明,其焊点破断力结果全部合格,数据分散度小,工序能力指数高,证明其代表的定位格架焊点质量可靠,相应的焊接工艺及焊接参数处于可控范围,所焊接的试样及产品均处于工艺控制状态。对不合格原因、存在的问题进行归类分析。

其他特性,如 G 因子质量水平、腐蚀性能统计分析也可参考上述内容进行描述。

在数据分析部分,可用其他认为合适的数理统计技术、控制图等进行统计和分析。

(1) 改进措施

例 13-3:针对焊点、焊缝焊偏和焊穿等主要问题,主要原因为电子枪内部零件烟尘污染所致。解决措施,在日常生产过程中定期做好电子枪部件的清洁工作。另外需要针对此措施,应编制相应具体的对电子枪部件清洁的周期、器具、方法、人员、记录等详细要求的程序(不属于本报告的内容)。

(2) 结论

例 13-4:综合对定位格架上述各项特性的检测数据的统计分析后,得出如下结论:

这期间电子束焊机焊接定位格架的产品质量合格率高,工序能力指数高,数据离散度小,人员、设备、原材料管控、工艺实施、制造环境、检测设备等得到了很好的控制,后期可继续批量化生产。

第十四章　培训与指导

学习目标：通过本章的学习，技师应能系统的讲解和示范核燃料元件零部件性能测试的理论和实际操作技能，对测试方法进行总结培训和和讲解，指导高级工及以下技能人员的基本知识与技能。

第一节　教学计划制订原则

学习目标：通过学习，能了解教学计划制订的适应性、发展性、应用性、整合性、柔性化、实践性、产学研相结合等基本原则。

一、适应性原则

专业设计要主动适应行业发展的需要。教师在广泛调查相关行业现状和发展趋势的基础上，根据其对技能人才规格的需求，积极引入行业标准，确定专业的发展方向和人才培养目标，构建“知识-能力-素质”比例协调、结构合理的课程体系，使教学计划具有鲜明的时代特征，逐步形成能主动适应社会发展需求的专业群。

二、发展性原则

教学计划的制定必须体现技能人才的教育方针，努力使全体学员实现“理论扎实，实操技能达标”的要求，同时要使学员具有一定的可持续发展的能力，充分体现职业教育的本质属性。

三、应用性原则

制定专业教学计划应根据培养目标的规格设计课程，课程内容应突出以培养技术应用能力为主旨。基础理论课以必须、够用为度，以讲清概念、强化应用为教学重点；专业课程要加强针对性和实用性，同时要使学员具有一定的自主学习能力和实操能力。

四、整合性原则

制定专业教学计划要充分考虑校内外可利用的教学资源的合理配置。选修课程在教学计划中要占一定的比例。各门课程的地位、边界、目标清晰，衔接合理，教学内容应有效组合、合理排序，各系可根据自身的优势，在教学内容、课程设计和教学要求上有所侧重，发挥特色。

五、柔性化原则

各专业教学计划应根据社会发展和行业发展的实际，在保持核心课程相对稳定的基础上及时调整专业课程的设计或有关的教学内容，对行业要求变化具有一定的敏感性，及时体现科技发展的最新动态和成果,妥善处理好行业需求的多样性、多变性和教学计划相对稳定性的关系。

六、实践性原则

制定专业教学计划要充分重视职业技能教育更注重学员技能培养的特点,加强实践环节的教学。实践教学学时应达到规定的比例,实验教学要减少演示性和验证性实验,增加实习实训学时,实践课程可单独设计,使学员获得较系统的职业技能训练,具有较强的实践能力。

七、产学研相结合原则

产学研结合是培养技能型人才的基本途径,教学计划的制定和实施应主动争取企事业单位参与,各专业教学计划应通过专业建设指导委员会的讨论和论证,使教学计划即符合教育教学规律又能体现生产单位工作的实际需要。

第二节 专业基础知识、实际操作技能的传授

学习目标:通过学习,能了解教师应具备的必要基本条件,课件准备的相关知识。

一、教师应具备的必要基本条件

高级技师作为教师,应语言表达清晰准确,有亲和力,认真耐心,责任心强。

高级技师作为教师,必须熟练掌握核燃料元件性能测试的各种实际操作技能,具备必要的创新技能和开发能力。

高级技师作为教师,必须熟练掌握中级工、高级工、技师、高级技师应掌握的全部专业基础知识,熟练运用计算机办公软件(如 PPT、WORD 文档、EXCEL 文档、制图软件)进行课件准备。

高级技师作为教师,除了掌握本教材内容外,还应积极学习本专业的相关国际标准,追踪国内国外测试技术发展走向和研究成果,了解先进的测量设备,为学员讲解测试技术的新动向。

二、课件准备

教师根据培训计划,在授课前充分准备课件。

课件包括教学每个课时的教学内容、教学载体(板书、PPT、电子图表等)、教学模型、教具等。下面是中核建中一次五清六分批、质量意识及标识管理的培训课件,供大家参考学习。

三、实例一 “五清六分批、质量意识及标识管理”课件

1. 五清六分批

五清:批次清、数量清、质量状况清、责任清、原始记录清。

批次清:检验批次的唯一性。在开始投入生产开出流通卡时应明确,做好台账记录,要

求台账成册。

状态清：包括8种质量状态及标识，“合格”、“不合格”、“返修”、“试验”、“待定”、“待检”、“废品”、“不合格品准用状态”。

状态标识方法：区域＋贴标签。

对规定要进行包装的零部件的“合格状态”、“不合格品准用状态”及“待定状态”标识，均采用在其包装物上标贴“质量状态标签”的方法进行标识。贴有“合格”、“不合格品准用”的零部件放在合格品区域内。贴有“待定”的零部件放在有标识的待定区域内。

对规定不需要包装的零部件（如管座及其零件等）的“合格状态”、“不合格品准用状态”及“待定状态”，采用分别放在有标识的合格品区域内或待定区域内的方法进行标识。

“废品”状态标识，可视报废零部件有无包装分别在包装物上和实体上标贴标签。

2. 标识的实施

除“试验”标识外，其他标识由检验员根据检验结果或处理后的检验结果粘贴。其他岗位（生产岗位、库房）确保产品流通过程中的标识的完好，有标识脱离或不清楚的，应向检验岗位求证补充。

检验员已标贴了“合格”状态标签的零部件，经监督人员监督，如发现其实际状态与标识的状态不符时，由检验人员负责依据监督后经确认的状态更换相应的“质量状态标签”。

检验岗位待定区域内存放的“待定”状态的零部件，经不合格品处理后，由检验人员依据处理结果更换相应的“质量状态标签”。即：如经处理批准使用的零部件，则更换为“不合格品准用”状态标签；如批准“报废”的零部件，则更换为“废品”状态标签。

在零部件为合格质量状态时，应同时使用“合格标签”和“编号标签”。

除上述四种状态外的其他状态（如待检等）均可采用隔离存放并对存放处标贴相关标签的区域标识方法给以标识。

数量清（投入和产出平衡）：投入数量＝产出的各种质量状态数量的总和，否则，数量就说不清楚了。

责任清：从管理上，应明确什么事，由谁做谁负责。

原始记录清（即产品的档案要清楚完整）：材料放行单、流通卡、首件检验记录、巡检记录、交接记录、生产记录、热处理曲线、设备运行记录、设备维修记录、检验报告（尺寸外观、理化试验等）、不符合项报告单、超差品单、内外部事件单等，从原材料投入开始到产品出厂的过程中产生的一切记录，都要记录清楚、保存完整。

六分批：分批投料、分批加工、分批装配、分批检验、分批入库、分批出厂

分批投料：绝对禁止混批用料。绝对禁止同一生产批混用不同炉批号的原材料。

分批加工：绝对禁止混批生产。绝对禁止同一加工设备同时生产同一产品的不同生产批次或检验批。

分批装配：对于单元件（多种零件经组装焊接（含点焊）后不可拆卸的组焊件）、部件（零件、单元件装配，需要时实施局部焊接后，直接用于组件（或骨架）组装的组合件。如类似于各工程中的上、下管座部件），应分批装配，所用零件或单元件在流通卡上记录清楚。

分批检验：绝对禁止混批交检和检验。

分批入库：绝对禁止混批入库和在库房混批。

分批出厂:绝对禁止最终产品混批出库和交付用户。

六分批实施的关键是:编号标识(表明生产批次、检验批次、工件件号)必须唯一正确清晰,各岗位严格填写交接记录、跟踪文件正确完整。

3. 质量是在生产过程中制造出来的

质量是制造出来的,但不能说“不是检验出来的”,制造就包括了检验。

为了国家的富强、人民的安康,同时也为了大家有安定的工作和美满的家庭,每个员工要树立起“从一开始就把质量制造在产品里”的观念,全靠检验人员把关的质量是落后的质量,并不可靠,极不经济。

自检是保证产品质量的第一道防线,也是最重要的防线。

下道工序就是上道工序的用户,用户有拒收不合格产品的权利,不合格产品包括记录填写不完整、毛刺不干净等。

准确的尺子是衡量和保证质量的标尺,每天使用尺子前,验证自己所用尺子的状态(如对零性能、磨损情况、数据显示状态等、锈蚀状态)。

检验是制造过程中不可缺少的重要活动。

检验:自检、首件检验、巡检、工序检验、最终检验

只有自检合格后,才能送专检(首件检验、工序检验、最终检验)

巡检是专检人员主动对成批生产的产品,按时间间隔或产品数量间隔所做的检验。

4. 严格按工艺操作

按工艺准备工装、量具、加工程序,执行自检、首件检验、专检。

5. 疑问的工作态度

分析疑问,停下来,想一想,必要时及时报告相关人员处理,待疑问扫清后再继续。

6. 主动的工作方法(主动办事)

主动提出问题、与相关人员配合,讲究团队精神,主动解决问题。“提出问题后就是别人的事了”不是主动办事。

7. 标识管理

(1) 谁贴标识

由开始使用包装的人员贴产品标识,由检验员贴合格、不合格、废品等状态标识。标识内容与流通卡要求的保持一致。

(2) 再用包装上旧标识的处理

对于再用包装的旧标识,须用新标识覆盖,不能覆盖的应去除或用不透明胶覆盖。

(3) 标识位置规定

长方体塑料盒(始用于车工、弹簧绕制等工序产品的流通),按图 14-1 所示位置粘贴产品标识,其余位置不得有类似标识。

长方体纸盒(始用于车工(工序产品的流通)、格架生产岗位和清洗岗位最终产品包装),按图 14-2 所示位置粘贴产品标识,其余位置不得有类似标识。

塑料袋(始用于车工、清洗岗位),按图 14-3 所示位置粘贴产品标识,其余位置不得有类似标识。

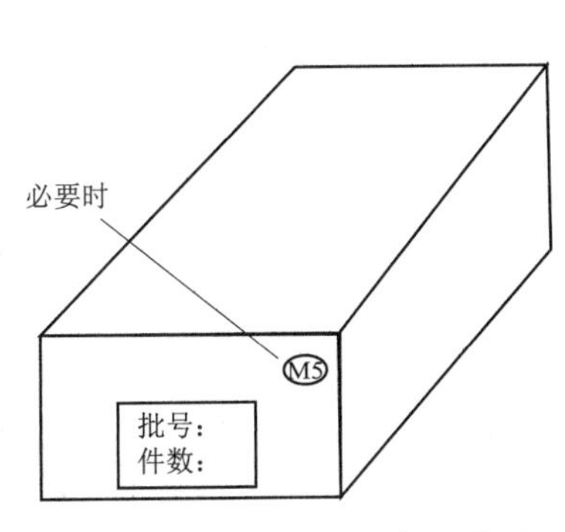

图 14-1　长方体塑料盒标识位置

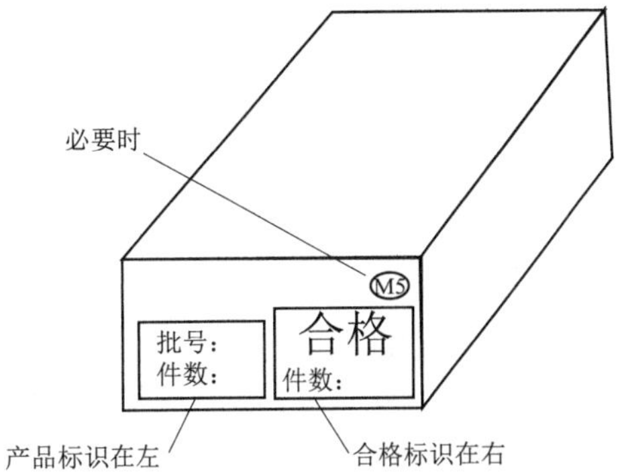

图 14-2　长方体纸盒标识位置

8. 包装垒放规定

长方体包装：同种产品可多层垒放，垒放层数根据货架的沉重和空间确定，所有包装的标识朝向外侧。它们的软件一起放在最上层包装的上面。

塑料袋包装：单层放置，所有包装的标识朝向外侧。软件压在本包装的下面。

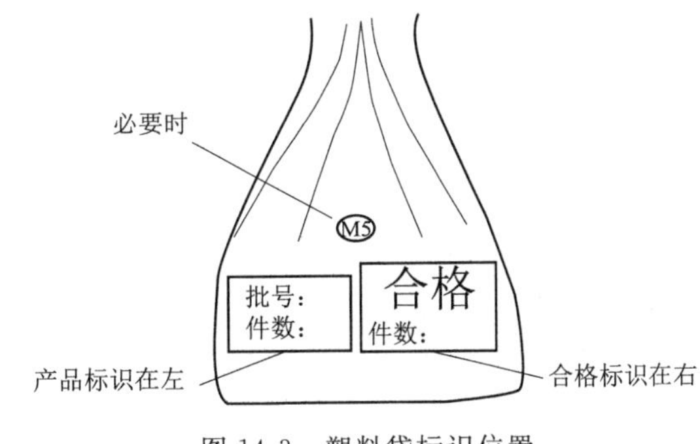

图 14-3　塑料袋标识位置

9. 软件填写

领取材料时，只有当流通卡上 05 号工序“材料验证，出库”一行填写正确完整后，栏材料员才能允许操作者领取相关材料和软件。

每道工序完成后应及时填写流通卡等软件和记录。

对必要时才执行的工序，当不需要执行时，由下道工序的操作者在流通卡的相应每个空格栏中划“/”。

对流通卡上前道工序未填写完整的零部件，操作者应及时让前道工序的操作者确认该工序是否加工完成并补充填写相关栏目，此后才能继续本道工序加工。

不允许检验员将软件没有填写正确完整、标识不清的零部件及其软件入库。

10. 软件、硬件不分离

不允许操作者加工没有软件的零部件。否则，由此影响产品质量或耽误生产进度的，操作者不负责任，由生产调度负责协调解决。

四、实例二　AFA3G 核燃料组件骨架平面度的检查

1. 传授的步骤

一般情况下，传授者按照下列步骤开展：

(1) 工作程序传授

向被传授者解释该项工作的工艺流程。这种解释要“宏观”，其中包括为什么需要这一

特定的工作或工作程序;它是如何影响其他工作的;这一工作如果出现差错会造成什么后果。这一步的目的是让员工在掌握具体工作前对整个过程有一个了解。

(2) 测量工具(设备)操作的传授

传授测量工具的使用,测量工具的操作方法与注意事项。对于有大型测量设备,安排被传授者了解设备,先从理论上讲解,然后再到设备现场学习认识,熟悉设备的名称、编号、设备的测量原理,运行情况和危险点分析与预控措施。测量设备的操作应按设备安全操作规程详细讲解设备的操作步骤。

(3) 测量操作步骤的传授

传授者详细讲解各项检查的操作步骤。让学习者学习相关的规程。以 AFA3G 核燃料组件骨架平面度的检查为例。AFA3G 核燃料组件骨架示意见图 14-4 所示。首先让测量者了解骨架的图纸与测量项目,然后对测量项目的测量原理进行分析,再根据规程选择合适的测量工具:平面度规或三坐标测量仪。最后进行操作示范。

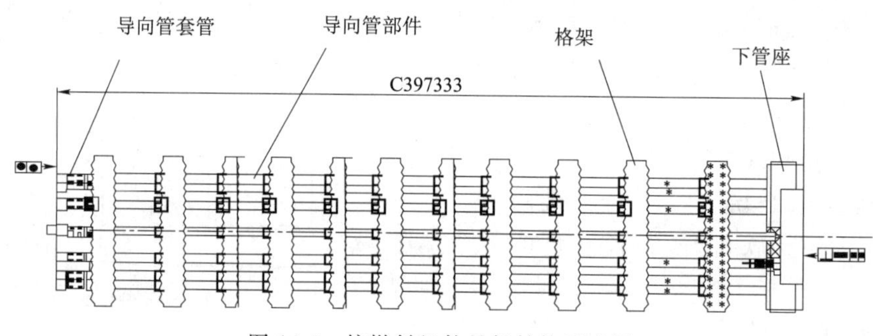

图 14-4　核燃料组件骨架结构示意图

(4) 示范工作程序

给员工演示整个工作过程。如果培训者在示范一项测量,如燃料棒检查、骨架组装和拉棒的过程检查,一定要慢慢做示范,让员工有机会记住每一步。要保证培训者的演示适合于员工的观察角度。如果工作过程很复杂,应该每次只演示一步。

演示结束后,鼓励员工提问。根据问题,培训者可以重新演示一遍,并鼓励员工在演示过程中进一步提问。

(5) 让员工自己动手做

让员工试着自己动手测量。向员工解释测量的原理,这可以帮助培训者确认员工是否真的理解了工作过程。如果员工很吃力或有点灰心,可以帮他一下,若有必要,也可以再演示一遍。

(6) 给员工反馈和必要的练习机会

观察员工的操作情况,并提出反馈意见,直到培训者们双方都对员工的操作过程感到满意为止。让员工清楚知道自己什么地方有进步,什么地方做得好,并给他足够的时间练习,直至他有信心独立完成测量过程而无需指导。教会员工在整个过程中检查自己的工作质量,让他们感到自己有责任提高工作质量。

(7) 传授记录

传授是一项长期的系统工作,有计划地制订辅导计划,才能保证教导和学习的效果。根据所带徒弟的具体情况，设定辅导期内的培养计划，可以填写以下表格，需要注意的是，该辅导培养计划是整个辅导期内的核心辅导内容，不一定是每一次单项的课程，更多的是指核心素质、知识和技能方面的体现，具体请参见表中所列举的例子。

培训辅导计划

时间	辅导内容	辅导目的	辅导方式	评估方式与标准

教导过程是师带徒专项培训项目中的重点部分，辅导过程中的跟踪和反馈也是保证辅导效果的有力手段，另外培训辅导内容必须具体，有据可依，比如说教导的素材、资料等需要备查，并填写以下记录表，每次辅导之后徒弟须在此表上签字。

培训辅导记录表

序	培训辅导内容	时间	地点	学时	徒弟	单位
合计				—		

2. 传授效果评估

辅导期快结束后，传授者对自己的辅导工作做一次全面的回顾和评价，以不断改进自己的教导能力。

师傅一对一辅导总结报告(徒弟 1)

师傅姓名		部门		职位	
徒弟姓名		辅导期			
师傅于学期内辅导工作总结					

说明：本表由师傅于学期结束一周内填写完毕交单位。

另外，传授者在这个辅导过程结束后，对员工进行考核检验。

徒弟 1

期末考试形式：

考试内容：

徒弟 2

期末考试形式：

考试内容：

传授者对徒弟在辅导过程中的表现进行总结评价，填写以下评价表中的师傅评价部分，客观评价，并提出有建设性的发展建议。

专题培训考核表

<table>
<tr><td>徒弟姓名</td><td></td><td>毕业院校</td><td colspan="3"></td><td colspan="3">所在部门</td><td></td></tr>
<tr><td>所在岗位</td><td></td><td>师傅姓名</td><td colspan="3"></td><td colspan="3">学习期</td><td></td></tr>
<tr><td colspan="10">考核栏</td></tr>
<tr><td rowspan="2">项目</td><td rowspan="2" colspan="2">内容</td><td rowspan="2">权重</td><td colspan="5">评价/得分</td><td>评估人</td></tr>
<tr><td>5</td><td>4</td><td>3</td><td>2</td><td>1</td><td></td></tr>
<tr><td rowspan="3">学习评估 15%</td><td colspan="2">学习绩效</td><td>5</td><td></td><td></td><td></td><td></td><td></td><td rowspan="3">(师傅)</td></tr>
<tr><td colspan="2">学习态度</td><td>5</td><td></td><td></td><td></td><td></td><td></td></tr>
<tr><td colspan="2">学习能力</td><td>5</td><td></td><td></td><td></td><td></td><td></td></tr>
<tr><td>综合评估 25%</td><td colspan="2">(描述学期内总体表现)</td><td>25</td><td></td><td></td><td></td><td></td><td></td><td>(部门领导)</td></tr>
<tr><td>考试成绩 40%</td><td colspan="2">学期末考试(主要技术工种作业类课程的期末考试,应采用实践操作考试的形式)</td><td>40</td><td colspan="5"></td><td>(师傅)</td></tr>
<tr><td>学习总结报告 20%</td><td colspan="2">一对一专题培训学习总结报告</td><td>20</td><td colspan="5"></td><td>(所在单位)</td></tr>
<tr><td colspan="3">合　计</td><td>100</td><td colspan="5"></td><td>(所在单位)</td></tr>
<tr><td colspan="10">评估意见与任用、发展建议(师傅填写)</td></tr>
</table>

说明:本表为师带徒一对一培训徒弟考核表,其中学习评估占15%权重,部门领导评估得分占25%权重,评估采用5分制打分,5分为优秀,4分为良好,3分为合格,2分为待改进,1分为差。

第三节　测试方法的总结

学习目标:通过学习,能了解测试方法总结报告的编制方法。

对于新开发的、科研的新测试方法,是否能满足检验要求,是否达到了科研目的,需要对其测试方法的开发过程进行总结和评价。测试方法总结报告可用于科技论文交流。

检测方法总结报告一般包括开发的必要性、测试任务、测试设备计原理、开发过程及评价、开发成果、运用验证、需要进一步提高的问题等几部分。

下面以“研究实现准确高效的AFA3G定位格架G因子CCD三坐标测量仪新的检测方法”为例,说明测试方法总结的一般写法。

定位格架G因子CCD三坐标测量仪新检测方法总结报告

1. 开发的必要性

现有CCD测试设备(旧CCD)已经无法满足定位格架G因子的测试任务,需要引进效率更高的CCD测试设备(新CCD),并开发新的高效测试方法。

2. 测试任务描述

AFA3G定位格架的基本结构由4条外围板和32条中间条带组件组装成17×17个方

格的格子型部件，具体有3种格架：

（1）搅混翼格架，每组燃料组件有6只，每只格架需要测量1 056个刚凸、528个弹簧和408个搅混翼。图14-5为搅混翼格架图片

（2）端部格架，每组燃料组件有2只，每只格架需要测量1 056个刚凸、528个弹簧。

（3）中间搅混翼格架，每组燃料组件有3只，每只格架需要测量1 056个刚凸、408个搅混翼。

图14-5　搅混翼格架图片

3. 测试设备及原理

三坐标测量机（Charge Couple Device，简称CCD）的基本原理可通俗的用下列数学表达式来表示，CCD＝精密数码相机＋精密三坐标定位系统＋高效准确的轮廓数据处理系统。其中精密数码相机用于得到被测工件清晰准确的轮廓，精密三坐标定位系统用于保证定位精度，高效准确的轮廓数据处理系统用于保证高效准确的处理大量的工件轮廓数据。以上三个方面是确保CCD测量精度必不可少的条件。

通过光学成像，软件对零件被测要素的轮廓像素进行处理，获得精确的轮廓现状及其坐标数据，再通过对数据的分析，从而获得点、线、面、圆等基本特征数据，进而评价长度、形状误差、位置误差等被测要素。通过开发和利用，可提高仪器的检测效率。

从图14-6中直观地看出，新、旧CCD在外形上相差较大。旧CCD为龙门移动式结构，结构较为单薄，从使用实践证明，其运动稳定性稍差。新CCD为固定桥式结构，结构厚实，从使用实践证明，其运动稳定性好。

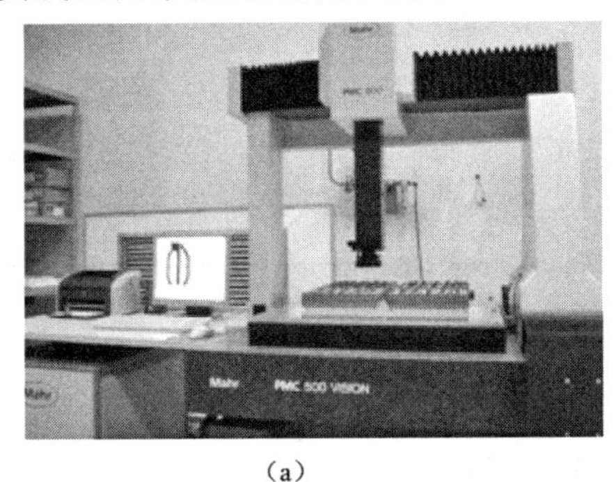

(a)

(b)

图14-6　新、旧CCD外形对比

(a) 旧CCD图片；(b) 新CCD图片

性能对比(见表 14-1)

表 14-1 新、旧 CCD 性能对比

设备＼性能	量程/mm	镜头	视场/mm	精度	速度/(mm/s)	光源	气源
旧 CCD	—	—	—	—	—	—	—
新 CCD	—	—	—	—	—	—	—

从表 14-1 可知,新、旧 CCD 性能相同的有:

(1) 精度基本一致。

(2) 测量速度一样。

(3) 气源要求相当。

从表 14-1 可知,新、旧 CCD 性能不同的有:

(1) 量程不同,实践证明,量程不影响测量速度。

(2) 视场不同,这是影响测量速度的关键因素,视场越大,测量得越快。

(3) 光源不同,实践证明,旧 CCD 的条状漫射光产生的反射光会影响工件轮廓成像,需在测量程序设计时特别处理。新 CCD 的点状漫射光不产生反光现象。

其中,视场和光源是我们在新 CCD 选型时主要考虑的性能。

4. 测试方法的建立

设计目标 以测量准确,测量时间短,数据处理和评价自动化为程序设计目标。测量准确:达到鉴定大纲《测量定位格架的光学测量机》(编号 PQG03)的技术要求,不确定度应小于 0.05 mm。测量时间短:1 只搅混翼格架的测量时间不超过 25 min(定购设备技术协议要求)。

(1) 设计方案

预设方案 为了达到设计目标,我们在编制测量程序之前,事先设计好了两种方案。

方案(一):

主程序+264 个栅元数据文件+测量子程序+Excel 自动评价模板+测量报告输出子程序。

这里称方案(一)为栅元定位法。

方案(二):

主程序+141 个区域数据文件+测量子程序+自动评价模板+测量报告输出子程序。

这里称方案(二)为区域定位法。

方案(一)与方案(二)的异同方案(一)与方案(二)的异同详见表 14-2。

表 14-2 方案(一)与方案(二)的异同

方案＼功能	主程序	数据文件	测量子程序包	自动评价模板	测量报告输出子程序
方案(一)栅元定位法	运用 2 层 FOR 循环嵌套按 17×17 方阵对格架实现测量。编程方便。 其他与方案(二)相同	以 1 个栅元为单元,按行列顺序给出 264 个燃料棒栅元中全部被测元素的三维坐标值	相同	相同	相同

续表

方案＼功能	主程序	数据文件	测量子程序包	自动评价模板	测量报告输出子程序
方案(二)区域定位法	按141个区域对格架实现测量。编程不方便。 其他与方案(一)相同	充分发挥设备视场功效，按141个区域给出全部被测元素的三维坐标值	相同	相同	相同

(2) 测试程序设计

编制程序的难点有主程序、数据文件、自动评价模板，这里主要介绍它们的编制思路。

主程序：要实现方便的人机对话框，在对话框中实现4个工位、3种格架、3个测量项目、测量、评价等功能的自由选择，人机对话框见图14-7；调用数据文件和测量子程序实现全部被测量元素的测量；将3 984个坐标数据自动输出到自动评价模板所要求的Excel表格的对应栅元中；调用测量报告输出子程序实现测量报告的生成和打印；以工件号为名储存测量数据。

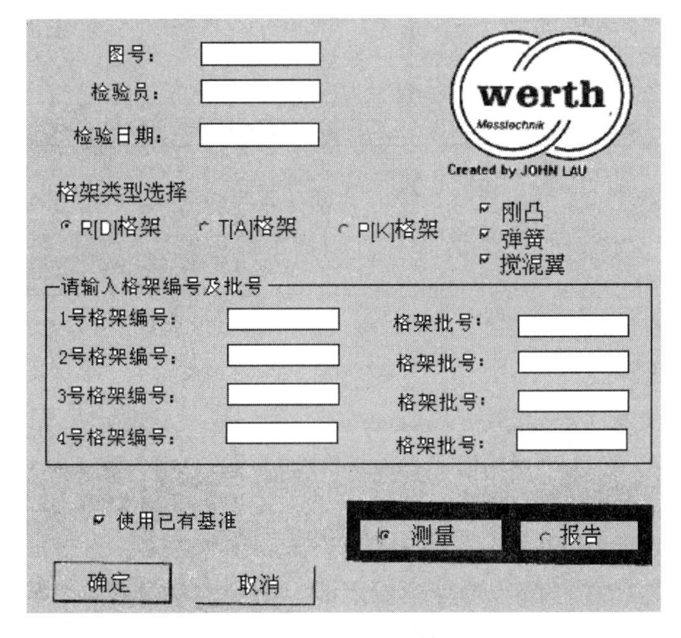

图14-7 人机对话框

数据文件：要实现对1 992个被测要素的5 976个三维坐标值的准确描述，并且在所描述的坐标值不合适的情况下，能方便地实现调整。其中刚凸、弹簧的4 752个三维坐标值利用IOTA1102接触式三坐标测量机测量AFA3G格架G因子程序中的逻辑变量实现了自动准确的计算和方便的调整。

自动评价模板：通过Excel函数表达式实现对3 984个坐标数据自动计算和评价，并且能将不合格数据以特殊色彩和字体(红色、加粗、倾斜字体)标识出来。针对3种格架，分别编制3个不同的自动评价模板。

(3) 实施结果

1) 方案(一)与方案(二)的测量区域对比，详见图14-8。

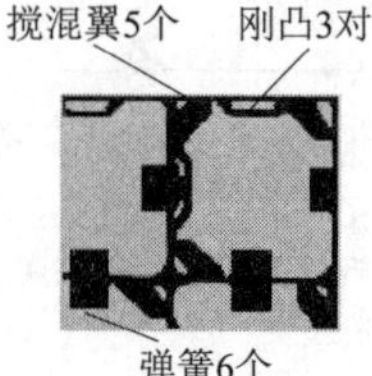

方案（一）栅元定位法　　方案（二）区域定位法

图 14-8　方案(一)与方案(二)的测量区域(阴影部分)对比

从图 14-8 可见,方案(一)和方案(二)的视场一样大,但方案(二)的测量区域(19.3 mm×14.6 mm)比方案(一)的测量区域(12.595 mm×12.595 mm)大,方案(二)充分利用了 CCD 的视场。

2）方案(一)与方案(二)的效果对比,详见表 14-3。

表 14-3　方案(一)与方案(二)的效果对比

结果 方案	自动化水平	运行稳定性	定位次数	测量效率
方案(一)	能实现数据处理和评价自动化	整个测量过程稳定性较旧 CCD 好	264	27min/只,未达标
方案(二)	能实现数据处理和评价自动化	整个测量过程稳定性较旧 CCD 好	141	19 min/只,达标

从表 14-3 可知,方案(一)和方案(二)在自动化水平、运行稳定性方面都满足要求,但方案(一)在测量效率上未达标,被否定。方案(二)在测量效率上能达标,且单件产品测量时间比方案(一)节约时间 8 min,提高效率 29.6%。

综上所述,我们选定方案(二)。

5. 测试方法的评价

方案(二)能否用于生产,最终必须通过精度验收。

根据鉴定大纲《测量定位格架的光学测量机》的技术要求,不确定度 I 应小于 0.05 mm。不确定度应按式(1)下式计算和要求。

$$I=2\sqrt{\frac{J^2}{3}+\sigma_f^2+\sigma_r^2}<0.05$$

式中:J——准确度,指所有测量值与标准值偏差的平均值;

σ_r——再现性误差,指在不同的工位上,不同的检验员,不同的外界光照条件,不同的时间,对同一工件分别测量 1 次,所得测量值的标准偏差;

σ_f——重复性误差,指在同一工位上,同一检验员,在相同外界光照条件,极短的时间内对同一工件连续重复测量 4 次,所得测量值的标准偏差。

2009 年 8 月,按以上方法对搅混翼格架进行测量,并对数据进行评价,其结果见表 14-4。

表 14-4　测量程序的精度验收结果

测量项目	测量不确定度 I
边、角栅元刚凸高度差	0.027
中间栅元刚凸高度差	0.010

续表

测量项目	测量不确定度 I
刚凸/弹簧距离	0.032
搅混翼弯曲高度	0.029

从表 14-4 得出结论，方案(二)满足不确定度应小于 0.05 mm 的设计目标。

6. 运用验证

新程序于 2009 年 9 月 3 日获得批准使用，至今已测量了 AFA3G 各种格架共计 725 只。运用实践表明，新 CCD＋Excel＋区域定位法是更稳定、更高效的新方法。新方法的产能(3 小时/组 AFA3G 燃料组件)比旧方法(测量效率：7 小时/组 AFA3G 燃料组件)的产能提高了 1.33 倍。

7. 开发成果

通过本次程序设计和运用，我们达到了以下实施效果：

所设计的程序测量准确，满足测量不确定度应小于 0.05 mm 的设计目标。

新方法的产能(3 小时/组 AFA3G 燃料组件)比旧方法(测量效率：7 小时/组 AFA3G 燃料组件)的产能提高了 1.33 倍。

运用 Excel 数据处理模板自动处理和评价大量的测量数据，是在今后测量技术的科研、创新过程中值得广泛提倡的方法。

8. 需要提高的问题

由于光学测量机的视场越大，测量得越快，为了进一步提高新 CCD 的产能，我们可以试用 0.1 倍镜头代替现在的 0.4 倍镜头，同样，为了进一步提高旧 CCD 的产能，我们可以试用 1 倍镜头代替现在的 3 倍镜头。当然，这必须重新设计测量程序，并按相关鉴定大纲的要求重新验收精度。

第四部分　核燃料元件性能测试工高级技师技能

第十五章　分析检测

第一节　抽样检验

学习目标：通过学习抽样检验的知识，了解抽样检验的特点及抽样检验的分类，知道抽样检验的名称术语，知道抽样检验中的两类错误，了解计数抽样检验的主要特点，并能够将计数抽样检查的一般原理用于核燃料元件测试的质量控制过程。

一、抽样检验的基本概念

1. 抽样检验

抽样检验是按照规定的抽样方案，随机地从一批或一个生产过程中抽取少量个体（作为样本）进行的检验。其目的在于判定一批产品或一个过程是否可以被接收。

抽样检验的特点：检验对象是一批产品，根据抽样结果应用统计原理推断产品批的接收与否。不过经检验的接收批中仍可能包含不合格品，不接收批中当然也包含合格品。

抽样检验一般用于下述情况：

1）破坏性检验。

2）批量很大，全数检验工作量很大的产品的检验。

3）测量对象是散料或流程性材料。

4）其他不适于使用全数检验或全数检验不经济的场合。

2. 抽样检验的分类和名称术语

(1) 抽样检验的分类

按检验特性值的属性可以将抽样检验分为计数抽样检验和计量抽样检验两大类。计数抽样检验又包括计件抽样检验和计点抽样检验，计件抽样检验是根据被检样本中的不合格产品数，推断整批产品的接收与否；而计点抽样检验是根据被检样本中的产品包含的不合格数，推断整批产品的接收与否。计量抽样检验是通过测量被检样本中的产品质量特性的具体数值并与标准进行比较，进而推断整批产品的接收与否。

（2）名词术语

根据GB/T 2828.1，介绍抽样检验中若干常用的名词与术语。

1）检验

为确定产品或服务的各特性是否合格，测定、检查、试验或度量产品或服务的一种或多种特性，并且与规定要求进行比较的活动。

2）技术检验

关于规定的一个或一组要求，或者仅将单位产品划分为合格或不合格，或者仅计算单位产品中不合格的检验。

技术检验既包括产品是否合格的检验，又包括每百单位产品不合格数的检验。

3）单位产品

可单独描述和考察的事物。

例如：

① 一个有形的实体；一定量的材料；

② 一项服务，一次活动或一个过程；

③ 一个组织或个人；

④ 上述项目的任何组合。

4）不合格

不满足规范的要求。

注1：在某些情况下，规范与使用力要求一致；在另一些情况下它们可能不一致，或更严，或更宽，或者不完全知道或不了解两者间的精确关系。

注2：通常按不合格的严重程度将它们分类，例如：

——A类　认为最被关注的一种类型的不合格。在验收抽样中，将给这种类型的不合格指定一个很小的AQL值。

——B类　认为关注程度比A类稍低的一种类型的不合格。如果存在第三类(C类)不合格，可以给B类不合格指定比A类不合格大但比C类不合格小的AQL值，其余不合格依此类推。

注3：增加特性和不合格分类通常会影响产品的总接收概率。

注4：不合格分类的项目、归属于哪个类和为各类选择接收质量限，应适合特定情况的质量要求。

5）缺陷

不满足预期的使用要求。

6）不合格品

具有一个或一个以上不合格的产品。

注：不合格品通常按不合格的严重程度分类，例如：

——A类　包含一个或一个以上A类不合格，同时还可能包含B类和(或)C类不合格的产品。

——B类　包含一个或一个以上B类不合格，同时还可能包含C类等不合格，但不包含A类不介格的产品。

7）批

汇集在一起的一定数量的某种产品、材料或服务。

注：检验批可由几个投产批或投产批的一部分组成。

8）批量

批中产品的数量。

9）样本

取自一个批并且提供有关该批的信息的一个或一组产品。

10）样本量

样本中产品的数量。

11）抽样方案

所使用的样本量和有关批接收准则的组合。

注 1：一次抽样方案是样本量、接收数和拒收数的组合。二次抽样方案是两个样本量、第一样本的接收数和拒收数及联合样本的接收数和拒收数的组合。

注 2：抽样方案不包括如何抽出样本的规则。

12）抽样计划

抽样方案和从一个抽样方案改变到另一抽样方案的规则的组合。

13）接收质量限 AQL

当一个连续系列批被提交验收抽样时，可允许的最差过程平均质量水平。

14）使用方风险质量

对抽样方案，相应于某一规定使用方风险的批质量水平或过程质量水平。

注：使用方风险通常规定为 10%。

15）极限质量 LQ

对一个被认为处于孤介一状态的批，为了抽样检验，限制在某一低接收概率的质量水平。它是对生产方的过程质量提出的要求，是容忍的生产方过程平均(不合格品率)的最大值。

二、抽样方案与接收概率

1. 抽样方案

抽样检验的对象是一批产品，一批产品的可接受性，即通过抽样检验判断批的可接收性与否，可以利用批质量指标来衡量。因此，在理论上可以确定一个批接收的质量标准 P_t，若单个交检批质量水平 $P \leqslant P_t$，则这批产品科接收；若 $P > P_t$，则这批产品不予接收。但在实际中，除非进行全检，不可能获得 P 的实际值，因此不能以此来对批的接收性进行判断。

在实际抽样检验过程中，将上述批质量判断规则转换为一个具体的抽样方案。最简单的一次抽样方案由样本量 n 和利用判定批接收与否的接收数 c 组成，记为(n,c)。

抽样方案(n,c)实际上是对交捡批起到一个评判的作用，它的判断规则是如果交检批质量满足要求，即 $P \leqslant P_t$，抽验方案接收该批产品的可能性就很大，如果批质量不满足要求，就尽可能不接收该批产品。因此使用抽验方案最关键的在于确定质量标准，明确什么样的批质量满足要求，什么样的批质量不满足要求，在此基础上找到合适的抽样方案。

2. 接收概率及可接收性的判定

所谓的接收概率是指批不合格品率为 P 的一批产品按给定的抽检方案检查后能判为合格批而被接收的概率。接收概率是不合格品率的函数，记为 $L(P)$。由于对固定的一批产品用不同的抽检方案检查，其被接收的概率也不会相同，因此，$L(P)$ 实质是抽检方案验收特性的表示，故又称 $L(P)$ 为抽样特性曲线，它是我们进行抽样方案分析、比较和选择的依据。

在这里我们仅介绍一般的标准一次抽检方案和二次抽检方案。

(1) 一次抽检方案

标准型一次抽样检查的程序图如图 15-1 所示。

由图可知这种检查是：从产品批中抽取 n 个产品进行检查，把 n 个产品中检出的不合格品数 d 和判定数 c 比较，满足 $d \leqslant c$ 时，判产品批为合格批；否则，即当 $d > c$ 时，判产品批为不合格批。可见标准型一次抽检方案规定了两个参数，即子样的容量 n 和判定数 c，故通常把它记为 (n, c)。很显然，采用 (n, c) 检查时，产品批被接受的概率为子样不合格品数取值为 $0, 1, 2, \cdots, c$，这 $c+1$ 种情况出现的概率之和。

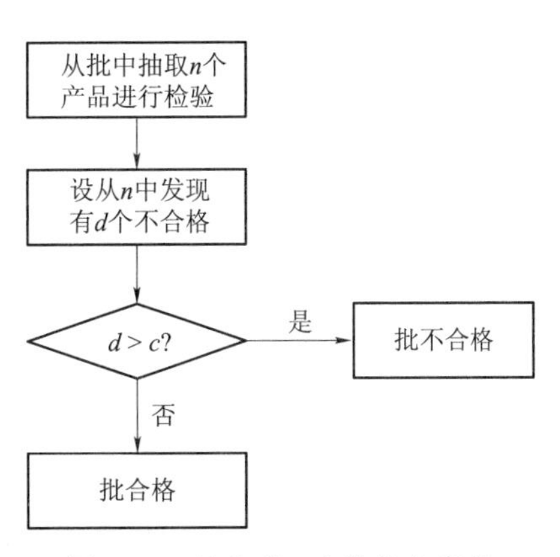

图 15-1　标准型一次抽检方案的程序框图

根据概率论知识可知，从容量为 N 的且其中有 Np 个不合格品的产品批中，随机地抽取 n 个产品为子样，则子样中不合格品数唯一服从超几何分布的随机变量。所以对该批产品采用 (n, c) 方案检查时，接收概率可利用超几何分布来计算。

(2) 二次抽检方案

二次抽样对批质量的判断允许最多抽两个样本。在抽检过程中，如果第一样本中的不合格(品)数 d_1 不超过第一个接收数 c_1，则判断批接收；如果 d_1 等于或大于第一个拒收数 c_1+1，则不接收该批。如果 d_1 大于 c_1，但小于 c_1+1，则继续抽第二个样本。设第二个样本中不合格(品)数为 d_2，当 $d_1 + d_2$ 小于等于第二接收数 c_2 时，判断该批产品接收；如果 $d_1 + d_2$ 大于或等于第二拒收数 c_2+1，则判断该批产品不接收。

3. 抽样特性曲线

当用一个确定的抽检方案对产品批进行检查时，产品批被接收的概率是随产品批的批不合格品率 p 变化而变化的，它们之间的关系可以用一条曲线来表示，这条曲线称为抽样特性曲线，简称为 OC 曲线。

4. (1)抽样特性曲线的性质

1) 抽样特性曲线和抽样方案是一一对应关系，也就是说有一个抽样方案就有对应的一条 OC 曲线；相反，有一条抽样特性曲线，就有与之对应的一个抽检方案。

2) OC 曲线是一条通过(0,1)和(1,0)两点的连续曲线。

3) OC 曲线是一条严格单调下降的函数曲线，即对于 $p_1 < p_2$，必有 $L(p_1) > L(p_2)$。

5. (2) OC 曲线与 (n, c) 方案中参数的关系

由于 OC 曲线与抽样方案是一一对应的，故改变方案中的参数必导致 OC 曲线发生变

化。但如何变化呢？它们之间的变化有什么关系呢？下面分三种情况进行讨论。

1）保持 n 固定不变，令 c 变化，则如果 c 增大，则曲线向上变化，方案放宽；如果 c 减小，则曲线向下变形，方案加严。

2）保持 c 不变，令 n 变化，则如果 n 增大，则曲线向下变形，方案加严；反之 n 减小，则曲线向上变形，方案放宽。

3）n，c 同时发生变化，则如果 n 增大而 c 减小时，方案加严；若 n 减小而 c 增大时，则方案放宽；若 n 和 c 同时增大或减小时，对 OC 曲线的影响比较复杂，要看 n 和 c 的变化幅度各有多大，不能一概而论。如果 n 和 c 尽量减少时，则方案加严；对于 n 和 c 不同量变化的情况，只要适当选取它们各自的变化幅度，就能使方案在 $(0,pt)$ 和 $(pt,1)$ 这两个区间的一个区间上加严，而另一个区间上放宽，这一点对我们是很有用的。

6. 百分比抽样的不合理性

我国不少企业在抽样检查时仍沿用百分比抽检法，所谓百分比抽检法，就是不论产品的批量大小，都规定相同的判定数，而样本也是按照相同的比例从产品批中抽取。即如果仍用 c 表示判定数，用 k 表示抽样比例系数，则抽样方案随交检批的批量变化而变化，可以表示为 $(kN|c)$。通过 OC 曲线与抽样方案变化的关系很容易弄清楚百分比抽检的不合理性。因为，对一种产品进行质量检查，不论交检产品批的批量大小，都应采取宽严程度基本相同的方案。但是采用百分比抽检时，不改变判定数 c，只根据批量不同改变样本容量 n，因而对批量不同的产品批采用的方案的宽严程度明显不同，批量大则严，批量小则宽，故很不合理。百分比抽检实际是一种直觉的经验做法，没有科学依据，因此应注意纠正这种不合理的做法。

7. 抽检方案优劣的判别

既然改变参数，方案对应的 OC 曲线就随之改变，其检查效果也就不同，那么什么样的方案检查效果好，其 OC 曲线应具有什么形状呢？下面就来讨论这一问题。

(1) 理想方案的特性曲线

在进行产品质量检查时，总是首先对产品批不合格品率规定一个值 p_0 来作为判断标准，即当批不合格品率 $p \leqslant p_0$ 时，产品批为合格，而当 $p > p_0$ 时，产品批为不合格。因此，理想的抽样方案应当满足：当 $p \leqslant p_0$ 时，接收概率 $L(p)=1$，当 $p > p_0$ 时，$L(p)=0$。其抽样特性曲线为两段水平线，如图 15-2 所示。

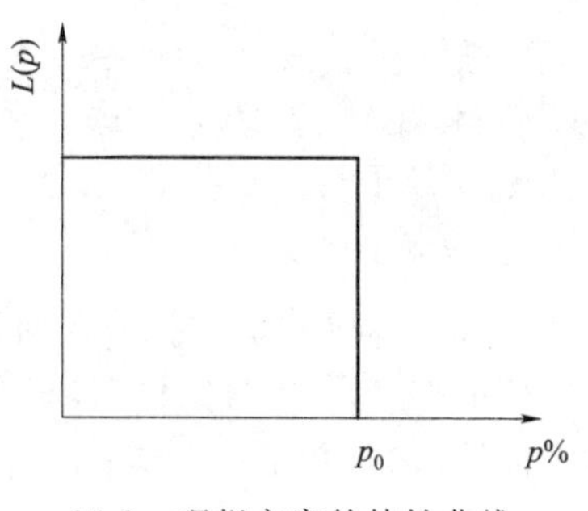

15-2　理想方案的特性曲线

理想方案实际是不存在的，因为，只有进行全数检查且准确无误才能达到这种境界，但检查难以做到没有错检或漏检的，所以，理想方案只是理论上存在的。

(2) 线性抽检方案的 OC 曲线

所谓线性方案就是 $(1|0)$ 方案，因为 OC 曲线是一条直线而得名，如图 15-3 所示。

由图可见，线性抽检方案是从产品批中随机地抽取 1 个产品进行检查，若这个产品不合格，则判产品为批不合格品，若这个产品不合格，则判产品批不合格。这个方案的抽样特性函数为：

因为它和理想方案的差距太大，所以，这种方案的检查效果是很差的。

理想方案虽然不存在，但这并不妨碍把它作为评价抽检方案优劣的依据，一个抽检方案的 OC 曲线和理想方案的 OC 曲线接近程度就是评价方案检查效果的准则。为了衡量这种接近程度，通常是首先规定两个参数 p_0 和 p_1（$p_0<p_1$），p_0 是接收上限，即希望对 $p\leqslant p_0$ 的产品批以尽可能高的概率接收；p_1 是拒收下限，即希望对 $p\geqslant p_1$ 的产品批以尽可能高的概率拒收。若记 $\alpha=1-L(p_0)$，$\beta=L(p_1)$，则可以通过这 4 个参数反映一个抽检方案和理想方案的接近程度，当固定 p_0，p_1 时，α、β 越小的方案就越好；同理若对固定的 α、β 值，则 p_0 和 p_1 越接近越好；当 α 和 $\beta\rightarrow 0$，$p_0\rightarrow p_1$ 时，则抽检方案就趋于理想方案。

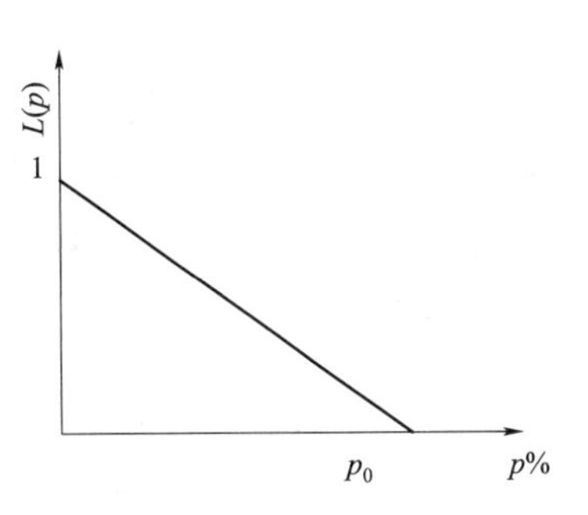

图 15-3　线性抽检方案的 OC 曲线

8. 抽样检验的两类错误

抽样检查是一个通过子样来估计母体的统计推断过程，因此就可能出现两类错误判断，即可能把合格的产品批错判为不合格的产品批，这种错判称为第一类错误；还有可能把不合格的产品批判为合格品，后一类错误称为第二类错误。

同前面一样，继续规定 $p\leqslant p_0$ 的产品批为质量好的产品批，$p\geqslant p_1$ 的产品批为质量很差的产品批。由于存在着两类错判，所以就不能强求对 $p\leqslant p_0$ 的产品批一定要接收，而只能以高的概率接收，也就是说不能排除绝收这些产品的可能性，这一可能性的大小用 $\alpha=1-L(p_0)$ 来表示，称为第一类错判率，因这类错判会给生产放带来损失，因此 α 又称为生产者风险率。同样也不能强求对 $p\geqslant p_1$ 的产品一定拒收，而只能要求以高的概率拒收，即不能排除接收这样产品批的可能性，这种可能性的大小用 $\beta=(p_1)$ 表示，称为第二类错判率。由于第二类错判率表示给用方带来的损失的大小，所以又称 β 为使用者风险率。实际工作中，通常取 $\alpha=0.01$，0.05 或 0.1，取 $\beta=0.05$，0.1 或 0.2。

p_0、p_1、α 和 β 都是抽样检查的重要参数，对一个确定方案，可以通过这几个参数去进行分析评价。

三、计数抽样检验

1. 概念和特点

计数抽样检验是根据过去的检验情况，按一套规则随时调整检验的严格程度，从而改变也即调整抽样检验方案。

计数调整型抽样方案不是一个单一的抽样方案，而是由一组严格度不同的抽样方案和一套转移规则组成的抽样体系。

因此，计数调整型方案的选择完全依赖于产品的实际质量，检验的宽严程度就反映了产品质量的优劣，同时也是使用方选择供货方提供依据。

以国家标准 GB/T 2828.1—2003 为代表的计数调整型抽样检验的主要特点

(1) 主要适用于连续批检验

连续批抽验检验是一种对所提交的一系列批的产品的检验。如果一个连续批在生产的同时提交验收,在后面的批生产前,前面批的检验结果可能是有用的,检验结果在一定程度上可以反映后续生产的质量。当前面批的检验结果表明过程已经变坏,就有理由使用转移规则来执行一个更为严格的抽样程序;反之若前面的检验结果表明过程稳定或有好转,则有理由维持或放宽抽样程序。GB/T 2828.1 是主要为连续批而设计的抽样体系。

与此相对应的是孤立批的抽样检验,在某种情形,GB/T 2828.1 也用于孤立批的检验,但一般地,对孤立批检验应采用 GB/T 2828.2。

(2) 关于接收质量限(AQL)及其作用

在 GB/T 2828.1 中接收质量限 AQL 有特殊意义,起着极其重要的作用。接收质量限是当一个连续批被提交验收抽样时,可允许的最差过程平均质量水平。它反映了使用方对生产过程质量稳定性的要求,即要求在生产连续稳定的基础上的过程不合格率的最大值。如规定 AQL=1.0(%),是要求加工过程在稳定的基础上最大不合格品率不超过 1.0%。而且 AQL 在这个指标和过程能力也是有关的,如要求产品加工过程能力指数 Cp 为 1.0,则要求过程不合品率为 0.27%,此时设计抽样方案可规定 AQL 为 0.27(%)。

接收质量限 AQL 可由不合格品百分数或每百单位产品不合格数表示,当不合格品百分数表示质量水平时,AQL 值不超过 10%;当以每百单位产品不合格数表示质量水平时,可使用的 AQL 值最高可达每百单位产品中有 1 000 个不合格。

在 GB/T 2828.1 中 AQL 的取值从 0.01~1 000 共有 31 个级别,如果 AQL 的取值与表中所给数据不同,就不能使用该抽样表。因此在选取 AQL 值时应和 GB/T 2828.1 抽样表一致。

2. 不合格品数计数抽样方案

以 N 表示总体大小,n 表示样本大小,A_c表示合格判定数,R_e表示不合格判定数,且 $R_e=A_c+1$。则不合格品数计数抽样一次方案表示为(N,n,A_c)或(n,A_c)

例从批量为 $N=2\ 000$ 个产品的检验批中,随机抽取 $n=50$ 个作为样本进行检查,按标准的规定:样本的不合格品数少于或等于 $A_c=1$ 时,判为批合格;不合格品数等于或多于 $R_e=2$ 时,则判批为不合格,拒收这批产品。则该方案表示为(2 000,50,1)或(50,1)。

3. 缺陷数计数抽样方案

以 N 表示总体大小,n 表示样本大小,A_c表示合格判定的累计总缺陷数,R_e表示不合格判定的累计总缺陷数,且 $R_e=A_c+1$。则缺陷数计数抽样一次方案表示为(N,n,A_c)或(n,A_c)。

例如从批量为 $N=2\ 000$ 个产品的检验批中,随机抽取 $n=50$ 个作为样本进行检查,按标准的规定:样本的累计总缺陷数少于或等于 $A_c=60$ 时,判为批合格;累计总缺陷数等于或多于 $R_e=61$ 时,则判批为不合格,拒收这批产品。则该方案表示为(2 000,50,60)或(50,60)。

4. 二次计数抽样方案

以 N 表示总体大小,n_1表示第一次抽样的样本大小,n_2表示第二次抽样的样本大小,A_{c1}表示第一次抽样时的合格判定数,A_{c2}表示第二次抽样时的合格判定数,R_{e1}表示第一次抽样时的不合格判定数,R_{e2}表示第一次抽样时的不合格判定数,且 $R_{e1}>A_{c1}+1$,$R_{e2}=A_{c2}+1$。则缺陷数计数抽样方案表示为$(N,n_1,A_{c1},R_{e1};n_2,A_{c2},R_{e2})$或$(n_1,A_{c1},R_{e1};n_2,A_{c2},R_{e2})$

例 15-1　以 r_1 表示表示第一次抽样的样本中的不合格数，r_2 表示表示第二次抽样的样本中的不合格数，$A_{c1}=1$，$R_{e1}=4$，$A_{c2}=3$，$R_{e2}=4$。当 $r_1 \leqslant A_{c1}=1$ 时，判批合格，$r_1 > R_{e1}=4$ 时，判批不合格；当 $A_{c1} < r_1 < R_{e1}$ 时，进行第二次抽样，检得 r_2。当 $r_1+r_2 \leqslant A_{c2}=3$ 时，判批合格，$r_1+r_2 > R_{e2}=4$ 时，判批不合格。

5. 多次计数抽样方案

多次计数抽样方案：抽 3 个或 3 个以上的样本才能对批质量做出判断的抽样方案。

多次计数抽样方案与二次抽样方案相似，只是抽样检验次数更多而已。

第二节　实验室间测量数据比对的统计处理和能力评价

学习目标：通过学习知道实验室间比对等相关的术语和定义，了解实验室间比对的统计处理和能力评价方法，了解数据直方图等的应用。

一、术语和定义

本文列出的以下术语和定义来自 GB/T 27043、GB/T 28043、ISO/IEC 指南 99。

1. 实验室间比对 interlaboratory comparison

按照预先规定的条件，由两个或多个实验室对相同或类似的物品进行测量或检测的组织、实施和评价。

2. 能力验证 proficiency testing

利用实验室间比对，按照预先制定的准则评价参加者的能力。

3. 指定值 assigned value

对能力验证物品的特定性质赋予的值。

4. 能力评定标准差 standard deviation for proficiency assessment

根据可获得的信息，用于评价能力验证结果分散性的度量。

注 1：标准差只适用于比例尺度和定距尺度的结果。

注 2：并非所有的能力验证计划都根据结果的分散性进行评价。

5. z 比分数 z-score

由能力验证的指定值和能力评定标准差计算的实验室偏倚的标准化度量。

注：z 比分数有时也称为 z 值或 z 分数。

6. 离群值 outlier

一组数据中被认为与该组其他数据不一致的观测值。

注：离群值可能来源于不同的总体，或由于不正确的记录或其他粗大误差的结果。

7. 稳健统计方法 robust statistical method

对给定概率模型假定条件的微小偏离不敏感的统计方法。

二、统计处理

1. 总则

实验室间的结果可以以多种形式出现，并构成各种统计分布。分析数据的统计方法应与数据类型及其统计分布特性相适应。分析这些结果时，应根据不同情况选择适用的统计方法。各种情况下优先使用的具体方法，可参见 GB/T 28043。对于其他方法，只要具有统计依据并向参加者进行了详细描述，也可使用。无论使用哪一种方法对参加者的结果进行评价，一般包括以下几方面内容：

1）指定值的确定；

2）能力统计量的计算；

3）评价能力。

必要时，考虑被测样品的均匀性和稳定性对能力评定的影响。

2. 统计设计

应根据数据的特性(定量或定性，包括顺序和分类)、统计假设、误差的性质以及预期的结果数量，制定符合计划目标的统计设计。在统计设计中应考虑下列事项：

1）实验室间比对中每个被测量或特性所要求或期望的准确度(正确度和精密度)以及测量不确定度；

2）达到统计设计目标所需的最少参加者数量；当参加者数量不足以达到目标或不能对结果进行有意义的统计分析时，应将评定参加者能力的替代方法的详细内容提供给参加者；

3）有效数字与所报告结果的相关性，包括小数位数；

4）需要检测或测量的待检样品数量，以及对每个被测样品进行重复测量的次数；

5）用于确定能力评定标准差或其他评定准则的程序；

6）用于识别和(或)处理离群值的程序；

7）只要适用，对统计分析中剔除值的评价程序。

3. 指定值及其不确定度的确定

(1) 指定值的确定有多种方法，以下列出最常用的方法。在大多数情况下，按照以下次序，指定值的不确定度逐渐增大。

1）已知值——根据特定能力验证物品配方(如制造或稀释)确定的结果；

2）有证参考值——根据定义的检测或测量方法确定(针对定量检测)；

3）参考值——根据对比对样品和可溯源到国家标准或国际标准的标准物质/标准样品或参考标准的并行分析、测量或比对来确定；

4）由专家参加者确定的公议值——专家参加者(某些情况下可能是参考实验室)应当具有可证实的测定被测量的能力，并使用已确认的、有较高准确度的方法，且该方法与常用方法有可比性；

5）由参加者确定的公议值——使用 GB/T 28043 和 IUPAC 国际协议等给出的统计方法，并考虑离群值的影响。例如，以参加者结果的稳健平均值、中位值(也称为中位数)等作为指定值。附录 A 给出了由参加者结果确定指定值的常用稳健统计方法。

(2) 对上述每类指定值的不确定度，可参照 GB/T 28043 等所描述的方法进行评定。

此外,ISO/IEC 指南 98－3 中给出了确定不确定度的其他信息。

(3) 指定值的确定应确保公平地评价参加者,并尽量使检测或测量方法间吻合一致。只要可能,应通过选择共同的比对小组以及使用共同的指定值达到这一目的。

(4) 对定性数据(也称为“分类的”或“定名的”值)或半定量值(也称为“顺序的”值),其指定值通常需要由专家进行判断或由制造过程确定。某些情况下,可使用大多数参加者的结果(预先确定的比例,如 80%或更高)来确定公议值。该比例应基于能力验证计划的目标和参加者的能力和经验水平来确定。

(5) 离群值可按下列方法进行统计处理:

1) 明显错误的结果,如单位错误、小数点错误、计算错误或者错报为其他能力验证物品的结果,应从数据集中剔除,单独处理。这些结果不再计入离群值检验或稳健统计分析。明显错误的结果应由专家进行识别和判断。

2) 当使用参加者的结果确定指定值时,应使用适当的统计方法使离群值的影响降到最低,即可以使用稳健统计方法或计算前剔除离群值。

3) 如果某结果作为离群值被剔除,则仅在计算总计统计量时剔除该值。但这些结果仍应当在能力验证计划中予以评价,并进行适当能力

(6) 需考虑的其他事项

理想情况下,如果指定值由参加者公议确定,应当有确定该指定值正确度和检查数据分布的程序。例如,可采用将指定值与一个具备专业能力的实验室得到的参考值进行比较等方法确定指定值的正确度。

通常,正态分布是许多数据统计处理的基础。正态分布的特点是单峰性、对称性、有界性和抵偿性。作为一个多家实验室能力比对计划的结果,由于参加者的测试方法、测试条件往往各不相同,而且能力验证结果的数量也是有限的,所以在许多情况下能力验证的结果呈偏态分布。对能力验证的结果只要求近似正态分布,尽可能对称,但分布应当是单峰的,如果分布中出现双峰或多峰,则表明参加者之间存在群体性的系统偏差,这时应研究其原因,并采取相应的措施。例如,可能是由于使用了产生不同结果的两种检测方法造成的双峰分布。在这种情况下,应对两种方法的数据进行分离,然后对每一种方法的数据分别进行统计分析。数据直方图和尧敦(Youden)图等可以显示结果的分布情况。

4. 能力统计量的计算

(1) 定量结果

1) 能力验证结果通常需要转化为能力统计量,以便进行解释和与其他确定的目标作比较。其目的是依据能力评定准则来度量与指定值的偏离。所用统计方法可能从不做任何处理到使用复杂的统计变换。

注:“能力统计量”也称为“性能统计量”。

2) 能力统计量对参加者应是有意义的。因此,统计量应适合于相关检测,并在某特定领域得到认同或被视为惯例。

3) 按照对参加者结果转化由简至繁的顺序,定量结果的常用统计量如下:

① 差值 D 的计算:

$$D = x - X \qquad (15\text{-}1)$$

式中:x——参加者结果;

X——为指定值。

② 百分相对差 $D\%$的计算：

$$D\%=\frac{D}{X}\times 100 \tag{15-2}$$

③ z 比分数的计算：

$$z=\frac{x-X}{\sigma}\times 100 \tag{15-3}$$

式中：

σ 为能力评定标准差。可由以下方法确定：

——与能力评价的目标和目的相符，由专家判定或规定值；

——由统计模型得到的估计值(一般模型)；

——由精密度试验得到的结果；

——由参加者结果得到的稳健标准差、标准化四分位距、传统标准差等具体方法参见GB/T 28043等。

4) 需要考虑的其他事项

① 通过参加者结果与指定值之差完全可以确定参加者的能力，对于参加者也是最容易理解的。差值$(x-X)$也称为“实验室偏倚的估计值”。

② 百分相对差不依赖于指定值的大小，参加者也很容易理解。

③ 对于高度分散或者偏态的结果、顺序响应量、数量有限的不同响应量，百分位数是有效的。但该方法仍应慎用。

④ 根据检测的特性，优先或需要使用变换结果。例如，稀释的结果呈现几何尺度，需做对数变换。

⑤ 如果 σ 由公议(参加者结果)确定，σ 的值应可靠，即基于足够多次的观测以降低离群值的影响。

三、能力评定

1. 用于能力评定的方式

(1) 专家公议，由顾问组或其他有资格的专家直接确定报告结果是否与预期目标相符合；专家达成一致是评估定性测试结果的典型方法。

(2) 与目标的符合性，根据方法性能指标和参加者的操作水平等预先确定准则。

(3) 数值的统计判定：这里的评价准则适用于各种结果值。一般将 z 比分数分为：

① $|z|\leqslant 2$ 表明“满意”，无需采取进一步措施；

② $2<|z|<3$ 表明“有问题”，产生警戒信号；

③ $|z|\geqslant 3$ 表明“不满意”，产生措施信号。

2. 使用GB/T 28043等描述的图形来显示参加者能力

可用如直方图，误差条形图，顺序 z 比分数图等来显示：

(1) 参加者结果的分布；

(2) 多个被测量样品结果间的关系；

(3) 不同方法所得结果分布的比较。

有时，能力验证计划中某些参加者的结果虽为不满意结果，但可能仍在相关标准或规范规定的允差范围之内，鉴于此，在能力验证计划中，对参加者的结果进行评价时，通常不作“合格”与否的结论，而是使用“满意/不满意”或“离群”的概念。

四、实验室间能力比对计划结果示例

实验室间比对计划可以设计为使用单一样品，有时，为了查找造成结果偏离的误差原因，也可以采用样品对。样品对可以是完全相同的均一样品对，也可以是存在轻微差别的分割水平样品对。均一样品对，其结果预期是相同的。分割水平样品对，其两个样品具有类似水平的被测量，其结果稍有差异。对双样品设计能力验证计划，可按照附录 A 的方法对结果进行统计处理，统计处理是基于结果对的和与差值。

以中位值和标准化四分位距法为例。

假设结果对是从样品对 A 和 B 两个样品中获得的。

首先按下式计算每个参加者结果对的标准化和（用 S 表示）和标准化差（用 D 表示），即：$S=\dfrac{A+B}{\sqrt{2}}$，$D=\dfrac{A-B}{\sqrt{2}}$（保留 D 的符号）。

通过计算每个参加者结果对的标准化和以及标准化差，可以得出所有参加者的 S 和 D 的中位值和标准化四分位距，即 $\text{med}(S)$、$\text{NIQR}(S)$、$\text{med}(D)$、$\text{NIQR}(D)$。

根据所有参加者的 S 和 D 的中位值和 NIQR，可以计算两个 z 比分数，即实验室间 z 比分数(ZB)和实验室内 z 比分数(ZW)，即：

$$\text{ZB}=\frac{S-\text{med}(S)}{\text{NIQR}(S)} \tag{15-4}$$

$$\text{ZW}=\frac{D-\text{med}(D)}{\text{NIQR}(D)} \tag{15-5}$$

$$\text{IQR}=Q_3-Q_1 \tag{15-6}$$

$$\text{NIQR}=0.7413\times\text{IQR} \tag{15-7}$$

式中：S——标准化和；

D——标准化差；

med——中位值；

Q_1——第一四分位值；

Q_3——第三四分位值；

IQR——四分位距；

NIQR——标准四分位距；

0.741 3——转化系数。

ZB 和 ZW 的判定准则同 z 比分数。ZB 主要反映结果的系统误差，ZW 主要反映结果的随机误差。对于样品对，ZB≥3 表明该样品对的两个结果太高，ZB≤−3 表明其结果太低，ZW≥3 表明其两个结果间的差值太大。

表 15-1 为 U_3O_8 中铀含量的测定结果和统计处理结果。样品 A 和 B 为一对分割水平样品。表中给出了结果数、中位值、NIQR、稳健变异系数（稳健 CV）、最小值、最大值和极差等统计量。

表 15-1　U_3O_8 中铀含量的测定结果和统计处理

实验室编号	U_3O_8-A	U_3O_8-B	S	ZB	D	ZW
01	84.340	84.310	119.253 6	0.68	0.021 2	−0.69
02	84.354	84.250	119.221 0	−0.02	0.073 5	0.88
03	84.355	84.251	119.222 4	0.02	0.07	0.88
04	84.165	84.161	119.024 5	−4.23	0.002 8	−1.24
05	84.254	84.236	119.140 4	−1.74	0.012 7	−0.95
06	84.285	84.279	119.192 7	−0.62	0.004 2	−1.20
07	84.187	84.477	119.263 5	0.89	−0.205 1	−7.50
08	84.397	84.332	119.309 4	1.88	0.046 0	0.05
09	84.380	84.170	119.182 8	−0.83	0.148 5	3.14
10	84.308	84.159	119.124 2	−2.09	0.105 4	1.84
11	84.350	84.270	119.232 3	0.23	0.056 6	0.37
12	84.330	84.410	119.317 2	2.05	−0.056 6	−3.03
13	84.320	84.260	119.204 1	−0.38	0.042 4	−0.05
14	84.360	84.260	119.232 3	0.23	0.070 7	0.80
结果数	14	14	14		14	
中位值	84.335	84.260	119.221 7		0.044 2	
NIQR	0.047 4	0.046 5	0.0466 5		0.033	
稳健 CV(%)	0.06	0.06	0.04		75.20	
最小值	84.165	84.159	119.024		−0.205	
最大值	84.397	84.477	119.317		0.148	
极差	0.232	0.318	0.293		0.354	

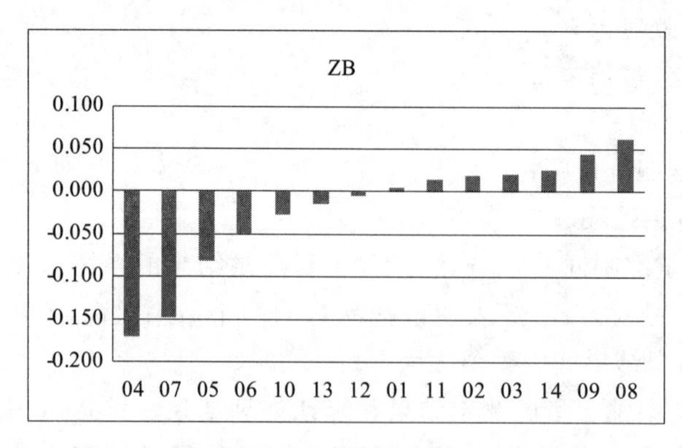

图 15-4　U_3O_8 中铀含量的测定结果 ZB 柱状图

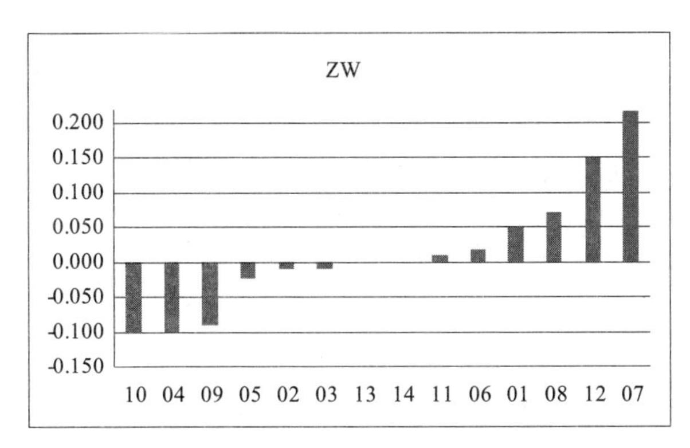

图 15-5　U_3O_8中铀含量的测定结果 ZW 柱状图

图 15-4 和图 15-5 为根据表 15-1 制作的 z 比分数序列图。图中按照大小的顺序显示出每个实验室的 z 比分数(ZB 和 ZW)，并标有实验室的代码，使每个实验室能够很容易地与其他实验室的结果进行比较。

第三节　相关反应堆基础知识

学习目标：通过学习了解核反应堆的分类，了解核反应堆的组成及工作原理。

一、反应堆及其分类

利用易裂变核素发生可控的自持核裂变链式反应的装置称为裂变反应堆，简称反应堆。尽管反应堆种类繁多，具体构造上又有较大差别，但从总体上均可分为反应堆本体和回路系统两部分。一般来说，反应堆的本体由堆芯、控制棒组件、反应堆容器及控制棒驱动机构、反射层和屏蔽等几部分组成。以热中子反应堆为例，堆芯集中了按一定方式排列的核燃料组件、慢化剂、冷却剂和堆内构件，自持裂变式反应就在此区进行。

1. 按引起裂变的中子能量分类

(1) 热中子反应堆　引起核燃料裂变的中子能量在 0.025 3 eV 左右。目前大多数核电厂所用的反应堆都属于这种类型。

(2) 快中子反应堆

(3) 中能中子反应堆

2. 按核反应堆的用途分类

(1) 生产堆　生产易裂变材料和热核材料、同位素，如通过$^{238}U+n \rightarrow ^{239}Pu$核反应生产$^{239}Pu$等，或用于工业规模辐照的反应堆。

(2) 实验堆　主要包括零功率装置、实验研究堆和原型堆等。

(3) 动力堆　主要用来发电或作为舰船动力以及工业提供热源的反应堆。我国大亚湾核电站、秦山核电站和田湾核电站的反应堆就属于这种范畴。

3. 按冷却剂类型分类

(1) 压水堆　轻水作为冷却剂、慢化剂。燃料一般采用低富集度的二氧化铀。轻水慢化,水的导热性能好。平均燃耗深,负温度系数,比较安全可靠。高压(14～16)MPa使得在300 ℃左右不沸腾。在技术上,压水堆比较成熟,是核电站系列化、大型化、商品化最多的堆型。

(2) 沸水堆 与压水堆一样,冷却剂为水,但允许沸腾,压力低。通过一回路冷却水的汽化,直接进入汽轮机-发电机组,而省去一个回路(一回路与二回路合二为一)。

(3) 重水堆 重水兼作慢化剂。由于重水的慢化性能好,热中子吸收截面小,故燃料可用天然铀。

(4) 石墨水冷堆 石墨慢化、轻水冷却的反应堆。

(5) 气冷堆 一般用二氧化碳、氦气作为冷却剂,石墨作为慢化剂。燃耗深,转换比高,体积大。根据堆型的不断改进,主要有石墨气冷堆、改进型气冷堆、高温气冷堆。

(6) 钠冷堆 没有慢化剂,金属钠作为冷却剂。

二、核反应堆的组成及工作原理

尽管核反应堆可按用途、构型划分为多种不同种类,但无论是哪种核反应堆,它们都有一个共同的组成。以目前建造得最多的热中子反应堆为例,它主要由核燃料元件、慢化剂、冷却剂、堆内构件、控制棒组件、反射层、反应堆容器、屏蔽层构成。其中前四类部件是核反应堆的心脏,组成“堆芯”;因核裂变反应就在该区域内发生,故堆芯也常称为活化区。堆外还有发电和安全的辅助设施,如蒸汽发生器或中间热交换器、汽轮发电机或涡轮机、蒸汽器、泵以及各种连接管道等。

压水堆核电站的结构布置如图15-6所示,它由一(次水)回路和二(次蒸汽和水)回路组成,两个回路在蒸汽发生器会合。

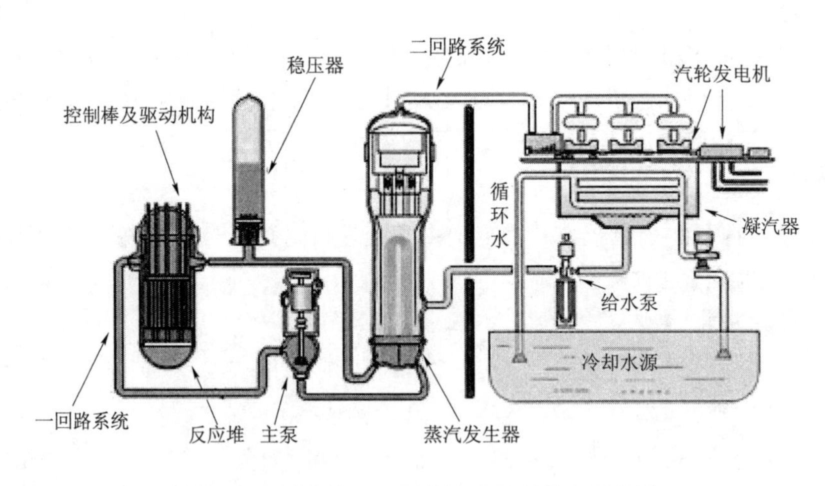

图15-6 压水堆(PWR)核电站的结构布置简图

一座电功率为1 000 MW的压水堆堆芯由约160个燃料组件组成,组件长为4 m,排在直径为3.4 m的下部支撑构件上。燃料组件内的燃料棒按(14×14)～(17×17)正方形排列,由定位格架和骨架固定,燃料棒外径约为9.5 mm。燃料装量约为70余吨。轻水是压水堆的慢化剂和冷却剂,它在一回路系统内不发生沸腾的条件下运行。整个堆芯被包容在高13 m,直径4.5 m,重量约为400 t的压力容器内。反应堆的功率控制由约50个从顶部引入的控制棒组件和一回路冷却剂水中的可溶性硼酸来实现。每个控制棒组件内有 20 个控制棒，它控制反应堆的启动和停堆，而硼酸则用于控制长期的反应性变化。

被核裂变能量加热的一回路冷却水通过蒸汽发生器的传热管，把热量传给二次则产生温度为 287 ℃，压力为 7 MPa 的饱和蒸汽。一台热功率 1 000 MW 的蒸汽发生器约有 4 000 根传热管，饱和蒸汽进入汽轮机膨胀做功，带动发电机发电，而乏汽则通过凝汽器转变为液态凝结水再返回蒸汽发生器重复使用。

第十六章　技术管理与创新

第一节　标准物质的制备

学习目标：通过学习知道标准物质的制备程序，能够制备内部标准物质（或标准样品）。

标准物质是一种应用广泛、种类繁多的实物标准，是使用者直接使用的计量标准。因此在制备标准物质时应注意以下方面：

一、候选物的选择

由于标准物质可用于校准仪器、评价测量方法和给物质赋值，因此候选物的选择应满足适用性、代表性及容易复制的原则。

候选物的基体应和使用的要求相一致或尽可能接近，这样可以消除方法基体效应引入的系统误差。如：富集度标准棒的制备，要求标准棒的制造工艺应符合燃料棒的制造工艺要求。

候选物的均匀性、稳定性以及待定特性量的量值范围应适合该标准物质的用途。只有物质是均匀的才能保证在不同空间测量的一致性和可比性。只有物质是稳定的才能保证在不同时间测量的一致性和可比性。

系列化标准物质特性量的量值分布梯度应能满足使用要求，以较少品种覆盖预期的范围。

候选物应有足够的数量，以满足在有效期间使用的需要。

二、标准物质的制备

根据候选物的性质，选择合理的制备程序、工艺，并防止外来污染、易挥发成分的损失以及待定特性量的量值变化。在研制八氧化三铀中杂质元素系列标准物质中，为了防止外来污染，研磨过程中，为了避免铁、铬的污染，在球磨时采用玛瑙罐和玛瑙球进行球磨。

对待定特性量不易均匀的候选物，在制备过程中除采取必要的均匀措施外，还应进行均匀性初检。

候选物的待定特性量有不易稳定趋向时，在加工过程中应注意研究影响稳定性的因素，采取必要的措施改善其稳定性，选择合适的贮存环境也是保持稳定性的重要措施。如二氧化铀芯块中铀含量标准物质，应贮存在惰性气氛中以防止氧化。

包装样品的物料应选择材质纯、水溶性小、器壁吸附性和渗透性小，密封性好的容器。容器器壁要有足够的厚度。对于气体标准物质钢瓶容器的选择以及容器内壁的处理具有重要意义，例如一氧化碳和氮的混合气在内衬石蜡的不锈钢瓶中可长期保持稳定，而二氧化硫和氮的混合气却必须保存在铝钢瓶中。最小包装单元中标准物质的实际质量或体积与标称的质量或体积应符合规定的允差要求。

当候选物制备量大，为便于保存和便于发现产生的问题，可采取分级分装，如几十千克的大桶、几千克的大瓶、几十克的小瓶等。最小包装单元应以适当方式编号并注明制备或分装日期。

标准物质的制备常有以下 4 种方式：

(1) 从生产物料中选择，如富集度标准棒中的 UO_2芯块选取化学成分、密度、几何尺寸等与 UO_2芯块产品技术要求一致；

(2) 用纯物质配制，化学气体的标准物质，是用高纯气中加入一种或几种特定成分气体的方法配制；

(3) 直接选用高纯物质作标准物质，例如用经提纯后的高纯八氧化三铀，作为铀含量标准物质；

(4) 特殊的制备，如八氧化三铀中杂质元素系列标准物质，需在八氧化三铀基体中加入所需杂质元素。

三、标准物质的均匀性

标准物质均匀性是标准物质最基本的属性，它是用来描述标准物质特性空间分布特征的。均匀性的定义是：物质的一种或几种特性具有相同组分或相同结构的状态，通过检验具有规定大小的样品，若被测量的特性值均在规定的不确定度范围内，则该标准物质对这一特性来说是均匀的。从这一定义可以看出，不论制备过程中是否经过均匀性初检，凡成批制备并分装成最小包单元的标准物质必须进行均匀性检验。对于分级分装的标准物质，凡由大包装分装成最小包装单元时，都需要进行均匀性检验。

1. 最小取样量的确定

物质的均匀性是个相对概念。当取样量很少时，物质的特性量可能呈现不均匀，当取样量足够多时，物质的均匀程度能够达到预期要求，就可认为是均匀的。一旦最小取样量确定，该标准物质定值和使用时都应保证用量不少于该最小取样量。一般来说，取样量越少物质也能均匀，就表明该标准物质性能优良。当一种标准物质有多个待定特性量时，以不易均匀待定特性量的最小取样量表示标准物质的最小取样量或分别给出每个特性量的最小取样量。

2. 取样方式的选择

在均匀性检验的取样时，应从待定特性量值可能出现差异的部位抽取，取样点的分布对于总体样品应有足够的代表性。例如对粉状物质应在不同部位取样（如每瓶的上部、中部、下部取样）；对与溶液可在分装最小包装单元的初始、中间和终结阶段取样。当引起待定特性量值的差异原因未知或认为不存在差异时，这时均匀性检验则采用随机取样，可使用随机数表决定抽取样品的号码。

3. 取样数目的决定

抽取单元数目对样品总体要有足够的代表性。抽取单元数取决于总体样品的单元数和对样品的均匀程度的了解。当总体样品的单元数较多时，抽取单元也相应增多。当已知总体样品均匀性良好时,抽取单元数可适当减少。抽取单元数以及每个样品的重复测量次数还应适合所采用的统计检验模式的要求。以下取样数目可供参考:

当总体单元数少于500时,抽取单元数不少于15个;当总体单元数大于500时,抽取单元数不少于25个;对于均匀性好的样品,当总体单元数少于500时,抽取单元数不少于10个;当总体单元数大于500时,抽取单元数不少于15个。

若记 N 为总体单元数,也可按 $3\sqrt[3]{N}$ 来计算出抽取样品数。

4. 均匀性检验项目的选择

一般来说对将要定值的所有特性量都应进好均匀性检验。对具有多种待定特性量值的标准物质、应选择有代表性的和不容易均匀的待定特性量进行检验。

5. 测量方法的选择

选择检验待定特性量是否均匀所使用的分析方法(也可能是物理方法)除了要考虑最小取样量大小外,还要求该分析方法不低于所有定值方法的精密度并具有足够灵敏度。由于均匀性检验取样数目比较多,为防止测量系统误差对样品均匀性误差的干扰,应注意在重复性的实验条件下做均匀性检验。推荐以随机次序进行测定以防止系统的时间变化干扰均匀性评价。如果待定特性量的定值不是和均匀性检验结合进行的话,作为均匀性检验的分析方法,并不要求准确计量物质的特性量值,只是检查该特性量值的分布差异,所以均匀性检验的数据可以是测量读数不一定换算成特性量的量值。

6. 测量结果的评价

选择合适的统计模式进行均匀性检验结果的统计检验。检验结果应能给出以下信息:

(1) 检验单元内变差与测量方法的变差并进行比较,确认在统计学上是否显著;

(2) 检验单元间变差与单元内变差并进行比较,确认在统计学上是否显著;

(3) 判断单元内变差以及单元间变差统计显著性是否适合于该标准物质的用途。

一般来说有以下三种情况:

① 相对于所用测量方法的测量随机误差或相对于该特性量值不确定度的预期目标而言,待测特性量的不均匀性误差可忽略不计,此时认为该标准物质均匀性良好。

② 待测特性量的不均匀性误差明显大于测量方法的随机误差并是该特性量预期不确定度的主要来源,此时认为该物质不均匀。在这种情况下,这批标准物质应该弃去或者重新加工,或对每个成品进行单独定值。

③ 待定特性量的不均匀性误差与方法的随机误差大小相,且与不确定度的预期目标相比较又不可忽略,此时应将不均匀性误差记人定值的总的不确定度内。

四、标准物质的稳定性

标准物质的稳定性是指在规定的时间间隔和环境条件下,标准物质的特性量值保持在规定范围内的性质。可见标准物质的稳定性是用来描述标准物质的特性量值随时间变化的。规定的时间间隔愈长,表明该标准物质的稳定性愈好。这个时间间隔被称为标准物质的有效期或在颁布和出售标准物质时应明确给出标准物质的有效期。

使用者在规定的有效期内,按规定的条件保存和使用标准物质,才能保证校准的测量仪器、评价的测量方法或确定的其他材料的特性量值准确。

1. 影响标准物质稳定性的因素

标准物质的稳定性是有条件的、相对的。影响标准物质稳定性的因素：

(1) 标准物质本身的性质

不同标准物质的稳定性是不同的。一般来说，钢铁标准物质比生物标准物质稳定。标准物质的浓度也影响其稳定性。浓度高的标准物质比浓度低的标准物质稳定，所以一般溶液标准物质都配制成浓度较高的储备液，使用者可根据具体情况进行必要的稀释。

(2) 标准物质加工制备过程的影响

在加工、研磨、粉碎等过程中，由于样品温度升高、吸收水分及氧化等因素会引起标准物质稳定性能的改变，故选择合适的制备工艺、限定制备状态是十分必要的。

(3) 标准物质贮存容器的影响

标准物质贮存容器的材质、密封性能对标准物质的稳定性也产生影响，例如，贮存不同液体标准物质所用容器是不同的。一般对于 Ag、As、Cd 和 Pb 等单元素溶液标准物质，采用玻璃安瓿瓶密封；对于 F^-、Cl^- 和 SO_4^{2-} 等溶液标准物质，采用聚乙烯塑料瓶贮存。贮存气体标准物质所用的钢瓶，存在着钢瓶内壁吸附、解吸及组分气体在高压下与共存成分起化学反应而使特性蓬位随时间发生变化的问题，因此，对于不同的气体标准物质应使用不同材质的钢瓶。

(4) 外部条件的影响

标准物质的稳定性受物理、化学、生物等因素的制约，例如，光、热、温度、吸附、蒸发、渗透等物理因素，化合、分解等化学因素，生化反应、生霉等生物因素都影响标准物质的稳定性，而且这些不同的影响因素之间又相互影响。

2. 保证标准物质稳定性的措施

(1) 标准物质候选物的选择

为保证标准物质具有良好的稳定性，在标准物质研制的初始阶段，应选择具有长时间稳定性能的材料作为标准物质的候选物；正确选择标准物质的候选物是研制标准物质成功最根本的保证之一。

(2) 标准物质制备工艺的研究

在标准物质加工制备过程中、应注意控制温度、湿度及污染等因素对标准物质稳定性的影响。一般来说，颗粒细的标准物质比颗粒粗的标准物质容易氧化，在制备铀含量标准物质时，为了防止二氧化铀的氧化，将二氧化铀中铀含量标准物质制备成块状，并在装有标准物质的容器中，充入惰性气体，以减少氧化的可能性。

(3) 标准物质贮存容器和保存条件的选择

应选择合适的贮存容器贮存标准物质，例如，选择材质纯、水溶性小、器壁吸附性和渗透性小、密封性好的容器贮存标准物质。在使用新钢瓶贮存气体标准物质时，必须对钢瓶内壁进行去锈、镜面研磨等内壁处理，使内壁尽可能光滑。在某些情况下，还要进行衬蜡、涂防氧化漆等防锈处理。对曾经贮存过其他气体的钢瓶，应事先把钢瓶内残留的其他气体全部放出，并进行必要的处理，防止其他气体对配制气体标准物质的干扰。

应通过条件实验选择切实可行的保存条件，例如，低温、低湿环境是保存生物标准物质的最佳条件，一般来说，标准物质应在干燥、阴凉、通风、干净的环境中保存。

3. 标准物质的稳定性监测

标准物质的稳定性监测是一个长期的过程。监测的目的是为了给出该标准物质确切的有效期。标准物质稳定性监测中应注意几个问题：

(1) 应在规定的贮存或使用条件下,定期地对标准物质进行待定特性量值的稳定性试验。

(2) 标准物质稳定性监测的时间间隔可以按先密后疏的原则安排,在有效期内,应有多个时间间隔的监测数据。

(3) 当标准物质有多个待定特性量值时,应选择那些易变的和有代表性的待定特性量值进行稳定性监测。

(4) 选择不低于定值方法精密度和具有足够灵敏度的测量方法对标准物质进行稳定性监测,并注意每次实验时,操作及实验条件的一致。

(5) 考察标准物质稳定性所用样品应从分装成最小包装单元的样品中随机抽取,抽取的样品数目对于总体样品应有足够的代表性。

4. 标准物质的稳定性评价

当按时间顺序进行的测量结果在测量方法的随机不确定度范围内波动,则该特性量值在试验的时间间隔内是稳定的。该试验间隔可作为标准物质的有效期、在标准物质发放和使用期间要不断积累稳定性监测数据,以延长有效期。当按时间顺序进行的测量结果出现逐渐下降或逐渐升高并超出不确定度规定的范围时,该标准物质应停止使用。

五、标准物质的定值

标准物质的定值是对标准物质特性量赋值的全过程。标准物质作为计量器具的一种,它能复现、保存和传递量值,保证在不同时间与空间量值的可比性与一致性。要做到这一点就必须保证标准物质的量值具有溯源性。即标准物质的量值能通过连续的比较链以给定的不确定度与国家的或国际的基准联系起来。要实现溯源性就需要对标准物质研制单位进行计量认证,保证研制单位的测量仪器应进行计量校准,要对所用的分析测量方法进行深入的研究,定值的测量方法应在理论上和实践上经检验证明是准确可靠的方法,应对测量方法、测量过程和样品处理过程所固有的系统误差和随机误差,如溶解、消化、分离、富集等过程中被测样品的沾污和损失,测量过程中的基体效应等进行仔细研究,选用具有可溯源的基准试剂,要有可靠的质量保证体系。要对测量结果的不确定度进行分析,要在广泛的范围内进行量值比对,要经国家计量主管部门的严格审查等。

1. 定值方式的选择

以下 4 种方式可供标准物质定值时选择：

(1) 用高准确度的绝对或权威测量方法定值

绝对(或权威)测量方法的系统误差是可以估计的,相对随机误差的水平可忽略不计。测量时,要求有两个或两个以上分析者独立地进行操作,并尽可能使用不同的实验装置,有条件的要进行量值比对。

(2) 用两种以上不同原理的已知准确度的可靠方法定值。

研究不同原理的测量方法的精密度,对方法的系统误差进行估计,采用必要的手段对方法的准确度进行验证。

(3) 多个实验室合作定值

参加合作的实验室应具有标准物质定值的必备条件,并有一定的技术权威性。每个实验室可以采用统一的测量方法,也可以选该实验室确认为最好的方法。合作实验室的数目或独立定值组数应符合统计学的要求。定值负责单位必须对参加实验室进行质量控制和制订明确的指导原则。

(4) 当已知有一种一级标准物质,欲研制类似的二级标准物质时,可使用一种高精密度方法将欲研制的二级标准物质与已知的一级标准物质以直接的方式而得到欲研制标准物质的量值。此时该标准物质的不确定度应包括一级标准物质给定的不确定度以及用方法对一级标准物质和该标准物质进行测定时的重复性。

2. 对特性量值测量时的影响参数和影响函数的研究

对标准物质定值时必须确定操作条件对特性量值及其不确定度的影响大小,即确定影响因素的数值,可以用数值表示或数值因子表示。如标准毛细管熔点仪用熔点标准物质,其毛细管熔点及其不确定度受升温速率的影响,因此定值要给出不同升温速率下的熔点及其不确定度。

有些标准物质的特性量值可能受到测量环境条件的影响。影响函数就是其特性量值与影响量(温度、湿度、压力等)之间关系的数学表达式。

3. 定值数据的统计处理

(1) 当用绝对或权威测量方法定值时,测量数据可按如下程序处理:

1) 对每个操作者的一组独立测量结果,在技术上说明可疑值的产生并予剔除后,可用格拉布斯(Crubbs)法或狄克逊(Dixon)法从统计上再次剔除可疑值。当数据比较分散或可疑值比较多时,应认真检查测量方法、测量条件及操作过程。列出每个操作者测量结果:原始数据、平均值、标准偏差、测量次数。

2) 对两个(或两个以上)操作者测定数据的平均值和标准偏差分别检验是否有显著性差异。

3) 若检验结果认为没有显著性差异,可将两组(或两组以上)数据合并给出总平均值和标准偏差。若检验结果认为有显著性差异,应检查测量方法,测量条件及操作过程,并重新进行测定。

(2) 当用两种以上不同原理的方法定值,测量数据可按如下程序处理:

1) 对两个方法(或多个)的测量结果分别按(1)中的(a)步骤进行处理。

2) 对两个(或多个)平均值和标准偏差按(1)中的(b)进行检验。

3) 若检验结果认为没有显著性差异,可将两个(或多个)平均值求出总平均值,将两个(或多个)的标准偏差的平方和除以方法个数,然后开方求出标准偏差。若检验结果有显著性差异应检查测量方法、测量条件及操作过程式。或可考虑用不等精度加权方式处理。

(3) 当用多个实验室合作定值时,测量数据可按如下程序处理:

1) 对各个实验室的测量结果分别按(1)中的1)步骤进行处理。

2) 汇总全部原始数据,考察全部测量数据分布的正态性。

3) 在数据服从正态分布或近似正态分布的情况下,将每个实验室的所测数据的平均值视为单次测量构成一组新的测量数据。用格拉布斯法或狄克逊法从统计上剔除可疑值。当数据比较分散或可疑值比较多时,应认真检查每个实验室所使用的测量方法、测量条件及操作过程。

4) 用科克伦(Cochran)法检查各组数据之间是否等精度。当数据是等精度时,计算出总平均值和标准偏差。当数据不等精度时可考虑用不等精度加权方式处理。

5) 当全部原始数据服从正态分布或近似正态分布情况下,也可视其全部为一组新的量数据,按格拉布斯法或狄克逊法从统计上剔除可疑值,再计算全部原始数据的总平均值和标准偏差。

6) 当数据不服从正态分布时,应检查测量方法和找出各实验室可能存在的系统误差对定值结果的处理持慎重态度。

4. 定值不确定度的估计

特性量的测量总平均值即为该特性量的标准值。标准值的不确定度由三个部分组成:第一部分是通过测量数据的标准偏差、测量次数及所要求的置信水平按统计方法计算出。第二部分是通过对测量影响参数和影响函数的分析、估计出其大小。第三部分是物质不均匀性和物质在有效期内的变动性所引起的不确定度。

5. 定值结果的表示

定值结果一般表示为:标准值±不确定度。

要明确指出不确定度的含义并指明所选择的置信水平,不确定度可以用标准不确定度表示也可用扩展不确定度表达。

不确定度一般保留一位有效数字,最多只保留两位有效数字。标准值的最后一位与不确定度相应的位数对齐来决定标准值的有效数字位数。

第二节 科技文献检索

学习目标:通过学习了解科技文献检索的意义及作用,掌握查找文献的方法。

文献检索(Literature Review)就是从众多的文献中查找并获取所需文献的过程。“文献”是指具有历史价值和资料价值的媒体材料,通常这种材料是用文字记载形式保存下来的。“检索”是寻求、查找并索取、获得的意思。

一、文献检索的意义

人类的知识是逐渐积累的,任何研究都是在前人的理论或研究成果的基础上,有所发明、创造和进步的。研究成果的价值往往与研究人员占有资料的数量和质量相关。文献检索是研究过程中必不可少的步骤,它不仅在确定课题和研究设计时被运用,而且贯穿于研究的全过程。

二、文献检索的作用

1. 可以从整体上了解研究的趋向与成果

通过对相关文献的充分阅览,才能了解研究问题的发展动态,把握需要研究的内容,避免重复前人已经做过的研究，避免重蹈前人失败的覆辙。

2. 可以澄清研究问题并界定变量

文献检索可以了解问题的分歧所在，进一步确定研究问题的性质和研究范围。检索还可以在有关文献中找到研究变量的参考定义，发现变量之间的联系，澄清研究问题。

3. 可以为如何进行研究提供思路和方法

通过对研究文献的阅览，可以从别人的研究设计和方法中得到启发和提示，可以在模仿或改造中培养自己的创意。可以为自己的研究提供构思框架和参考内容，避免重导别人的覆辙。

4. 可以综合前人的研究信息，获得初步结论

阅览文献可以为课题研究提供理论和实践的依据，最大限度地利用已有的知识经验和科研成果。可以通过综合分析，理出头绪，寻求新的理论支持，构建初步的结论，作为进一步研究的基础。

三、文献资料的类型

1. 按照文献资料的性质、内容、加工方式和可靠性程度分类

（1）一次文献

指未经加工的原始文献，是直接反映事件经过和研究成果，产生新知识、新技术的文献。一次文献的形式主要有：调查报告、实验报告、科学论文、学位论文、专著、会议文献、专利、档案等，也包括个人的日记、信函、手稿和单位团体的会议记录、备忘录、卷宗等。由于这类文献是以事件或成果的直接目击者身份或以第一见证人身份出现，因此具有较高的参考价值。

（2）二次文献

又称检索性文献，指对一次文献加工、整理、提炼、压缩后得到的文献，是关于文献的文献。二次文献的形式主要有：辞典、年鉴、参考书、目录、索引、文摘、题录等。它的目的是使原始文献简明并系统化为方便查找一次文献提供线索。

（3）三次文献

又称参考性文献，指在对一次文献、二次文献的加工、整理、分析、概括后撰写的文献，是研究者对原始资料综合加工后产生的文献。三次文献的形式主要有：研究动态、研究综述、专题评述、进展报告、数据手册等。三次文献覆盖面广，信息量大，便于研究人员在较短的时间里了解某一研究领域最重要的原始文献和研究概况。

文献资料的检索往往是先通过二次文献、三次文献进行再根据二次文献、三次文献所提供的线索查找所需的一次文献。

2. 按照文献载体形式分类

（1）文字型文献

如以纸为媒介，用文字表达内容的文献。

（2）音像型文献

以声频、视频等为媒介，来记录、保存、传递信息的文献。

（3）机读型文献

以磁盘、光盘为媒介，来记录、保存、传递信息的文献。又称为机读型文献。

四、文献检索的要求与过程

文献检索就是根据研究目的查找所需文献的过程。

1. 文献检索的基本要求

文献检索的基本要求可以概括为准、全、高、快四个字,"准"是指文献检索要有较高的查准率,能准确查到所需的有关资料;"全"是指文献检索要有较高的查全率,能将需要的文献全部检索出来;"高"是指检索到的文献专业化程度要高,并能占有资料的制高点;"快"是指检索文献要快捷、迅速、有效率。

2. 文献检索的基本过程

主要有常规检索法和跟踪检索法。

(1) 常规检索法指利用题录、索引、文摘等检索工具查找所需文献的方法,它可以采用按时间顺序由远及近地进行检索,也可以逆着时间顺序由近及远地进行检索。

(2) 跟踪检索法是以著作和论文最后的参考文献或参考书目为线索,跟踪查找有关主题文献的方法。

文献检索的基本过程见图 16-1。

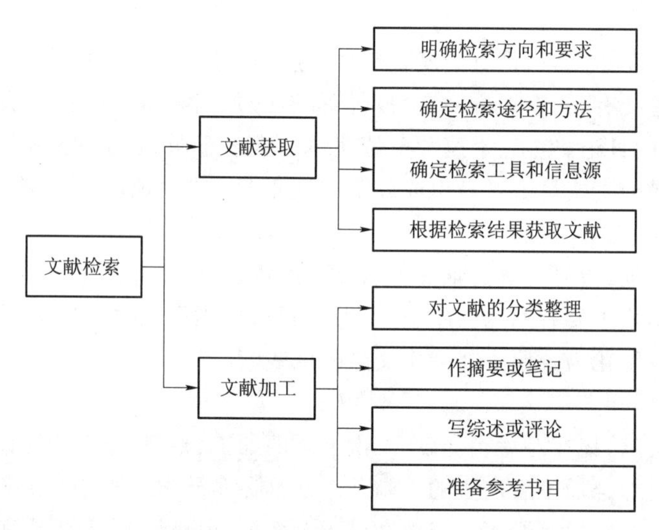

图 16-1　文献检索基本过程图

图书馆是文献资源最集中的地方。一般综合性图书馆都有大量的第二手资料,二手资料通常并不提供第一手资料。因此,最好的方法就是从二手资料入手来查找文献资料。图书馆中经常用到的第二手资料主要有:专业辞典、年鉴、研究评论、研究手册、专著、报纸杂志的文章等。

五、查阅文献的方法

如何应用各种检索工具,从文献的"海洋"中,快速、准确地找到自己所需的文献、知识和信息,这的确不是一件容易的事。这里介绍几种查阅方法。。

1. 人工快速查阅法

一般遇到以下几种情况，可以采用快速查阅，应用有关的工具书、参考书和手册等快速查看。

(1) 查找合适的分析方法，但不求最新、最好；

(2) 查找一种元素或化合物的性质、反应、衍生物等；

(3) 查找一种化合物的光谱、质谱或 NMR 的数据和图谱等；

(4) 查找某种试剂的制备方法或纯化方法等；

(5) 查找试剂、仪器零部件和仪器的出产厂家等。

手工检索通常是根据文献的信息特征，利用一定的检索工具进行检索。文献的特征由外表特征和内容特征两个方面构成，外表特征有作者名、书名、代码，内容特征有分类体系和主题词(见图 16-2)。

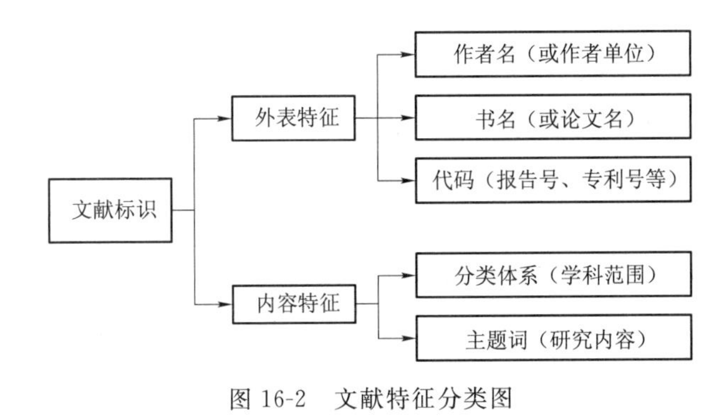

图 16-2 文献特征分类图

2. 系统查阅法

当围绕一项专题研究或了解某一个领域的发展前景和研究前沿寻找研究课题，需要系统查阅有关的文献，应用系统查阅法。

(1) 系统查阅前的准备工作。在进行系统查阅文献之前，查阅者应具备有关专题必要的基础知识。

(2) 利用有关专题的综述、专著和进展报告文献综述。

(3) 多种检索工具配合使用。分析化学工作者，最常使用的索引是分析化学文摘(AA)和化学文摘(CA)的配合使用，再配合使用其他专业文摘索引。如：CT-Chemical Title，化学题录索引，CC-Current Contents，当今目录，CAC&IC-Current Abstracts of Chemistry and Index Chemicus，当今化学文摘与索引。

(4) 收集和利用最新文献。在系统查阅文献时，还应注意查阅有关专业的核心期刊的最新卷或期，以便掌握最新的文献。

(5) 顺查法与逆查法结合使用。顺查法是由远而近，从早期文献查到最近文献；逆查法则由近及远，从近期文献开始往前追查。两者如何配合使用，可根据实际情况作出安排。

(6) 查阅与分析思考相结合。在查阅文献的过程中，要注意分析、思考，以使去粗取精，去伪存真，把握重点，有效地利用文献。

3. 计算机查阅法

采用计算机检索,是现代文献查阅的趋势,可以在几分钟内完成一个课题的全面检索。

(1) 计算机检索服务方式

1) 定题情报检索(Selective dissemination of information,简称 SDI)针对某一个检索课题,利用计算机定期地在新到的文献检索磁带上进行检索然后将结果提供给查阅者。

2) 追溯检索(retrospective search,简称 RS)是根据查阅者的要求,对专题文献进行彻底、详细的追溯检索,把与专题有关的文献目录甚至包括一些必要原文提供给查阅者的服务方式。

3) 数据(事实)咨询服务。查阅者需要对查阅数据或某种资料来源,可采用数据(事实)咨询服务可以解决问题。通常在计算机检索不能解答的情况下,只有依靠有关的专家来解答。

4) 国际联机检索。利用国际联机终端,可以及时解决某些课题急需的信息或文献,时效性好。目前世界上最大的联机情报检索系统有 DIALOG 系统(设立在美国加利福尼亚州)、ORBIT 系统(美国系统发展公司建立)以及 ESAIRS 系统(欧洲空间组织情报检索中心建立)。

(2) 计算机检索方法

计算机检索只能用一定的程序进行,用户必须与检索服务人员配合编制检查方案和程序。

1) 选择检索文档。

当用户确定检索的课题之后,在计算机检索"文档一览表"中选择检索的文档。这是计算机检索的首要步骤。

2) 选择检索词。

3) 编写检索式。

六、选择检索的方法和编写检索式知识

不论是手工检索或计算机检索,选择检索词是很重要的环节。在计算机检索时,用户应有编写检索式的知识,以便与专业检索人员配合,更好地完成检查任务。因此,扼要地介绍一下检索词的选择方法和检索式的编写知识是很必要的。

1. 选择检索词的方法

检索是索引的标引词。某一领域中,一切可以用来描述信息内容和信息要求的词汇或符号及其使用规则构成的供标引或检索的工具,都是检索词或标引词。有些标引词如分子式、著作者和专利号等是专一性的,不存在选择的问题。主题索引和关系词索引是计算机检索服务中使用的索引,在确定检索课题或领域之后,就要选择检索词,可以帮助人们按照不同的检索目的选择检索词。

目前国际上把检索词的逻辑关系归纳为三种:等级关系(即包含与被包含,上位与下位关系);等同关系(即词义相同或相近关系);类缘(相关)关系(即上面两种关系之外的逻辑关系,如交叉关系、反对关系等)。按照检索词的逻辑关系,可有如下几种选择检索词的方法:

(1) 上取法按检索词的等级关系向上取一些合适的上位词。此法又称扩展法。

(2) 下取法按检索词的等级关系向下取一些合适的下位词。

(3) 旁取法从等同关系的词中取同位词或相关词。

(4) 邻取法浏览邻近的词,选取一些含义相近的词作为补充检索词。

(5) 追踪法通过审阅已检出的文献,从其中选择可供进一步检索的其他检索词。

(6) 截词法截去原检索词的词缀(前缀或后缀),仅用其词干或词根作为检索词,又称词干检索法。

2. 编写检索式的方法

检索式用于计算机检索系统,有以下几种不同的检索式构造方法可供不同检索要求的用户选择。

(1) 专指构造法在检索式中使用的检索词是专一性的,以提高检索式的查准率。

(2) 详尽构造法将检索问题中包含的全部(或绝大部分)要选的检索词都列入检索式中,或在原检索式中再增加一些检索词进一步检索。

(3) 简略构造法减少原检索式所含的检索要素或检索词再进一步检索。

(4) 平行构造法将同义词或其他具有并列关系的平行词编入检索式,使检索范围拓宽。

(5) 精确构造法减少检索式中平等词的数量,保留精确的检索词,使检索式精确化。

(6) 非主题限定法对文献所用的语言、发表时间和类型等非主题性限制,缩小检索的范围。

(7) 加权法分别给编入检索式中的每一个词一个表示重要性大小的数值(即权重)限定,检索时对含有这些加权词的文献进行加权计算,总权重的数值达到预定的阈值的文献才命中。

在编写检索式时各种算符的灵活运用也很重要,应在实际检索中注意积累经验。

3. 检索手段的选择

检索手段有人工检索和计算机检索两类。计算机检索又分为联机检索和脱机光盘检索两种。查阅者可以根据检索的目的要求和条件选择合适的检索手段,有时可以三种方法配合使用,充分利用各种检索手段的优势

第三节　常用统计技术

学习目标:通过学习知道正态分布检验的方法,并会对测量数据进行正态性检验;会用单因子方差分析法对样品的均匀性进行检验。

一、正态分布及正态性检验

在理化检验及分析工作中,往往会获得大量数据。如何正确表述分析结果?如何评价结果的可靠程度?依赖于分析数据的正确处理。

在数据处理中首先要解决真值的最佳估计值以及确定估计值的不确定度,而解决这些问题的最基本手段是应用统计学原理。

使用数据处理与统计检验方法的前提条件是处理的这组数据必须服从正态分布规律。

1. 正态分布

如果用一个量 ζ 来描述试验结果，ζ 取什么值不能预先断言，是随试验结果的不同而变化的，则称 ζ 为随机变量，记 $P(\zeta<x)$ 为 ζ 小于 x 的事件的概率，而

$$F(x)=P(\zeta<x)=\int_{-\infty}^{x} f(x)\mathrm{d}x \tag{16-1}$$

$F(x)$ 为随机变量的分布函数，$f(x)$ 为 ζ 的分布密度。

若随机变量 ζ 的分布函数可表示为：

$$F(x)=\int_{-\infty}^{x} \frac{1}{\sqrt{2\pi}\sigma} \mathrm{e}^{\frac{(x-\mu)2}{2\sigma 2}} \mathrm{d}x \tag{16-2}$$

则称 ζ 服从正态分布，记为 $N(\mu,\sigma)$。其中 μ 称为 ζ 的数学期望或均值，它表征了随机变量的平均特性。σ^2 称为 ζ 的方差，它表征了随机变量取值的分散程度。

若记 $\delta=\zeta-\mu$，则误差 δ 服从均值为 0，方差为 σ^2 的正态分布，即服从 $N(0,\sigma)$，可推导出误差正态分布曲线的数学表达式：

$$f(\delta)=\frac{1}{\sqrt{2\pi}\sigma} \mathrm{e}^{\frac{-\delta 2}{2\sigma 2}} \tag{16-3}$$

式中：$f(\delta)$ 为分布密度。

在进行数据处理和统计检验时，往往是基于该数据服从正态分布，因此对原始独立测定数据进行正态性检验就显得十分必要。下面介绍几种比较常用的正态性检验方法。

2. 正态性检验

检验偏离正态分布有多种方法。在 GB/T 4882—2001《数据的统计处理和解释 正态性检验》中有图方法、用偏态系数和峰态系数检验、回归检验和特征函数检验。

如果没有关于样本的附加信息可以利用，则建议先做一张正态概率图。也就是正态概率纸画出观测值的累积分布函数，正态概率纸上的坐标轴系统使正态分布的累积分布函数呈一条直线。它让人们立即看到观测的分布是否接近正态分布。有了这种进一步的信息，可决定是进行一个有方向检验，还是进行回归检验或特征函数检验，或者不再检验。另外，这样的图示虽然不能作为一个严格的检验，但它提供的直观的信息，对于任何一种偏离正态分布的检验都是一种必要的补充。

(1) 图方法

在正态概率纸上画出观测值的累积分布函数。这种概率纸，一个坐标轴(纵轴)的刻度是非线性的，它是按标准正态分布函数的值刻画的，对具体数据则标出其累积相对频率的值。另一个坐标轴刻度是线性的，顺序标出 X 的值。正态变量 X 的观测值的累积分布函数应近似一条直线。

有时这两个坐标轴被相互对调。另外，如果对变量 X 作了一个变换，线性刻度可以变成对数、平方、倒数或其他刻度。

图 16-3 给出了一张有注释的正态概率纸。在纵轴上累积相对频率的值是百分数，而横轴是线性刻度。

如果在正态概率纸上所绘的点散布在一条直线附近，则它对样本来自正态分布提供了一个粗略的支持。而当点的散布对直线出现系统偏差时，这个图可提示一种可供考虑的分布类型。

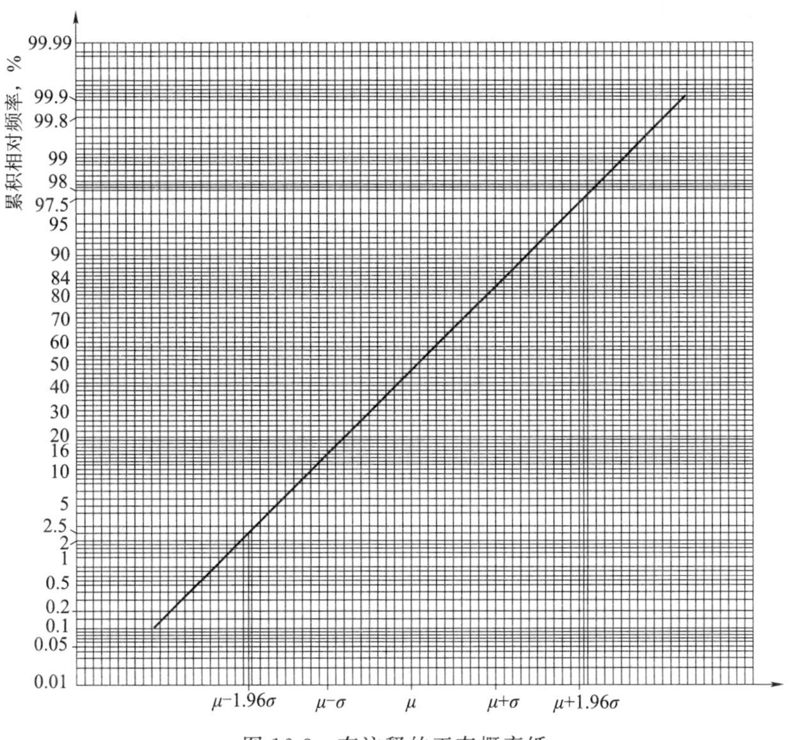

图 16-3　有注释的正态概率纸

这种方法的重要性在于它容易提供对正态分布偏离的类型的视觉信息。

必须注意，这样一张图从严格意义上来说并不是一个检验偏离正态分布的方法。在小样本场合，表示的曲线可能呈现为正态分布，但是，在大样本场合，一些不显眼的曲线也可能是非正态分布的显示。

(2) 用偏态系数和峰态系数检验数据正态性

设对某量进行测定，得到一组独立测量结果：$x_1, x_2, \cdots, x_n$ ($x_1 \leqslant x_2 \leqslant \cdots \leqslant x_n$)，可计算得：

$$m_2 = \sum_{i=1}^{n} \frac{(x_i - \overline{x})^2}{n} \tag{16-4}$$

$$m_3 = \sum_{i=1}^{n} \frac{(x_i - \overline{x})^3}{n} \tag{16-5}$$

$$m_4 = \sum_{i=1}^{n} \frac{(x_i - \overline{x})^4}{n} \tag{16-6}$$

式中：$\overline{x} = \sum_{i=1}^{n} \frac{x_i}{n}$

称 $A = \frac{|m_3|}{\sqrt{(m_2)^3}}$ 为偏态系数，用于检验不对称性；

$B = \frac{|m_4|}{\sqrt{(m_2)^2}}$ 为峰态系数，用于检验峰的锐度。

当 A 和 B 分别小于相应的临界值 A_1 和落入区间 B_1-B'_1 中，则测量数据服从正态分布。

A_1和B_1-B'_1的值与要求的置信概率(或称置信度)P 和测量次数 n 有关。其值分别见表16-1 和表 16-2。当用测量数据计算的 $A<A_1$、$B<B_1$-B'_1时,数据服从正态分布。

表 16-1 不对称性检验的临界值 A_1

n	P		n	P	
	0.95	0.99		0.95	0.99
8	0.99	1.42	45	0.56	0.82
9	0.97	1.41	50	0.53	0.79
10	0.95	1.39	60	0.49	0.72
12	0.91	1.34	70	0.46	0.67
15	0.85	1.26	80	0.43	0.63
20	0.77	1.15	90	0.41	0.60
25	0.71	1.06	100	0.39	0.57
30	0.66	0.98	125	0.35	0.51
35	0.62	0.92	150	0.32	0.46
40	0.59	0.87	175	0.30	0.43

表 16-2 峰值检验的临界值 B_1-B'_1

n	P	
	0.95	0.99
7	1.41～3.55	1.25～4.23
8	1.46～3.70	1.31～4.53
9	1.53～3.86	1.35～4.82
10	1.56～3.95	1.39～5.00
12	1.64～4.05	1.46～5.20
15	1.72～4.13	1.55～5.30
20	1.82～4.17	1.65～5.36
25	1.91～4.16	1.72～5.30
30	1.98～4.11	1.79～5.21
35	2.03～4.10	1.84～5.13
40	2.07～4.06	1.89～5.04

(3) 夏皮罗-威尔克法检验数据正态性

同样将数据由小到大的顺序排列。

夏皮罗-威尔克法检验的统计量是:

$$w=\left\{\sum\alpha_k\left[x_{n+1-k}-x_k\right]\right\}^2 \Big/ \sum_{k-1}^{n}(x_k-\overline{x})^2 \tag{16-7}$$

式中分子的下标的 k 值,对测量次数 n 是偶数时,则为 $1\sim n/2$,比如 $n=100$,k 为 $1\sim50$;n 是奇数时,则 $1\sim(n-1)/2$,比如 $n=99$,k 为 $1\sim49$。

式中 α_k是与n 及k 有关的特定值,见表 16-3。

表 16-3　系数 α_K 的值

k \ n	1	2	3	4	5	6	7	8	9	10
1		0.707 1	0.707 1	0.687 2	0.664 6	0.643 1	0.623 3	0.605 2	0.588 8	0.573 9
2		—	—	0.167 7	0.241 3	0.280 6	0.303 1	0.316 4	0.324 4	0.329 1
3	—	—	—	—	—	0.087 5	0.140 1	0.174 3	0.197 6	0.214 1
4		—	—	—	—	—	—	0.056 1	0.094 7	0.122 4
5		—	—	—	—	—	—	—	—	0.039 9
k \ n	**11**	**12**	**13**	**14**	**15**	**16**	**17**	**18**	**19**	**20**
1	0.560 1	0.547 5	0.535 9	0.525 1	0.515 0	0.505 6	0.496 8	0.488 6	0.480 8	0.473 4
2	0.331 5	0.332 5	0.332 5	0.331 8	0.330 6	0.329 0	0.327 3	0.325 3	0.323 2	0.321 1
3	0.226 0	0.234 7	0.241 2	0.246 0	0.249 5	0.252 1	0.254 0	0.255 3	0.256 1	0.256 5
4	0.142 9	0.158 6	0.170 7	0.180 2	0.187 8	0.193 9	0.198 8	0.202 7	0.205 9	0.208 5
5	0.069 5	0.092 2	0.109 9	0.124 0	0.135 3	0.144 7	0.152 4	0.158 7	0.164 1	0.168 6
6	—	0.030 3	0.053 9	0.072 7	0.088 0	0.100 5	0.110 9	0.119 7	0.127 1	0.133 4
7	—	—	—	0.024 0	0.043 3	0.059 3	0.072 5	0.083 7	0.093 2	0.101 3
8	—	—	—	—	—	0.019 6	0.035 9	0.049 6	0.061 2	0.071 1
9	—	—	—	—	—	—	—	0.016 3	0.030 3	0.042 2
10	—	—	—	—	—	—	—	—	—	0.014 0

当 $w < w(n,P)$ 时，则测定数据为正态分布，$w(n,P)$ 是与测量次数及置信概率 P 有关的数值，其值见表 16-4。

表 16-4　W(n,P)的值

n	P		n	P		n	P		n	P	
	0.99	0.95		0.99	0.95		0.99	0.95		0.99	0.95
3	0.753	0.767	15	0.835	0.881	27	0.894	0.923	39	0.917	0.939
4	0.687	0.748	16	0.844	0.887	28	0.896	0.924	40	0.919	0.940
5	0.686	0.762	17	0.851	0.892	29	0.898	0.926	41	0.920	0.941
6	0.713	0.788	18	0.858	0.897	30	0.900	0.927	42	0.922	0.942
7	0.730	0.803	19	0.863	0.901	31	0.902	0.929	43	0.923	0.943
8	0.749	0.818	20	0.868	0.905	32	0.904	0.930	44	0.924	0.944
9	0.764	0.829	21	0.873	0.908	33	0.906	0.931	45	0.926	0.945
10	0.781	0.842	22	0.878	0.911	34	0.908	0.933	46	0.927	0.945
11	0.792	0.850	23	0.881	0.914	35	0.910	0.934	47	0.928	0.946
12	0.805	0.859	24	0.884	0.916	36	0.912	0.935	48	0.929	0.947
13	0.814	0.866	25	0.888	0.918	37	0.914	0.936	49	0.929	0.947
14	0.825	0.874	26	0.891	0.920	38	0.916	0.938	50	0.930	0.947

（4）达戈斯提诺法检验数据正态性

将数据由小到大顺序排列。检验的统计量为

$$\gamma=\sqrt{n}\left[\frac{\sum\left[\left(\frac{n+1}{2}-k\right)(x_{\mu+1-k}-x_k)\right]}{n^2\sqrt{m^2}}-0.282\ 094\ 79\right]/0.029\ 985\ 98 \quad (16\text{-}8)$$

式中 m_2 见前述公式，n 为测定次数。

下标 k 值，对 n 是偶数时，则为 $1\sim n/2$；n 是奇数时，则 $1\sim(n-1)/2$。

统计量 γ 值的判据是：当置信概率为 95%时，γ 应落在 a-a 区间内。当置信概率为 99%时应落在 b-b 区间内，测定数据为正态分布。区间值见表 16-5。

表 16-5　达戈斯提诺法检验临界区间

n	区间	
	a-a(P=0.95)	b-b(P=0.99)
50	−2.74～1.06	−3.91～1.24
60	−2.68～1.13	−3.81～1.34
70	−2.64～1.19	−3.73～1.42
80	−2.60～1.24	−3.67～1.48
90	−2.57～1.28	−3.61～1.54
100	−2.54～1.31	−3.57～1.59
150	−2.45～1.42	−3.41～1.75
200	−2.39～1.50	−3.30～1.85
250	−2.35～1.54	−3.23～1.93
300	−2.32～1.53	−3.17～1.98
350	−2.29～1.61	−3.13～2.03
400	−2.27～1.63	−3.09～2.06

二、方差分析

方差分析是通过质量特性数据差异的分析与比较，寻找影响质量的重要因子。方差分析是常用的统计技术之一。实际中有时会遇到需要多个总体均值比较的问题，下面是一个例子。

例 16-1　现有甲、乙、丙三个车间生产同一种零件，为了解不同车间的零件的强度有无明显差异，现分别从每一个车间随机抽取 4 个零件测定其强度，数据如表 16-6 所示，试问这三个车间零件的平均强度是否相同？

表 16-6　三个车间的零件强度

车间	零件强度			
甲	103	101	98	110
乙	113	107	108	116
丙	82	92	84	86

在这个问题中，我们遇到需要比较 3 个总体平均值的问题。如果每个总体的分布都服从正态分布，并且各个总体的方差相等，那么比较各个总体平均值是否一致的问题可以用方差分析来解决。

1. 几个概念

称上述从每个车间随机抽取 4 个零件测定其强度为试验，在该试验中考察的指标是零件的强度，不同车间的零件强度不同，因此可以将车间看成影响指标的一个因素，不同的车间便是该因素的不同状态。

为了方便起见，将在试验中会改变状态的因素称为因子，常用大写字母 A、B、C 等表示。在例 16-1 中，车间便是一个因子，用字母 A 表示。

因子所处的状态称为因子水平，用因子的字母加下标来表示，譬如因子 A 的水平用分别记为 A_1，A_2…表示。在例 16-1 中因子 A 有 3 个水平，分别记为 A_1，A_2，A_3。

试验中所考察的指标通常用 Y 表示，它是一个随机变量。

如果一个试验中所考察的因子只有一个，那么这是单因子试验问题。一般对数据做以下一些假设：假定因子 A 有 r 个水平，在每个水平下指标的全体都构成一个总体，因此共有 r 个总体。假定第 i 个总体服从均值为 μ_i，方差为 σ^2 的正态分布，从该总体获得一个样本量为 m 的样本为 $y_{i1}, y_{i2}, \cdots, y_{im}$，其观察值便是我们观测到的数据，$i=1,2,\cdots,r$，最后假定各样本是相互独立的。

数据分析主要是要检验如下假设：

$H_0: \mu_1=\mu_2=\cdots=\mu_r$

$H_1: \mu_1, \mu_2, \cdots, \mu_r$ 不全相等

检验这一假设的统计技术便是方差分析。

当 H_0 不真时，表示不同水平下的指标的均值有显著差异，此时称因子 A 是显著的；否则称因子 A 不显著。

综上所述，方差分析是在相同方差假定下检验多个正态均值是否相等的一种统计分析方法。具体地说，该问题的基本假设是：

(1) 在水平 A_i 下，指标服从正态分布；

(2) 在不同水平下，方差 σ^2 相等；

(3) 数据 y_{ij} 相互独立。方差分析就是在这些基本假设下对上述一对假设（H_0 对 H_1）进行检验的统计方法。

如果在一个试验中所要考察的影响指标的因子有 2 个，则是一个两因子试验的问题，它的数据分析可以采用两因子方差分析方法。

2. 单因子方差分析

以均匀性检验为例单因子方差分析法。此法是通过组间方差和组内方差的比较判断各组测量值之间有无系统误差，即方差分析的方法，如果二者的比值小于统计检验的临界值，则认为样品是均匀的。

为检验样品的均匀性，设抽取了 m 个样品，用高精度分析方法，在相同条件下得到 m 组等精度测量数据如下：

x_{11} ，x_{12} ，…，x_{1n_1} ，平均值 $\bar{x}_1$；

x_{21} ，x_{22} ，…，x_{2n_2} ，平均值 $\bar{x}_2$；

……

x_{m1} ，x_{m2} ，…，x_{mn_m} ，平均值 $\bar{x}_m$ 。

全部数据的总平均值：

$$\bar{\bar{x}} = \frac{\sum_{i=1}^{m} \bar{x}_i}{m} \tag{16-9}$$

测试总次数：

$$N = \sum_{i=1}^{m} n_i \tag{16-10}$$

引起数据差异的原因有如下两个：

组间平方和：

$$Q_1 = \sum_{i=1}^{m} n_i \ (\bar{x}_i - \bar{\bar{x}})^2 \tag{16-11}$$

组内平方和：

$$Q_2 = \sum_{i=1}^{m} \sum_{j=1}^{n_i} (x_{ij} - \bar{x}_i)^2 \tag{16-12}$$

自由度 $\upsilon_1 = m - 1$，$\upsilon_2 = N - m$

作统计量 F：

$$F = \frac{Q_1/\upsilon_1}{Q_2/\upsilon_2} \tag{16-13}$$

根据自由度（υ_1，υ_2）及给定的显著水平 α，可由 F 表查得 $F_{\alpha(\upsilon1,\upsilon2)}$ 数值。若 $F < F_{\alpha(\upsilon1,\upsilon2)}$，则认为组内与组间无显著性差异，样品是均匀的。

第十七章　实验室管理

第一节　质量管理知识

学习目标：通过学习质量管理知识，知道质量、全面质量管理、质量改进、质量检验等相关的概念及定义，知道质量检验的基本要点、必要性及主要功能等，了解检验的分类。了解CNAS认可的作用与意义及实验室能力认可准则的构成要素，并能够将知识融会贯通运用于生产中。

一、术语和定义与原则

1. 术语和定义

（1）质量

质量包括产品质量和工作质量。它是反映实体满足明确和隐含需要的能力的特性总和。"实体"是指产品（含有形产品和无形产品）、过程、服务，以及它们的组合。

（2）产品质量

产品的适用性，是产品在使用过程中满足用户要求的程度。

（3）工作质量

是与产品质量有关的工作对于产品质量的保证程度。它是提高产品质量，增加企业效益的基础和保证。

（4）质量管理

对确定和达到质量要求所必需的职能和活动的管理。

（5）质量保证

为使人们确信某一产品、过程或服务质量能满足规定的质量要求所必需的有计划、有系统的全部活动。

（6）质量保证体系

通过一定的活动、职责、方法、程序、机构等把质量保证活动加以系统化、标准化、制度化，形成的有机整体。它的实质是责任制和奖惩。它的体现就是一系列的手册、程序、汇编、图表等。

（7）程序

为进行某项活动或过程所规定的途径。

（8）文件

信息及其承载媒体。

（9）质量手册

规定组织质量管理体系的文件。

(10) 质量计划

对特定的项目、产品、过程或合同,规定由谁及何时应使用哪些程序和相关资源的文件。

2. 质量管理原则

为了成功地领导和运作一个组织,需要采用一种系统和透明的方式进行管理。针对所有相关方的需求,实施并保持持续改进其业绩的管理体系,可使组织获得成功。质量管理是组织各项管理的内容之一。

八项质量管理原则已得到确认,最高管理者可运用这些原则,领导组织进行业绩改进:

(1) 以顾客为关注焦点

组织依存于顾客。因此,组织应当理解顾客当前和未来的需求,满足顾客要求并争取超越顾客期望。

(2) 领导作用

领导者确立组织统一的宗旨及方向。他们应当创造并保持使员工能充分参与实现组织目标的内部环境。

(3) 全员参与

各级人员都是组织之本,只有他们的充分参与,才能使他们的才干为组织带来收益。

(4) 过程方式

将活动和相关的资源作为过程进行管理,可以更高效地得到期望的结果。

(5) 管理的系统方法

将相互关联的过程作为系统加以识别、理解和管理,有助于组织提高实现目标的有效性和效率。

(6) 持续改进

持续改进总体业绩应当是组织的一个永恒目标。

(7) 基于事实的决策方法

有效决策是建立在数据和信息分析的基础上。

(8) 与供方互利的关系

组织与供方是相互依存的,互利的关系可增强双方创造价值的能力。

这八项质量管理原则形成了 ISO 9000 族质量管理体系标准的基础。

二、质量管理体系

1. 质量管理体系的理论说明

质量管理体系能够帮助组织增强顾客满意。

顾客要求产品具有满足其需求和期望的特性,这些需求和期望在产品规范中表述,并集中归结为顾客要求。顾客要求可以由顾客以合同方式或由组织自己确定。在任一情况下,产品是否可接受最终由顾客确定。因为顾客的需求和期望是不断变化的,以及竞争的压力和技术的发展,这些都促使组织持续地改进产品和过程。

质量管理体系方法鼓励组织分析顾客要求,规定相关的过程,并使其持续受控,以实现顾客能接受的产品。质量管理体系能提供持续改进的框架,以增加顾客和其他相关方满意的机会。质量管理体系还就组织能够提供持续满足要求的产品,向组织及其顾客提供信任。

2. 质量管理体系过程方法

建立和实施质量管理体系的方法包括以下步骤：

(1) 确立顾客和其他相关方的需求和期望；

(2) 建立组织的质量方针和质量目标；

(3) 确定实现质量目标必需的过程和职责；

(4) 确定和提供实现质量目标必需的资源；

(5) 规定测量每个过程的有效性和效率的方法；

(6) 应用这些测量方法确定每个过程的有效性和效率；

(7) 确定防止不合格并消除产生原因的措施；

(8) 建立和应用持续改进质量管理体系的过程。

上述方法也适用于保持和改进现有的质量管理体系。

采用上述方法的组织能对其过程能力和产品质量树立信心，为持续改进提供基础，从而增进顾客和其他相关方满意度并使组织成功。

任何使用资源将输入转化为输送的活动或一组活动可视为一个过程。

为使组织有效运行，必须识别和管理许多相互关联和相互作用的过程。通常，一个过程的输出将直接成为下一个过程的输入。悉数地识别和管理组织所应用的过程，特别是这些过程之间的相互作用，称为“过程方法”。

国家标准 GB/T 19001：2008《质量管理体系 要求》(等同采用 ISO 9001：2008)。由 ISO 9001 族标准表述的，以过程为基础的质量管理体系模式如图 17-1 所示。该图表明在向组织提供输入方面相关方起重要作用。监视相关方满意程度需要评价有关相关方感受的信息，这种信息可以表明其需求和期望已得到满足的程度。图 17-1 中的模式没有表明更详细的过程。

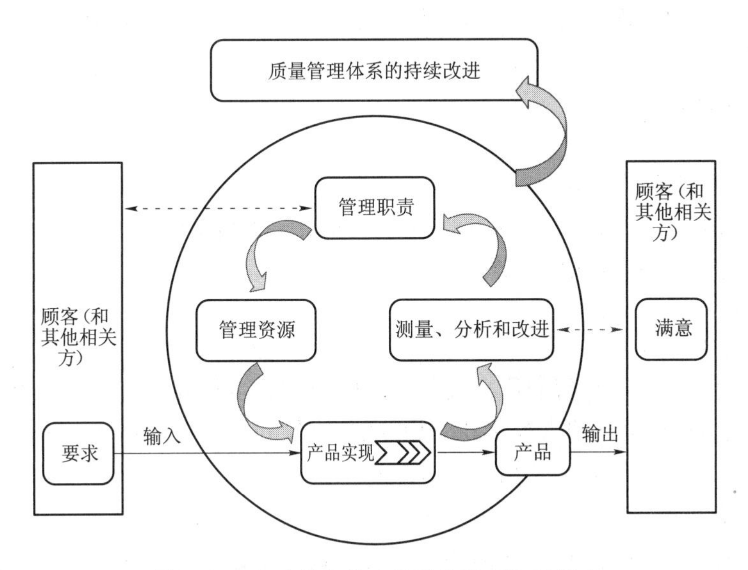

图 17-1 以过程为基础的质量管理体系模式

3. 质量方针和质量目标

建立质量方针和质量目标为组织提供了关注的焦点。两者确定了预期的结果，并帮助组织利用其资源达到这些结果。质量方针为建立和评审质量目标提供了框架，质量目标需要与质量方针和持续改进的承诺相一致，其实现需是可测量的。质量目标的实现对产品质量、运行有效性和财务业绩都有积极影响，因此对相关方的满意和信任也产生积极影响。

4. 最高管理者在质量管理体系中的作用

最高管理者通过其领导作用及各种措施可以创造一个员工充分参考的环境，质量管理体系能够在这种环境中有效运行。最高管理者可以运用质量管理原则作为发挥以下作用的基础：

(1) 制定并保持组织的质方针和质量目标；

(2) 通过增强员工的意识、积极性和参与程度，在整个组织内促进质量方针和质量目标的实现；

(3) 确保整个组织关注顾客要求；

(4) 确保实施适宜的过程以满足顾客和其他相关方要求并实现质量目标；

(5) 确保建立、实施和保持一个有效的质量管理体系以实现这些质量目标；

(6) 确保获得必要资源；

(7) 定期评审质量管理体系；

(8) 决定有关质量方针和质量目标的措施；

(9) 决定改进质量管理体系的措施。

5. 文件要求

质量管理体系文件应包括：

(1) 形成文件的质量方针和质量目标；

(2) 质量手册；

(3) 要求形成文件的程序和记录；

(4) 组织确定的为确保其过程有效策划、运行和控制所需的文件，包括记录。

燃料元件制造厂应对下列文件进行控制：

(1) 设计文件；

(2) 采购文件；

(3) 质保大纲及质保大纲程序；

(4) 用于加工、修改、安装、试验和检查等活动的细则和程序；

(5) 指导或记载实施情况的文件；

(6) 专题报告；

(7) 不符合项报告。

在各种活动实施前必须编制所需文件，文件的编制、审核和批准部门和人员应按各自的责任和规定要求编制、审核和批准文件，只有经过审核和批准的文件才能生效。所形成的文件必须有编号、版次、文件名称及编审批人员签字。

6. 人员配备与培训

基于适当的教育、培训、技能和经验。从事影响产品要求符合性工作的人员应是能够胜任的。适当时，提供培训或采取其他措施以获得所需的能力。

7. 采购控制

组织应确保采购的产品符合规定的采购要求。对供方及采购产品的控制类型和程度应取决于采购产品对随后的产品实现对最终产品的影响。组织应根据供方按组织的要求提供产品的能力评价和选择供方。应制定选择、评价和重新评价的准则。

核燃料元件制造应根据所需原材料、零部件与有关服务的要求，建立如下的采购活动控制措施：

（1）采购计划的制订；

（2）采购文件的制定；

（3）对供方的评价和选择；

（4）对所购物项和服务的控制。

8. 监视和测量设备的控制

组织应确定需实施的监视和测量以及所需的监视和测量设备，为产品符合确定的要求提供证据。建立过程，以确保监视和测量活动可行并与监视和测量的要求向一致的方式实施。

9. 测量、分析和改进

应策划并实施以下方面所需的监视、测量分析和改进过程：

（1）证明产品要求的符合性；

（2）确保质量管理体系的符合性；

（3）持续改进质量管理体系的有效性。

10. 持续改进

组织应利用质量方针、质量目标、审核结果、数据分析、纠正措施和预防措施以及管理评审，持续改进质量管理体系的有效性。

三、质量检验

1. 质量检验基本知识

（1）质量检验的定义

1）对产品而言，是指根据产品标准或检验规程对原材料、中间产品、成品进行观察，适当时进行测量或试验，并把所得到的特性值和规定值作比较，判定出各个物品或成批产品合格与不合格的技术性检查活动。

2）质量检验就是对产品的一个或多个质量特性进行观察、测量、试验，并将结果和规定的质量要求进行比较，以确定每项质量特性合格情况的技术性检查活动。

（2）质量检验的基本要点

1）产品为满足顾客要求或预期的使用要求和政府法律、法规的强制性规定，都要对其技术性能、安全性能、互换性能及对环境和人身安全、健康影响的程度等多方面的要求做出规定，这些规定组成对产品相应质量特性的要求。不同的产品会有不同的质量特性要求，同一产品的用途不同，其质量特性要求也会有所不同。

2）对产品的质量特性要求一般都转化为具体的技术要求在产品技术标准（国家标准、行业标准、企业标准）和其他相关的产品设计图样、作业文件或检验规程中明确规定，成为质量检验的技术依据和检验后比较检验结果的基础。经对照比较，确定每项检验的特性是否符合标准和文件规定的要求。

3) 产品质量特性是在产品实现过程形成的,是由产品的原材料、构成产品的各个组成部分(如零、部件)的质量决定的,并与产品实现过程的专业技术、人员水平、设备能力甚至环境条件密切相关。因此,不仅要对过程的作业(操作)人员进行技能培训、合格上岗,对设备能力进行核定,对环境进行监控,明确规定作业(工艺)方法,必要时对作业(工艺)参数进行监控,而且还要对产品进行质量检验,判定产品的质量状态。

4) 质量检验是要对产品的一个或多个质量特性,通过物理的、化学的和其他科学技术手段和方法进行观察、试验、测量,取得证实产品质量的客观证据。因此,需要有适用的检测手段,包括各种计量检测器具、仪器仪表、试验设备等等,并且对其实施有效控制,保持所需的准确度和精密度。

5) 质量检验的结果,要依据产品技术标准和相关的产品图样、过程(工艺)文件或检验规程的规定进行对比,确定每项质量特性是否合格,从而对单件产品或批产品质量进行判定。

6) 质量检验要为判断产品质量符合性和适用性及决定产品质量重大决策提供正确、可靠依据,这就要保证产品质量检验结果的正确和准确。依据不正确、不准确甚至错误的检验结果就可能导致判断和决策的错误,甚至会使生产者蒙受重大的损失,因此生产者必须重视对检验结果的质量控制。

(3) 质量检验的必要性

1) 产品生产者的责任就是向社会、向市场提供满足使用要求和符合法律、法规、技术标准等规定的产品。但交付(销传、使用)的产品是否满足这些要求,需要有客观的事实和科学的证据证实,而质量检验就是在产品完成、交付使用前对产品进行的技术认定,并提供证据证实上述要求已经得到满足,确认产品能交付使用所必要的过程。

2) 在产品形成的复杂过程中,由于影响产品质量的各种因素(人、机、料、法、环)变化,必然会造成质量波动。为保证产品质量,产品生产者必须对产品从投入到实现的每一过程的产品进行检验,严格把关,才能使不合格的产品不转序、不放行、不交付;以确保产品最终满足使用的要求,确保消费者的合法利益,维护生产者信誉和提高社会效益。

3) 因为产品质量对人身健康、安全,对环境污染,对企业生存、消费者利益和社会效益关系十分重大,因此,质量检验对于任何产品都是必要的,而对于关系健康、安全、环境的产品就尤为重要。

(4) 质量检验的主要功能

1) 鉴别功能

根据技术标准、产品图样、作业(工艺)规程或订货合同的规定,采用相应的检测方法观察、试验、测量产品的质量特性,判定产品质量是否符合规定的要求,这是质量检验的鉴别功能。鉴别是"把关"的前提,通过鉴别才能判断产品质量是否合格。不进行鉴别就不能确定产品的质量状况,也就难以实现质量"把关"。鉴别主要由专职检验人员完成。

2) "把关"功能

质量"把关"是质量检验最重要、最基本的功能。产品实现的过程往往是一个复杂过程,影响质量的各种因素(人、机、料、法、环)都会在这过程中发生变化和波动,各过程(工序)不可能始终处于等同的技术状态,质量波动是客观存在的。因此,必须通过严格的质量检验,剔除不合格品并予以"隔离",实现不合格的原材料不投产,不合格的产品组成部分及中间产品不转序、不放行，不合格的成品不交付（销售、使用），严把质量关，实现“把关”功能。

3）预防功能

现代质量检验不单纯是事后“把关”，还同时起到预防的作用。检验的预防作用体现在以下几个方面：

① 通过过程（工序）能力的测定和控制图的使用起预防作用。

无论是测定过程（工序）能力或使用控制图，都需要通过产品检验取得批数据或一组数据，但这种检验的目的，不是为了判定这一批或一组产品是否合格，而是为了计算过程（工序）能力的大小和反映过程的状态是否受控。如发现能力不足，或通过控制图表明出现了异常因素，需及时调整或采取有效的技术、组织措施，提高过程（工序）能力或消除异常因素，恢复过程（工序）的稳定状态，以预防不合格品的产生。

② 通过过程（工序）作业的首检与巡检起预防作用。

当一个班次或一批产品开始作业（加工）时，一般应进行首件检验，只有当首件检验合格并得到认可时，才能正式投产。此外，当设备进行了调整又开始作业（加工）时，也应进行首件检验，其目的都是为了预防出现成批不合格品。而正式投产后，为了及时发现作业过程是否发生了变化，还要定时或不定时到作业现场进行巡回抽查，一旦发现问题，可以及时采取措施予以纠正。

③ 广义的预防作用。

实际上对原材料和外购件的进货检验，对中间产品转序或入库前的检验，既起把关作用，又起预防作用。前过程（工序）的把关，对后过程（工序）就是预防，特别是应用现代数理统计方法对检验数据进行分析，就能找到或发现质量变异的特征和规律。利用这些特征和规律就能改善质量状况，预防不稳定生产状态的出现。

④ 报告功能

为了使相关的管理部门及时掌握产品实现过程中的质量状况，评价和分析质量控制的有效性，把检验获取的数据和信息，经汇总、整理、分析后写成报告，为质量控制、质量改进、质量考核以及管理层进行质量决策提供重要信息和依据。

2. 质量检验的步骤

（1）检验的准备

熟悉规定要求，选择检验方法，制定检验规范。首先要熟悉检验标准和技术文件规定的质量特性和具体内容，确定测量的项目和量值。为此，有时需要将质量特性转化为可直接测量的物理量；有时则要采取间接测量方法，经换算后才能得到检验需要的量值。有时则需要有标准实物样品（样板）作为比较测量的依据。要确定检验方法，选择精密度、准确度适合检验要求的计量器具和测试、试验及理化分析用的仪器设备。确定测量、试验的条件，确定检验实物的数量，对批量产品还需要确定批的抽样方案。将确定的检验方法和方案用技术文件形式做出书面规定，制定规范化的检验规程（细则）、检验指导书，或绘成图表形式的检验流程卡、工序检验卡等。在检验的准备阶段，必要时要对检验人员进行相关知识和技能的培训和考核，确认能否适应检验工作的需要。

（2）获取检测的样品

样品是检测的客观对象，质量特性是客观存在于样品中的，样品的符合性已是客观存在的,排除其他因素的影响后,可以说样品就客观的决定了检测结果。

获取样品的途径主要有两种:一种是送样,即过程(工艺)、作业完成前后,由作业者或管理者将拟检材料、物品或事项送达及通知检验部门或检验人员进行检测。另一种方法是抽样,即对检验的对象按已规定的抽样方法随机抽取样本,根据规定对样本全部或部分进行检测,通过样本的合格与否推断总体的质量状况或水平。

(3) 样品和试样的制备

有些产品或材料(物质)的检测,必须事先制作专门测量和试验用的样品或试样,或配制一定浓度比例、成分的溶液。这些样品、试样或试液就是检测的直接对象,其检验结果就是拟检产品或材料的检验结果。

样品或试样的制作是检验和试验方法的一部分,要符合有关技术标准或技术规范规定要求,并经验证符合要求后才能用于检验和试验。

(4) 测量或试验

按已确定的检验方法和方案,对产品质量特性进行定量或定性的观察、测量、试验,得到需要的量值和结果。测量和试验前后,检验人员要确认检验仪器设备和被检物品试样状态正常,保证测量和试验数据的正确、有效。

(5) 记录和描述

对测量的条件、测量得到的量值和观察得到的技术状态用规范化的格式和要求予以记载或描述,作为客观的质量证据保存下来。质量检验记录是证实产品质量的证据,因此数据要客观、真实,字迹要清晰、整齐,不能随意涂改,需要更改的要按规定程序和要求办理。质量检验记录不仅要记录检验数据,还要记录检验日期、班次,由检验人员签名,便于质量追溯,明确质量责任。

(6) 比较和判定

由专职人员将检验的结果与规定要求进行对照比较,确定每一项质量特性是否符合规定要求,从而判定被检验的产品是否合格。

(7) 确认和处置

检验有关人员对检验的记录和判定的结果进行签字确认。对产品(单件或批)是否可以"接受""放行"做出处置。

3. 质量检验的分类

(1) 按检验阶段分类:进货检验、过程检验、最终检验。

(2) 按检验场所分类:固定场所检验、流动检验(巡回检验)。

(3) 按检验产品数最分类:全数检验、抽样检验。

(4) 按检验执行人员分类:自检、互检、专检。

(5) 按检验目的分类:生产检验、验收检验、监督检验、仲裁检验。

(6) 按检验地位分类:第一方检验、第二方检验、第三方检验。

(7) 按检验技术分类:理化检验(包括物理和化学检验)、感官检验(包括分析感官检验、嗜好型感官检验)、生物检验(微生物检验、动物毒性试验)、在线检测。

(8) 按检验对产品损害程度分类:破坏性检验、非破坏性检验。

四、实验室认可体系基础知识

1. CNAS认可的作用与意义

中国合格评定国家认可委员会(英文名称为:China National Accreditation Service for Conformity Assessment 英文缩写为:CNAS),是根据《中华人民共和国认证认可条例》的规定,由国家认证认可监督管理委员会批准设立并授权的唯一国家认可机构,统一负责实施对认证机构、实验室和检查机构等相关机构的认可工作。CNAS秘书处设在中国合格评定国家认可中心,中心是CNAS的法律实体,承担开展认可活动所引发的法律责任。CNAS的宗旨是推进我国合格评定机构按照相关的标准和规范等要求加强建设,促进合格评定机构以公正的行为、科学的手段、准确的结果有效地为社会提供服务。

认可定义为:"正式表明合格评定机构具备实施特定合格评定工作的能力的第三方证明。"

实验室、检查机构获得CNAS认可后:

(1) 表明认证机构符合认可准则要求,并具备按相应认证标准开展有关认证服务的能力;实验室具备了按相应认可准则开展检测和校准服务的技术能力;检查机构具备了按有关国际认可准则开展检查服务的技术能力。

(2) 增强了获准认可机构的市场竞争能力,赢得政府部门、社会各界的信任。

(3) 取得国际互认协议集团成员国家和地区认可机构对获准认可机构能力的信任。

(4) 有机会参与国际和区域间合格评定机构双边、多边合作交流。

(5) 获准认可的认证机构可在获认可业务范围内颁发带有CNAS国家认可标志和国际互认标志(仅限QMS、EMS)的认证证书;获准认可的实验室、检查机构可在认可的范围内使用CNAS认可标志和ILAC国际互认联合标志。

(6) 列入获准认可机构名录,提高知名度。

实验室认可益处:由于CNAS实施的实验室认可工作是利用国际上最新的对实验室运行的要求来运作的,因此一个实验室按该要求去建立质量管理体系,并获得认可,可提高自身的管理水平,得到公众和社会的接受,提高在经济和贸易中的竞争能力,更好地得到客户的信任。

2. 实验室质量管理体系的通用要求

CNAS-CL01《检测和校准实验室能力认可准则》本准则等同采用ISO/IEC 17025:2005《检测和校准实验室能力的通用要求》。本准则包含了检测和校准实验室为证明其按管理体系运行、具有技术能力并能提供正确的技术结果所必须满足的所有要求。同时,本准则已包含了ISO 9001中与实验室管理体系所覆盖的检测和校准服务有关的所有要求,因此,符合本准则的检测和校准实验室,也是依据ISO 9001运作的。

《检测和校准实验室能力认可准则》由如下25个要素构成:

(1) 管理要素

1) 组织;

2) 管理体系;

3) 文件控制;

4）要求、标书和合同的评审；

5）检测和校准的分包；

6）服务和供应品的采购；

7）服务客户；

8）投诉；

9）不符合检测和/或校准工作的控制；

10）改进；

11）纠正措施；

12）预防措施；

13）记录的控制；

14）内部审核；

15）管理评审。

(2) 技术要求

1）总则；

2）人员；

3）设施和环境条件；

4）检测和校准方法及方法的确认；

5）设备；

6）测量溯源性；

7）抽样；

8）检测和校准物品的处置；

9）检测和校准结果质量的保证；

10）结果报告。

第二节 检验或校准操作规范的编写

学习目标：通过学习熟悉编制检验规程及校准规范的基本步骤及要求，会编制本专业的检验规程和校准规范。

一、编制检验规程的过程

(1) 读文件清单。根据已批准的适用文件清单，确定和领取所需要的相关文件，如核燃料组件总体设计书、相关标准、具体技术条件、图纸等。

(2) 读总体设计书。学习和理解核燃料组件总体设计书的相关要求，如对某一零部件或某类零部件的总体要求，包括材料性能、焊接性能、未注尺寸的公差要求、适用的相关标准、清洁度要求、外观缺陷(印迹、划伤、机械损伤)等。

(3) 收集、学习和理解相关标准，为将相关要求落实到检验规程做准备。

(4) 学习和理解具体技术条件。

(5) 学习和理解相关的图纸，掌握结构、熟悉每一项技术指标和技术要求。

(6) 确定检验项目。检验项目应包括总体设计书、相关标准、技术条件、图纸等文件的指标和要求。

(7) 确定检验步骤。检验步骤应体现检验效率和降低劳动强度。

(8) 设计和验证检验方法。确定检验方法主要体现对设备及仪器的选择和优化,及使用检验的方法。特别强调,应核实现场是否具备所选的仪器设备和实施相应检验所需具备的检验环境。

(9) 编制检验规程。按照要求的格式,把已确定的检验项目、检验步骤、检验方法、检验频率、验收准则(必要时)等内容编写进检验规程中。

(10) 审核检验规程。编制的检验规程应交本部门有相关资历的人员或质量管理部有相关资历的人员审核,并答复他们提出的审核意见单。

(11) 批准检验规程。经审核通过的检验规程,交由质量管理部相关负责人批准。至此,完成检验规程的编制任务。经批准的检验规程方可下发给生产岗位用于指导检验。

二、检验规程或校准规范内容的构成

1. 检验规程内容构成

检验规程内容主要有以下内容构成,也可根据实际情况调整。

(1) 适用范围。说明规程的适用范围。

(2) 引用文件或依据文件。注明编制规程所引用的文件或进行检验结果判定所依据的文件。

(3) 方法提要(可选项)。对检验的原理或方法进行简要说明。

(4) 设备与材料。列出主要的检验设备、工装、材料和试剂的名称、规格或型号等。

(5) 检验步骤。可采用流程图、表格与文字叙述相结合的方式,直观、准确和简洁地描述完成检验的步骤及要求。

(6) 结果处理(可选项)。规定对检验结果进行处理的要求或方法。

(7) 方法精密度(或不确定度)(可选项)。规定对方法精密度(或不确定度)的要求。

(8) 记录归档。明确记录归档要求。

(9) 附录。检验所产生的记录表格或其他。

检验规程内容主要有以下内容构成,也可根据实际情况调整。

2. 校准规范内容构成

当无国家、地方、行业检定规程及非标测量设备时,又有自编校准规范的要求使,可按照下述内容来编写。

(1) 目的及概述。主要说明自编校准规范编制的原因、用途、主要原理等。

(2) 适用范围。说明校准规范适用的领域或对象,必要时可以写明其不适用的领域或对象。

(3) 引用文件。注明正文与附录所引用的依据标准、技术条件。

(4) 术语和定义。

(5) 计量特性和技术要求。主要说明被校准对象开展工作的基本要求(如外观及附件的要求、工作正常性要求、环境适应性要求等)和校准对象各参数的测量范围,各技术指标的要求(如示值误差、分辨率、重复性等)以及校准与相关技术要求的关系(如校准与技术条件、技术图纸的关系)。

(6) 校准条件。主要说明校准的环境条件(如环境温度、相对湿度、大气压强等):校准用设备(说明其名称、测量范围、不确定度规定或允许误差极限或准确度等级等具体技术指标)。

(7) 校准项目和方法。

(8) 校准结果处理和校准周期。

(9) 校准记录归档。规定校准所采用的校准记录格式。

(10) 附录。校准规范正文所提及内容的附加说明。

第三节　培训与指导

学习目标:高级技师作为教师,应语言表达清晰准确,有亲和力,认真耐心,责任心强。熟练掌握核燃料元件性能测试的各种实际操作技能,具备必要的创新技能和开发能力。熟练掌握中级工、高级工、技师、高级技师应掌握的全部专业基础知识,除了掌握本教材内容外,还应积极学习本专业的相关国际标准,追踪国内国外测试技术发展走向和研究成果,了解先进的测量设备,为学员讲解测试技术的新动向。

一、简介

培训是指各个组织为适应业务及培育人才的需要,用补习、进修、考察等方式,进行有计划的培养和训练,使其适应新的要求不断更新知识,拥有旺盛的工作能力,更能胜任现职工作,及将来能担当更重要职务,适应新技术革命必将带来的新知识结构、技术结构、管理结构和干部结构等方面的深刻变化。总之现代培训指的是员工通过学习,使其在知识、技能、态度上不断提高,最大限度地使员工的职能与现任或预期的职务相匹配,进而提高员工现在和将来的工作绩效。

培训理论随着管理科学理论的发展,大致经过了传统理论时期的培训(1900—1930)、行为科学时期(1930—1960)、系统理论时期的培训(1960—现在)三个发展阶段。进入20世纪90年代以后,组织培训可以说已是没有固定模式的独立发展阶段,现代组织要真正搞好培训教育工作,则必须了解当今的培训发展趋势,使培训工作与时代同步,当今世界的培训发展趋势可以简单归纳以下几点:

其一,员工培训的全员性。培训对象上至领导下至普通的员工,这样通过全员性的职工培训极大地提高了组织员工的整体素质水平,有效地推动了组织的发展。同时,管理者不仅有责任要说明学习应符合战略目标,要收获成果,而且也有责任来指导评估和加强被管理人员的学习。另外,培训的内容包括生产培训、管理培训、经营培训等组织内部的各个环节。

其二,员工培训的多样性。单凭学校正规教育所获得一点知识是不能迎接社会的挑战,必需实行终身教育,不断补充新知识、新技术、新经营理论。

其三,员工培训的计划性。即组织把员工培训已纳为组织的发展计划之内,在组织内设有职工培训部门,负责有计划,有组织的员工培训教育。

其四,员工培训的国家干预性。西方一些国家不但以立法的形式规定参加在职培训是公职人员的权利与义务,而且以立法的形式筹措培训经费。

二、教学计划制定原则

1. 适应性原则

专业设计要主动适应行业发展的需要。教师在广泛调查相关行业现状和发展趋势的基础上，根据其对技能人才规格的需求，积极引入行业标准，确定专业的发展方向和人才培养目标，构建“知识—能力—素质”比例协调、结构合理的课程体系，使教学计划具有鲜明的时代特征，逐步形成能主动适应社会发展需求的专业群。

2. 发展性原则

教学计划的制订必须体现技能人才的教育方针，努力使全体学员实现“理论扎实，实操技能达标”的要求，同时要使学员具有一定的可持续发展的能力，充分体现职业教育的本质属性。

3. 应用性原则

制定专业教学计划应根据培养目标的规格设计课程，课程内容应突出以培养技术应用能力为主旨。基础理论课以必需、够用为度，以讲清概念、强化应用为教学重点；专业课程要加强针对性和实用性，同时要使学员具有一定的自主学习能力和实操能力。

4. 整合性原则

制订专业教学计划要充分考虑校内外可利用的教学资源的合理配臵。选修课程在教学计划中要占一定的比例。各门课程的地位、边界、目标清晰，衔接合理，教学内容应有效组合、合理排序，各系可根据自身的优势，在教学内容、课程设计和教学要求上有所侧重，发挥特色。

5. 柔性化原则

各专业教学计划应根据社会发展和行业发展的实际，在保持核心课程相对稳定的基础上及时调整专业课程的设计或有关的教学内容，对行业要求变化具有一定的敏感性，及时体现科技发展的最新动态和成果，妥善处理好行业需求的多样性、多变性和教学计划相对稳定性的关系。

6. 实践性原则

制订专业教学计划要充分重视职业技能教育更注重学员技能培养的特点，加强实践环节的教学。实践教学学时应达到规定的比例，实验教学要减少演示性和验证性实验，增加实习实训学时，实践课程可单独设计，使学员获得较系统的职业技能训练，具有较强的实践能力。

7. 产学研相结合原则

产学研结合是培养技能型人才的基本途径，教学计划的制订和实施应主动争取企事业单位参与，各专业教学计划应通过专业建设指导委员会的讨论和论证，使教学计划既符合教育教学规律又能体现生产单位工作的实际需要。

三、培训方案

培训方案是培训目标、培训内容、培训指导者、受训者、培训日期和时间、培训场所与设备以及培训方法的有机结合。培训需求分析是培训方案设计的指南,一份详尽的培训分析需求就大致勾画出培训方案的大概轮廓,在前面培训需求分析的基础上,下面就培训方案组成要素进行具体分析。

1. 培训目标的设置

培训目标的设置有赖于培训需求分析,在培训需求分析中我们讲到了组织分析、工作分析和个人分析,通过分析,我们明确了解员工未来需要从事某个岗位,若要从事这个岗位的工作,现有员工的职能和预期职务之间存在一定的差距,消除这个差距就是我们的培训目标。有了目标,才能确定培训对象、内容、时间、教师、方法等具体内容,并可在培训之后,对照此目标进行效果评估。培训目标是宏观上的、抽象的,它需要员工通过培训掌握一些知识和技能,即希望员工通过培训后了解什么,够干什么,有哪些改变?这些期望都以培训需求分析为基础的,通过需求分析,明了员工的现状,知道员工具有哪些知识和技能,具有什么样职务的职能,而企业发展具有什么样的知识和技能的员工,预期中的职务大于现有的职能,则需要培训。明了员工的现有职能与预期中的职务要求二者之间的差距,即确定了培训目标,把培训目标进行细化、明确化,则转化为各层次的具体目标,目标越具体越具有可操作性,越有利于总体目标的实现。

培训目标是培训方案的导航灯。有了明确的培训总体目标和各层次的具体目标,对于培训指导者来说,就确定了施教计划,积极为实现目的而教学;对于受训者来说,明了学习目的之所在,才能少走弯路,朝着既定的目标而不懈努力,达到事半功倍的效果。相反,如果目的不明确,则易造成指导者、受训者偏离培训的期望,造成人力、物力、时间和精力的浪费,提高了培训成本,从而可能导致培训的失败。培训目标与培训方案其他因素是有机结合的,只有明确了目标才能科学设计培训方案其他的各个部分,使设计科学的培训方案成为可能。

2. 培训内容的选择

在明确培训目的和期望达到的结果后,接下来就需要确定培训中所应包括的传授信息了,尽管具体的培训内容千差万别,但一般来说,培训内容包括三个层次,即知识、技能和素质培训,究竟该选择哪个层次的培训内容,应根据各个培训内容层次的特点和培训需求分析来选择。

知识培训,这是组织培训中的第一个层次。员工只要听一次讲座,或看一本书,就可能获得相应的知识。在学校教育中,获得大部分的就是知识。知识培训有利于理解概念,增强对新环境的适应能力,减少企业引进新技术、新设备、新工艺的障碍和阻挠。同时,要系统掌握一门专业知识,则必须进行系统的知识培训。

技能培训,这是组织培训的第二个层次,这里技能指使某些事情发生的操作能力,技能一旦学会,一般不容易忘记。招收新员工,采用新设备,引进新技术都不可避免要进行技能培训。因为抽象的知识培训不能立即适应具体的操作,无论你的员工有多优秀,能力有多强,一般来说都不可能不经过培训就能立即操作的很好。

素质培训,这是组织培训的最高层次,此处"素质"是指个体能否正确的思维。素质高的员工应该有正确的价值观,有积极的态度,有良好的思维习惯,有较高的目标。素质高的员工,可能暂时缺乏知识和技能。但他会为实现目标有效地、主动地学习知识和技能;而素质低的员工,即使掌握了知识和技能,但他可能不用。

上面介绍了三个层次的培训内容，究竟选择哪个层次的培训内容，是由不同的受训者具体情况而决定的。一般来说，管理者偏向于知识培训与素质培训，而一般职员倾向于知识培训和技能培训，它最终是由受训者的“职能”与预期的“职务”之间的差异决定的。

第四节　实验室规划设计

学习目标：通过学习了解实验室设计的要求，知道规划设计实验室，了解实验室的一般布局要求。

一、实验室设计的要求

建实验室时，地址应选择远离灰尘、烟雾、噪音和震动源的环境中，不应建在交通要道、锅炉房、机房近旁，位置最好是南北朝向。实验室应用耐火或不易燃烧材料建成，注意防火性能，地面不采用水磨石，窗户要能防尘，室内采光要好。门应向外开，大的实验室应设两个出口，以便在发生事故时，人员容易撤离。实验室应有防火与防爆设施。

实验室用房大致分为三类：化学分析室、精密仪器室、辅助室（办公室、储藏室、天平室及钢瓶室等）。

二、实验室的一般布局

1. 化学分析室

化学分析室最常见的布局如图 17-2 所示。在化学分析室中要进行样品的化学处理和分析测定，常用一些电器设备及各种化学试剂，有关化学分析室的设计除应按上述要求外，还应注意以下几点。

（1）供水和排水供水要保证必要的水压、水质和水量，水槽上要多装几个水龙头，室内总闸门应设在显眼易操作的地方，下水道应采用耐酸碱腐蚀的材料，地面要有地漏。

（2）供电实验室内供电功率应根据用电总负荷设计，并留有余地，应有单相和三相电源，整个实验室要有总闸，各个单间应有分闸。照明用电与设备用电应分设线路。日夜运行的电器，如电冰箱应单独供电。烘箱、高温炉等高功率的电热设备应有专用插座、开关及熔断器。实验室照明应有足够亮度，最好使用日光灯。在室内及走廊要安装应急灯。

（3）通风设施化验过程中常常产生有毒或易燃的气体，因此实验室要有良好的通风条件。通风设施通常有 3 种。

1）采用排风扇全通风，换气频率通常为每小时 5 次。

2）在产生气体的上方设置局部排气罩。

3）通风柜是实验室常用的局部排风设备。通风柜内应有热源、水源、照明装置等。通风柜采用防火防爆的金属材料或塑料制作，金属上涂防腐涂料，管道要能耐酸碱气体的腐蚀，风机应有减小噪声的装置并安装在建筑物顶层机房内，排气管应高于屋顶 2 m 以上。一台排风机以连接一个通风柜为好。

（4）实验台台面应平整、不易碎，耐酸、碱及有机溶剂腐蚀，常用木材、塑料或水磨石预制板制成。通常木制台面上涂以大漆或三聚氰胺树脂、环氧树脂漆等。

(5) 供煤气有条件的实验室可安装管道煤气。

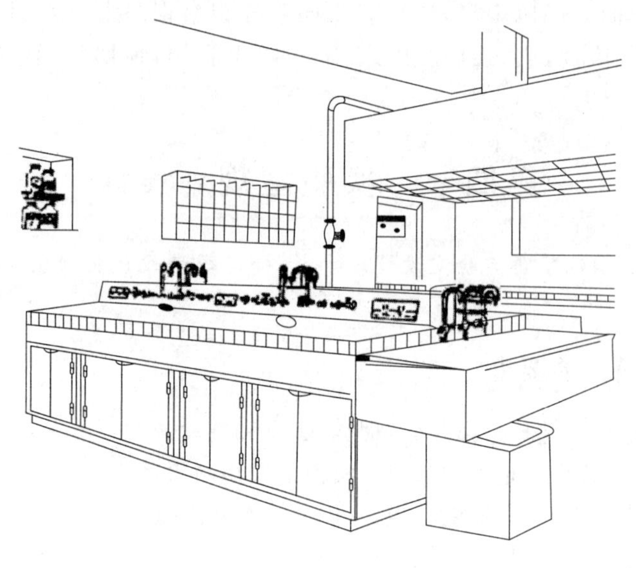

图 17-2　化学分析室

2. 精密仪器室

(1) 精密仪器价值昂贵、精密，多由光学材料和电器元件构成。因此要求精密仪器具有防火、防潮、防震、防腐蚀、防电磁干扰、防尘、防有害气体侵蚀的功能。室温尽可能维持恒定或一定范围，如 15～30 ℃，湿度在 60%～80%。要求恒温的仪器应安装双层窗户及空调设备。窗户应有窗帘，避免阳光直接照射仪器。

(2) 使用水磨石地面与防静电地面，不宜使用地毯，因易积聚灰尘及产生静电。

(3) 大型精密仪器应有专用地线，接地电阻要小于 4 Ω，切勿与其他电热设备或水管、暖气管、煤气管相接。

(4) 放置仪器的桌面要结实、稳固、四周要留下至少 50 cm 的空间，以便操作与维修。

(5) 原子吸收、发射光谱仪与高效液相色谱仪都应安装排风罩。室内应有良好通风。高压气体钢瓶，应放于室外另建的钢瓶室。

(6) 根据需要加接交流稳压器与不间断电源。

(7) 在精密仪器室就近设置相应的化学处理室。

3. 辅助室

试剂材料储藏室用于存放少量近期要用的化学药品，且要符合化学试剂的管理与安全存放条件。一般选择干燥、通风的房屋，门窗应坚固，避免阳光直接照射，门朝外开，室内应安装排气扇，采用防爆照明灯具。少量的危险品，可用铁皮柜或水泥柜分类隔离存放。

易燃液体储藏室室温一般不许超过 28 ℃，爆炸品不许超过 30 ℃。少量危险品可用铁板柜或水泥柜分类隔离贮存。室内设排气降温风扇，采用防爆型照明灯具。备有消防器材。

4. 天平室

分析天平应安放在专门的天平室内，天平室以面北底层房间为宜。室内应干燥洁净，室内温度应符合天平对环境温度的要求。室内应宽敞、整洁，并杜绝有害于天平的气体和蒸气进入室内，窗上设置帷帘。天平室应尽可能远离街道、铁路及空气锤等机械，以避免震动。

天平应安放在天平台上，台上最好设有防震、防碰撞和防冲击的专用装置，或在台上铺放多层叠放的弹性橡胶布(板)以减轻振动，台板用表面光滑的金属、大理石、石板等坚硬材料制成。

一般实验室在分析天平的玻璃罩内应附一个盛放蓝色硅胶的干燥杯以保持天平箱的干燥。硅胶吸湿后成玫瑰红色，可于110～130 ℃时烘干脱水再用。对称量准确度要求极高的实验室，玻璃罩内则不宜放置干燥剂，以免由吸湿所形成的微细气流移动而影响称量的准确性。若天平室内潮湿，可在室内放置石灰和木炭并定期更换。

第十八章　科技报告编写规则

学习目标：了解科技报告的基本特征及分类，知道科技报告的组成，能够编写本专业的科技报告。了解科技报告的格式要求，能够正确撰写科技报告。

第一节　科技报告的组成

学习目标：了解科技报告的基本特征及分类，知道科技报告的组成，能够编写本专业的科技报告。

一、科技报告的基本特征及分类

1. 科技报告的基本特征

科技论文是在科学研究、科学实验的基础上，对自然科学和专业技术领域里的某些现象或问题进行专题研究，运用概念、判断、推理、证明或反驳等逻辑思维手段，分析和阐述，揭示出这些现象和问题的本质及其规律性而撰写成的论文。科技论文区别于其他文体的特点，在于创新性科学技术研究工作成果的科学论述，是某些理论性、实验性或观测性新知识的科学记录、是某些已知原理应用于实际中取得新进展、新成果的科学总结。因此，完备的科技论文应该具有科学性、首创性、逻辑性和有效性，这也就构成了科技论文的基本特征。

科学性——这是科技论文在方法论上的特征，它不仅仅描述的是涉及科学和技术领域的命题，而且更重要的是论述的内容具有科学可信性，是可以复现的成熟理论、技巧或物件，或者是经过多次使用已成熟能够推广应用的技术。

首创性——这是科技论文的灵魂，是有别于其他文献的特征所在。它要求文章所揭示的事物现象、属性、特点及事物运动时所遵循的规律，或者这些规律的运用必须是前所未见的、首创的或部分首创的，必须有所发现，有所发明，有所创造，有所前进，而不是对前人工作的复述、模仿或解释。

逻辑性——这是文章的结构特点。它要求科技论文脉络清晰、结构严谨、前提完备、演算正确、符号规范，文字通顺、图表精制、推断合理、前呼后应、自成系统。

有效性——指文章的发表方式。当今只有经过相关专业的同行专家的审阅，并在一定规格的学术评议会上答辩通过、存档归案；或在正式的科技刊物上发表的科技论文才被承认为是完备和有效的。这时，不管科技论文采用何种文字发表，它表明科技论文所揭示的事实及其真谛已能方便地为他人所应用，成为人类知识宝库中的一个组成部分。

2. 科技论文的分类

从不同的角度对科技论文进行分类会有不同的结果。从目前期刊所刊登的科技论文来看主要涉及以下5类：

第一类是论证型——对基础性科学命题的论述与证明，或对提出的新的设想原理、模型、材料、工艺等进行理论分析，使其完善、补充或修正。如维持河流健康生命具体指标的确定，流域初始水权的分配等都属于这一类型。从事专题研究的人员写这方面的科技论文多些。

第二类是科技报告型——科技报告是描述一项科学技术研究的结果或进展，或一项技术研究试验和评价的结果，或论述某项科学技术问题的现状和发展的文件。记述型文章是它的一种特例。专业技术、工程方案和研究计划的可行性论证文章，科技报告型论文占现代科技文献的多数。从事工程设计、规划的人员写这方面的科技论文多些。

第三类是发现、发明型——记述被发现事物或事件的背景、现象、本质、特性及其运动变化规律和人类使用这种发现前景的文章。阐述被发明的装备、系统、工具、材料、工艺、配方形式或方法的功效、性能、特点、原理及使用条件等的文章。从事工程施工方面的人员写这方面的稿件多些。

第四类是设计、计算型——为解决某些工程问题、技术问题和管理问题而进行的计算机程序设计，某些系统、工程方案、产品的计算机辅助设计和优化设计以及某些过程的计算机模拟，某些产品或材料的设计或调制和配制等。从事计算机等软件开发的人员写这方面的科技论文多些。

第五类是综述型——这是一种比较特殊的科技论文（如文献综述），与一般科技论文的主要区别在于它不要求在研究内容上具有首创性，尽管一篇好的综述文章也常常包括某些先前未曾发表过的新资料和新思想，但是它要求撰稿人在综合分析和评价已有资料基础上，提出在特定时期内有关专业课题的发展演变规律和趋势。它的写法通常有两类：一类以汇集文献资料为主，辅以注释，客观而少评述。另一类则着重评述。通过回顾、观察和展望，提出合乎逻辑的、具有启迪性的看法和建议。从事管理工作的人员写这方面的科技论文较多。

3. 科技报告的定义

GB/T 7713.3《科技报告编写规则》中科技报告定义：科学技术报告的简称，是用于描述科学或技术研究的过程、进展和结果，或描述一个科学或技术问题状态的文献。

描写科技报告的数据，用于实现检索、管理、使用、保存等功能称为元数据。科技报告应包含三类必备的元数据：描述元数据，如责任者、题名、关键词等；结构元数据，如图表、目次清单等；管理元数据，如软件类型、版本等。

二、科技报告组成

国家标准 GB/T 7713.3 中将科技报告分为 3 个组成部分：① 前置部分；② 主体部分；③ 结尾部分。各组成部分的具体结构及相关的元数据信息见表 18-1。

本章根据 GB/T 7713.3 的内容，重点介绍科技报告主要包含的要素：题目，作者，单位，摘要，关键词，引言或前言，正文，结论，参考文献。

1. 前置部分

(1) 封面

科技报告应有封面。封面应提供描述科技报告的主要元数据信息，一般主要有下列内容：

表 18-1　科技报告构成元素表

	组成	状态	功能
前置部分	封面	必备	提供题名、责任者描述元数据信息
	封二	必备	可提供权限等管理元数据信息
	题名页	必备	提供描述元数据信息
	摘要页	必备	提供关键词等描述元数据信息
	目次页	必备	结构元数据
	图和附表清单	图表较多时使用	结构元数据
	符号、缩略语等注释表	符号较多时使用	结构元数据
	序或前言	可选	描述元数据
	致谢	可选	内容
主体部分	引言(绪论)	必备	内容
	正文	必备	内容
	结论	必备	内容
	建议	可选	内容
	参考文献	有则必备	结构元数据
结尾部分	附录	有则必备	结构元数据
	索引	可选	结构元数据
	辑要页	可选	提供描述和管理元数据信息
	发行列表	进行发行控制时使用	管理元数据
	封底	可选	可提供描述元数据等信息

1）题目

题目一定要恰当、简明。避免出现题名大、内容小，题名繁琐、冗长，主题不鲜明；不注意分寸，有意无意地拔高等问题；

题目应该避免不常见的缩写词，题目不宜超过 20 个字；题目语意未尽，可以采用副标题补充说明论文中的内容。

2）作者(或责任者)

科技报告封面题目下面署名作者。作者只限于那些对于选定研究课题和制定研究方案、直接参加全部或主要部分研究工作并做出主要贡献以及参加撰写论文并能对内容负责的人，按贡献大小排列名次。其他参加者可作为参加工作的人员列入致谢部分。

3）完成机构(或完成单位)

科技报告主要完成者所在单位的全称。作者单位应写出完整的、正规的名称，一般不用缩写。如果有两个以上单位，应按作者所在单位按顺序号分别标明。

4）完成日期

科技报告撰写完成日期，可置于出版日期之前，宜遵照 YYYY-MM-DD 日期格式著录。

(2）摘要

科技论文应有中文摘要，若需要也可有英文摘要。摘要应具有独立性和自含性，即不读论文的全文,就能获得必要的信息。摘要是简明、确切、完整记述论文重要内容的短文。应包括目的、方法、结果和结论等,应明确解决什么问题,突出具体的研究成果,特别是创新点。摘要应尽量避免采用图、表、化学结构式、引用参考文献、非公知公用的符号和术语等。

论文摘要控制在200～300字,应避免简单重复论文的标题,要用第三人称叙述,不用“本文”、“作者”、“文章”等词作摘要的主语。

(3) 关键词

关键词是从论文的题目、层次标题、摘要和正文中精选出来的,能反映论文主要概念的词和词组。严格遵守一词一义原则,关键词控制在3～5个。

2. 主体部分

(1) 引言(绪论)

引言(绪论)应简要说明相关工作背景、目的、范围、意义、相关领域的前人工作情况、理论基础和分析、研究设想、方法、实验设计、预期结果等。但不应重述或解释摘要。不对理论、方法、结果进行详细描述,不涉及发现、结论和建议。

引言作为论文的开端,主要是作者交待研究成果的来龙去脉,即回答为什么要研究相关的课题,目的是引出作者研究成果的创新论点,使读者对论文要表达的问题有一个总体的了解,引起读者阅读论文的兴趣。包括学术背景、应用背景、创新性三部分。

短篇科技报告也可用一段文字作为引言。

(2) 正文内容

正文是科技报告的核心部分,应完整描述相关工作的理论、方法、假设、技术、工艺、程序、参数选择等,本领域的专业读者依据这些描述应能重复调查研究过程。应对使用到的关键装置、仪器仪表、材料原料等进行描述和说明。

正文内容一般按提出观点,分析交代论据,得出结果和结论思路写作。可以分为:理论分析,分析交代论据,结果和讨论四部分来进行写作。

正文的层次结构应符合逻辑规律,要衔接自然、完整统一,可采用并列式、递进式、总分式等结构形式。

(3) 结论

结论是整篇文章的最后总结。论文结论部分要做到概括准确、结构严谨,明确具体、简短精练,客观公正、实事求是。

结论不是科技论文的必要组成部分。主要是回答“研究出什么”(What)。它应该以正文中的试验或考察中得到的现象、数据和阐述分析作为依据,由此完整、准确、简洁地指出:一是由研究对象进行考察或实验得到的结果所揭示的原理及其普遍性;二是研究中有无发现例外或本论文尚难以解释和解决的问题;三是与先前已经发表过的(包括他人或著者自己)研究工作的异同;四是本论文在理论上与实用上的意义与价值;五是对进一步深入研究本课题的建议。如果不能导出应有的结论,可以通过讨论提出建议意见、研究设想、仪器设备改进意见、尚待解决的问题等。

(4) 参考文献

论文中引用的文献、资料必须进行标注,文中标注应与参考文献一一对应。应著录最新、公开发表的文献,参考文献的数量不宜太少。内容顺序为:序号、作者姓名、文献名称、出版单位(或刊物名称)、出版年、版本(年、卷、期号)、页号等。

3. 结尾部分

(1) 附录

附录可汇集以下内容：

1) 编入正文影响编排，但对保证正文的完整性又是必需的材料；

2) 某些重要的原始数据、数学推到、计算程序、图、表或设备、技术等的详细描述；

3) 对一般读者并非必要但对本专业同行具有参考价值的材料。

(2) 索引

索引应包括某一特点主题及其在报告中出现的位置信息，例如，页码、章节编码或超文本链接等。可根据需要编制分类索引、著者索引、关键词索引等。

第二节 科技报告格式要求

学习目标：通过学习了解科技报告的格式要求，能够正确编写科技报告中的图、表、公式等。

一、编号

1. 章节编号

科技报告可根据需要划分章节，一般不超过 4 级，分为章、条、段、列项。其第一层次为章，章下设条，条下可再设条，依次类推。

章必须设标题，标题位于编号之后。章以下编号的层次为“条”，第一层次的条(例如 1.1)，可以细分为第二层的条(例如 1.1.1)。章、条的编号顶格排，编号与标题或文字之间空一个字的间隙。段的文字空两个字起排，回行时顶格排。前言或引言不编号；

第三层次按数字编号加小括号编写，例如：(1)、(2)……，第四层次按字母编号加小括号编写，例如：(a)、(b)……第三和第四层次采用居左缩进两个字符。

2. 图、表、公式编号

图、表、公式等一律用阿拉伯数字分别依序连续编号。可以按出现先后顺序统一编号，如：图 1，表 2，式(3)等，也可分章依序编号，如：图 2-1，表 3-1，或式(3-1)等，但全文应一致。

3. 附录编号

附录宜用大写拉丁字母依序连续编号，编号置于“附录”两字之后。如：附录 A、附录 B 等。附录中章节的编排格式与正文章节的编排格式相同，但必须在其编号前冠以附录编号。如，附录 A 中章节的编号用 A1，A2，A3……表示。

附录中的图、表、公式、参考文献等一律用阿拉伯数字分别依序连续编号，并在数字前冠以附录编号，如：图 A1；表 B2；式(B3)等。

二、图示和符号资料

1. 表

每个表在条文中均应明确提及，并排在有关条文的附近。不允许表中有表，也不允许将表再分为次级表。表均应编号。用阿拉伯数字从 1 开始对开始表连续编号，并独立于章和图的编号。只有一个表也应标明“表 1”。表必须有表题和表头。表号后空一个字接排表题，两者排在表的上方居中位置。如果表中内容不能在同一页中排列，则以“续表 X”排列，表头不变。

表头设计要简洁、清晰、明了。栏中使用的单位应标注在该栏表头名称的下方。如果所有单位都相同，应将计量单位写在表的右上角。表格中某栏无内容填写时，以短横线表示。表格中相邻参数的数字或文字内容相同时，不得使用”同上“或”同左“等，应以通栏形式表示。表格中系列参数的极限偏差，如不同，应另辟一栏分别填写在基本值后面，如相同，应辟一通栏填写。表格采用三线表形式，可适当添加必要的辅助线，以构成各种各样的三线表格，其中表格首尾主线线宽 1.5 磅，辅助线宽 0.5 磅。表注应在表的下方与表对齐，居左空两个字，六号宋体字；

表号与表题之间空一个汉字，表题段前段后间距 0.5 行，表后正文段前间距 0.5 行。

2. 图

图应包括曲线图、构造图、示意图、框图、流程图、记录图、地图、照片等。

图应能够被完整而清晰地复制或扫描。图要清晰、紧凑、美观，考虑到图的复制效果和成本等因素，图中宜尽量避免使用颜色。每个图在条文中均应明确提及，并排在相关条文附近。

图宜有图题，置于图的编号之后。图的编号和图题应置于图的下方。图均应用阿拉伯数字从 1 开始连续编号。并独立于章、条和表的编号。只有一幅图也应标明“图 1”。只能对图进行一个层次的细分，例如：图 1a，图 1b。必须设图题。图号后空一个字接排图题，两者排在图的下方居中位置。图注应区别于条文中的注，图注应位于图与图题之间，图注应另起行左缩进两个字符。图中只有一个注时，应在注的第一行文字前标明“注”。当同一图中有多个注时，应在“注”后用阿拉伯数字从 1 开始连续编号，例如：注：1-×××，2-×××。每个图中的注应各自单独编号。图中坐标要标注计量单位、符号等。

图号与图题之间空一个字符，图题段前段后间距 0.5 行。

3. 公式

科技报告中有多个公式时应用带括号的阿拉伯数字从 1 开始连续编号，编号应位于版面右端。公式与编号之间可用“…”连接。

每个公式在条文中均应明确提及，并排在有关条文之后。公式应另起一行居中排，较长的公式尽可能在等号处换行，或者在“＋”“－”等符号处换行。上下行尽量在“＝”处对齐。

公式下面符号解释中的“式中：”居左起排，单独占一行。符号按先左后右，先上后下的顺序分行空两个字排，再用破折号与解释的内容连接，破折号对齐，换行时与破折号后面的文字对齐。解释量和数值的符号时应标明其计量单位。

公式中分数线的横线，长短要分清，主要的分数线应与等号取平。

参考文献

[1] GBT 4882—2001 数据的统计处理和解释　正态性检验．北京：中国标准出版社，2001.

[2] GB/T 7713.3—2009 科技报告编写规则．北京：中国标准出版社，2009.

[3] GB/T 2828.1—2003 计数抽样检验程序　第一部分：按接收质量限（AQL）检索的逐批检验抽样计划．北京：中国标准出版社，2003.

[4] GB/T 4883—2008 数据的统计处理与解释　正态分布离群值的判断和处理．北京：中国标准出版社，2008.

[5] 北京化工大学．化验员读本（第四版）．北京：化学工业出版社，2013.

[6] 全浩，韩永志．标准物质及其应用技术．北京：中国标准化出版社，2003.

[7] 陈宝山，刘成新．轻水堆燃料元件．北京：化学工业出版社，2007.

[8] 李文琰．核材料导论．北京：化学工业出版社，2007.

[9] 戚维明．全面质量管理（第三版）．北京：中国科学技术出版社，2011.

[10] 全国质量专业技术人员职业资格考试办公室．质量专业综合知识．北京：中国人事出版社，2014.

[11] GB/T 19001—2008 质量管理体系　要求．北京：中国标准出版社，2008.